第二版 *The Pragmatic Programmer* 收到的讚

有人說，*The Pragmatic Programmer* 這本書，根本是 Andy 和 Dave 的神來一筆之作；近期不太可能有人能寫出一本能像它那樣推動整個行業的書。然而，神來兩筆是有可能的，而這本書就是明證。第二版更新的內容確保了它將在「軟體發展最佳書籍」的榜首再待上 20 年，這正是它該得到的位置。

➤ **VM (Vicky) Brasseur**
Director of Open Source Strategy, Juniper Networks

如果您希望您的軟體更現代化和更易於維護，請在手邊保留一本 *The Pragmatic Programmer*。本書充滿了實用的建議，既有技術上的，也有專業上的，這些建議將在未來的幾年裡提升您和您的專案。

➤ **Andrea Goulet**
CEO, Corgibytes; Founder, LegacyCode.Rocks

The Pragmatic Programmer 這本書，完全改變了我在軟體領域的職業生涯，為我指明了成功的方法。閱讀這本書讓我意識到成為一名工藝職人的可能性，而不僅僅是一架大機器上的一個齒輪。這是我生命中最重要的書之一。

➤ **Obie Fernandez**
Author, The Rails Way

對於第一次閱讀的讀者，您可以期待將看到一個吸引人的介紹，引導您進入軟體實作的現代世界，一個被第一版塑造出的世界。閱讀過第一版的讀者將在第一時間，重新發現使這本書如此重要的洞察力和實作智慧、專業策劃和更新，與時並進。

> **David A. Black**
> Author, The Well-Grounded Rubyist

我的書架上有一本紙本舊版的 *The Pragmatic Programmer*。我把它讀了又讀，而且在很久以前它就改變了我作為一個程式設計師的工作方式。在新版中，一切都改變了，一切也都沒有改變：我現在改為在 iPad 上閱讀它，程式碼範例改為使用現代程式設計語言，但是底層的概念、思想和態度是永恆的、普遍適用的。二十年後，這本書依然與我們息息相關。我很高興地知道，現在和將來的開發人員都將有機會像以前一樣，從 Andy 和 Dave 的深刻見解中學習。

> **Sandy Mamoli**
> Agile coach, author of How Self-Selection Lets People Excel

20 年前，第一版的 *The Pragmatic Programmer* 完全改變了我的職涯軌跡。這個新版本會對您產生一樣的效用。

> **Mike Cohn**
> Author of Succeeding with Agile, Agile Estimating and Planning, and User Stories Applied

The Pragmatic Programmer

邁向大師之路

20 週年紀念版

獻給
Juliet 和 *Ellie*,
Zachary 和 *Elizabeth*,
Henry 和 *Stuart*

目錄

前言

我記得當 Dave 和 Andy 第一次在推特上談論這本書的新版時，這可是條大新聞。我看到了程式設計社群的興奮回應，我的 feed 也因著這些期待而嗡嗡作響。二十年後的今天，《The Pragmatic Programmer》這本書的地位和在過去一樣地重要。

一本這樣具歷史背景的書會得到如此迴響，代表了很多事。我有幸在本書未出版前先閱讀它，並寫這篇序言，我明白它為什麼會引起這麼大的轟動。雖然這是一本技術書籍，但給它這樣的名稱完全是幫倒忙。技術書籍常常令人生畏，它們充斥著誇大、晦澀的術語和令人費解的例子，無意中讓您覺得自己很愚蠢。作者越有經驗，就越難把自己放在一個初學者的角度，越容易忘記學習新概念的感覺。

儘管 Dave 和 Andy 有幾十年的程式設計經驗，他們卻已經克服了寫作的困難挑戰，他們和剛接觸這些知識的人一樣興奮。他們不會居高臨下地對您說話，他們不會假定您是專家，他們甚至不假設您讀過第一版，他們把您當成是想要變得更好的程式設計師。他們用這本書一步一腳印地來幫助您達到目標。

憑良心講，他們以前就已經這樣做了。本書第一版中同樣包含了許多具體的例子、創新想法和實用的技巧，可以幫助您建立寫程式碼的肌肉記憶和開發您的寫程式碼的大腦，這些技巧今天仍然適用，但是本書的新版本做了兩個改進。

第一個改進是顯而易見的：它刪除了一些較老的參考和過時的例子，並用新鮮、現代的內容替換它們，您不會再看到關於迴圈不變數或建構機器的例子。Dave 和 Andy 已經擷取了它們的強大的內涵，並確保不會錯過任何重點，不會被舊的例子分心。它重新詮釋原有的概念，如 DRY（don't repeat yourself），並給它們塗上一層新的油漆，真正讓它們閃閃發光。

第二個改進是這次改版真正令人興奮的地方。寫完第一版後，他們有機會反省他們想要說什麼，他們想讓讀者帶走什麼，以及讀者是如何接收這些訊息的。他們利用之前的回饋，看到了卡住的地方、需要改進的地方、需要解釋的地方。在這本書透過全世界程式設計師的雙手和心靈傳播的 20 年裡，Dave 和 Andy 研究了這些回饋並形成了新的想法和概念。

他們已經認識到行動力的重要性，並認識到開發人員可能比大多數其他專業人員更需要行動力。所以他們以簡單而深刻的訊息開始這本書：「這是您的人生」，它提醒了我們，在我們撰寫的程式碼中、在我們的工作中、在我們的職業生涯中我們擁有力量，這句話為本書奠定了基調，它不只是另一本塞滿程式碼範例的技術書籍。

讓它在技術書籍的書架上真正脫穎而出原因，是它知道作為一個程式設計師代表著什麼。程式設計的目的是為了減少未來的痛苦，是為了讓我們的隊友更輕鬆，是關於把事情做錯並能夠重新振作起來，是要養成良好的習慣，是要去瞭解您的工具集。撰寫程式碼只是一個程式設計師工作的一部分，這本書探索了這樣的一個世界。

我花了很多時間思考撰寫程式碼的旅程，由於我不是生來就會寫程式；我在大學裡沒有學過，我的青少年時期並沒有花時間在擺弄技術上。我在 25 歲左右進入了程式碼的世界，才開始學習成為一名程式設計師的意義。這個社群和我曾經接觸過的其他社群非常不同，為學習特別的奉獻又著重實用性，既令人耳目一新，又令人生畏。

對我來說，這真的像是進入了一個新的世界，或至少是個新城市。我得去認識鄰居，挑選買東西的雜貨店，找最好的咖啡店，需要花了一段時間來瞭解這塊土地，以找到最有效的路線，避開交通最繁忙的街道，知道什麼時候交通可能會受到影響。這裡的氣候不一樣，而我整個衣櫃的衣服都需要重新買過。

在一個新城市的頭幾週，甚至是頭幾個月可能會令人感到害怕。若有一個友好的、知識淵博的鄰居不是很好嗎？鄰居可以帶您參觀，帶您去那些咖啡店？鄰居是一個在那裡待了足夠長的時間，瞭解當地文化、瞭解當地脈搏的人，這樣您不僅得到家的感覺，在未來也能成為一個有貢獻的成員？ Dave 和 Andy 就是您的鄰居。

對一個身為相對新手的人來說，很容易被成為程式設計師的過程而不是程式設計的行為所淹沒。一個完整的心態轉變需要發生，在習慣、行為和期望上的改變。成為一個更好的程式設計師的過程並不止是您知道如何撰寫程式碼；它必須透過刻意和深思熟慮的實作來實行。這本書是一本指南，有效率地引導您成為一個更好的程式設計師。

但是請不要誤會，本書不會告訴您應該如何做程式設計，這不是要做哲學，也不是充滿批判。本書簡單明瞭地告訴您，什麼是務實的程式設計師，他們會做什麼，如何處理程式碼。作者們讓您自己決定您是否想成為其中一員。如果您覺得那不適合您，他們也不會反對您。但如果您認為自己想成為其中一員，那麼他們就是您的友善鄰居，他們會為您指路。

> **Saron Yitbarek**
> Founder & CEO of CodeNewbie
> Host of Command Line Heroes

第二版前言

回到 1990 年代，當時我們與一些專案出了問題的公司合作。我們發現自己對每個人都說了同樣的話：也許您應該在發佈之前測試一下；為什麼程式碼只能在 Mary 的機器上建構？為什麼沒有人問過使用者呢？

為了節省與新客戶打交道的時間，我們開始做筆記。這些筆記最後變成了 *The Pragmatic Programmer* 這本書。令我們驚訝的是，這本書似乎引起了共鳴，在過去的 20 年裡，這本書一直很受歡迎。

但是 20 年對於軟體來說是很長的壽命。若將一個從 1999 年的開發人員丟到今天的一個團隊裡，他們將在這個陌生的新世界中掙扎。而 1990 年代的世界對今天的開發者來說同樣陌生。書中對 CORBA、CASE 工具和索引迴圈（indexed loop）的引用，輕則令人覺得離奇古怪，有更大機會讓人混淆。

與此同時，20 年對常識沒有任何影響。技術可能改變了，但人沒有。以前曾經是好的實務和方法論，現在仍然是好的，這本書把那些方面保存得很好。

所以，當我們要撰寫這個 20th 周年紀念版時，我們必須做出一個決定。我們可以花一天時間將全書所引用到的技術更新成現今的技術。或者，我們可以根據另外 20 年的經驗，重新檢查我們建議實作背後的假設。

最後，我們兩者都做到了。

因此，這本書有點像忒修斯的船（*Ship of Theseus*）^{註1}。書中大約三分之一的主題是全新的。其餘的大部分，也都被部分或全部重寫了。我們的目的是讓事情變得更清晰、更相關、更永恆。

我們做了一些艱難的決定，我們刪除了資源（*Resources*）附錄，因為它不可能保持最新，也是因為現在您更容易藉由搜尋找到您想要的內容。考慮到現今平行硬體豐富而且缺乏處理平行的好方法，我們重新組織和重寫了與平行相關的主題。我們添加了一些內容來說明持續變化的態度和環境，這些內容從我們幫助發起的敏捷運動，到對函式式程式設計習慣的逐漸普及，以及對隱私和安全性的日益需求。

然而有趣的是，關於這個版本內容，我們之間的爭論也比寫第一個版本時要少得多，我們都覺得更容易識別出什麼才是重要的東西。

無論如何，這本書就是成果，請您享受它，也許您也可以採納一些新的做法，或判定我們建議的一些東西是錯的。請讓這本的內容參與您的工作，並給我們回饋。

但是，最重要的是，記住要讓過程保持有趣。

本書組織

這本書是由許多短篇集合而成，每個主題都是獨立完整、並且針對特定的主題，您會發現大量的交叉引用，這有助於您理解每個主題前後關係。您可以以任何順序隨意閱讀主題，這不是一本需要您從頭到尾閱讀的書。

在書本，您偶爾會看到一個標示為提示 *nn*（例如提示 1，重視您的手藝，在第 xviii 頁）的方塊，這些提示除了強調文字中的要點外，我們覺得這些提示

註 1　如果隨著幾年過去，一艘船的每個零件壞掉的時候，都被換新，那最後這艘船還是原來那艘船嗎？

有自己的生命，我們每天都和它們生活在一起。您會在 Appendix C 的提示卡中找到所有提示的匯總摘要。

我們已經在適當的地方放了練習題和挑戰題。練習題通常有相對簡單的答案，而挑戰題的答案則比較開放。為了讓您對我們的想法有個概念，我們已經把練習題的答案列在附錄裡了，但是它們通常不是唯一正確的解答。這些挑戰題可能成為高級程式設計課程中，小組討論或論文寫作的基礎。

還有一個簡短的參考書目，列出了我們明確引用的書籍和文章。

書名的含意？

> 「當我用一個詞時」，*Humpty Dumpty* 輕蔑地說到「它的意思就是我想要它該有的意思——不能多也不能少」。
>
> ➤ **Lewis Carroll, Through the Looking-Glass**

在整本書中，您會發現各式各樣的術語——要麼由英語單詞曲解來的技術術語，要麼是由對某種語言充滿怨恨的電腦科學家編造出來令人髮指的單詞。當我們第一次提到這些術語時，我們會嘗試去定義它，或者至少給它一些說明。然而，我們確信有些術語還是被遺漏了，而其他的，例如物件（*object*）和關聯式資料庫（*relational database*），由於這些術語被非常普遍的使用，所以硬是要為它們添加一個定義說明將會很無聊。如果您真的遇到一個您以前沒見過的術語，請不要跳過它，請花點時間去查一下，也許在網路上查，也許在電腦科學課本上查。或如果可以的話，請發郵件向我們投訴一下，這樣我們就可以在下一版增加一個定義說明。

說了這麼多，我們決定報復電腦科學家。有時候，的確有一些非常好的術語可表示一些概念，但我們決定忽略這些詞。為什麼？因為現有的術語通常被局限於特定的問題領域，或者特定的開發階段。然而，本書的基本思想之一是，我們推薦的大多數技術都是通用的：例如，模組化同時通用於程式碼、設計、文件和團隊組織。若我們在更廣泛的背景下使用傳統術語時，它們將變得令人困惑，我們似乎無法克服術語最初的定義所帶來的包袱。當這種情況發生時，我們選擇發明了自己的術語，而不使用原來術語。

原始程式碼和其他資源

本書中的大部分程式碼都是從可編譯的原始檔案中提取出來的，可編譯的原始檔案可以從我們的網站上下載[註2]。

在我們的網站上，您還可以找到我們認為有用的資源連結，以及本書的更新和其他關於本書的消息更新。

請發送回饋訊息給我們

我們很高興收到您的來信，請發郵件到 ppbook@pragprog.com。

第二版致謝

在過去的 20 年裡，我們已經享受了成千上萬的關於程式設計的有趣對話，在研討會認識的人時，在教授課程時，有時甚至在坐飛機時。每一個有趣對話都增加了我們對開發過程的理解，這些對話也為本版本的更新做出了貢獻。謝謝您們所有人（還有也請在我們錯了的時候，持續提醒我們）。

感謝參與本書預發行版的所有人員，您的問題和評論幫助我們把事情解釋得更好。

在我們進行預發行版之前，我們與一些人分享了這本書，並請這些人給予評論指導。感謝 VM（Vicky） Brasseur、Jeff Langr 和 Kim Shrier 的詳細評論，感謝 José Valim 和 Nick Cuthbert 的技術評論。

註 2　*https://pragprog.com/titles/tpp20*

感謝 Ron Jeffries 讓我們用他數獨（Sudoku）的範例。

非常感謝 Pearson 的工作人員，是他們讓我們以自己的方式來創作這本書。

特別感謝不可或缺的 Janet Furlow，她掌控著一切，讓我們在正確的路上前進。

最後，向所有在過去的 20 年裡一直致力於讓程式設計變得更好的務實程式設計師們發出一聲吶喊，後面是另一個 20 年。

第一版序言

這本書將幫助您成為一個更好的程式設計師。

不論您是單獨的開發人員、一個大型專案團隊的成員，或者一個同時與許多客戶一起工作的顧問，這都沒有關係；這本書將都能幫助您，作為一個個體，做更好的工作。這本書不是理論性的書籍，我們關注的是務實的主題，利用您的經驗來做出更明智的決定。務實這個詞來自於拉丁語 *pragmaticus*「專精事務」，而後者來自於希臘語的 πραγματικός，它的意義為「適合使用」。

這是一本關於做（doing）的書。

程式設計是一門手藝。簡單地說，就是讓電腦做您想讓它做的事情（或您的使用者想讓它做的事情）。作為一名程式設計師，您既是聽眾，又是顧問，既是解譯者，又是獨裁者。您試圖捕獲難以捉摸的需求，並找到一種表達它們的方式，以便只用機器就可以很好地處理它們。您試著記錄您的工作，這樣別人就能理解它，您試著策劃您的工作，這樣別人就利用您的工作產生更多建樹。更重要的是，您試圖在專案時程的滴答聲中完成所有這些工作，您每天都在創造奇跡。

這是一項困難的工作。

有許多人能提供您幫助，例如吹捧他們的產品能創造奇跡的工具供應商，方法論大師拍胸保證他們的技巧能保證成果。每個人都聲稱他們的程式設計語言是最好的，每個作業系統能解決所有的問題。

當然，這些都不是真的。從來就沒有簡單的答案。沒有最佳的解決方案，無論是工具、語言還是作業系統。只有在特定的環境下才有更合適的系統。

這就是務實主義派上用場的地方。您不應該拘泥於任何特定的技術，而應該擁有足夠廣泛的背景和經驗基礎，以便在特定的情況下選擇合適的解決方案。您的背景源於對電腦科學基本原理的理解，而您的經驗來自於廣泛的專案實作。理論和實作相結合使您強大。

您應調整方法以適應當前的情況和環境，您可以判斷影響專案的所有因素的相對重要性，並使用您的經驗來產生適當的解決方案。隨著工作的進展，要不斷地這樣做。務實的程式設計師最終能完成工作，並且做得很好。

誰應該讀這本書

這本書的目標讀者是那些希望成為更高效、更有生產力的程式設計師的人。也許您感到沮喪，因為您沒有好好利用您的潛力。也許您會注意到，有些同事似乎利用工具使自己比您更有效率。也許您現在的工作使用的是較老的技術，您想知道如何應用新想法到您的工作中。

我們不會假裝擁有所有（甚至大部分）答案，也不會假裝我們所有的想法都適用於所有情況。我們只能說，如果遵循我們的方法，您將快速獲得經驗，生產力將提高，並能更理解整個開發過程，您會寫出更好的軟體。

什麼造就了一個務實的程式設計師

每個開發人員都是獨特的，具有各自的優勢和劣勢、偏好和討厭的東西。隨著時間的推移，每個人都將打造自己的個人環境。這種環境將像程式設計師的愛好、衣服或髮型一樣強烈地反映出他／她的個性。然而，如果您是一個務實的程式設計師，您會有以下許多共同點：

早期採用者／快速適應

> 您對技術和技巧有一種直覺，您喜歡嘗試。當接觸到新的東西時，您可以很快地掌握它，並把它與您其他的知識結合起來。您的信心來自於經驗。

好奇

您很愛問問題,您是怎麼做到的?那個函式庫用起來有問題?我聽說過的量子計算是什麼?如何實作符號連結?您會對小的事情起疑,而這些小事情都可能會影響幾年後的決定。

批判性的思想家

您很少在不了解事實的情況下就接受別人給您的東西。當同事們說「因為這就是要這樣做」,或者供應商承諾會解決您所有的問題時,您會聞到挑戰的味道。

現實主義

您試圖理解您面臨的每個問題的本質。這種現實主義讓您對事情有多困難、需要多長時間有一個很好的感覺。深刻理解一個過程應該有難度,或會花上一段時間,可以給您堅持下去的毅力。

萬事通

您努力熟悉各種技術和環境,並努力跟上新開發的步伐。雖然您目前的工作可能要求您成為該領域的專家,但您總是能夠進入新的領域,迎接新的挑戰。

我們把越基本的特徵留到越後面,所有實用的程式設計師都有這些特徵。這些特徵可以用一個提示表達:

> **提示 1**　　重視您的手藝

除非您想把開發軟體做好,否則我們覺得開發軟體是沒有意義的。

> **提示 2**　　思考!您的工作

為了成為一個務實的程式設計師，我們要求您在做事的時候思考一下您在做什麼。這不是只對當前在做的事情進行一次檢查，而是對您每天作的決策進行批判性評估，每天做，對每一個專案都做。不要用直覺，而是要不斷地思考，即時批判您的工作。IBM 公司的老格言 *THINK!*，是務實的程式設計師的口頭禪。

如果這對您來說聽起來很困難，那麼您正在展示的就是現實主義特徵。這樣做會佔用您一些寶貴的時間，這些時間可能已經處於巨大的壓力之下。而這麼做的回報是可以更積極地投入到您喜歡的工作中，對越來越多的主題有掌控感，對不斷進步的感覺有愉悅感。從長期來看，您的時間投資將得到回報，因為您和您的團隊將得到更高的效率，撰寫更容易維護的程式碼，並在會議上花費更少的時間。

個體實用主義者與大型團隊

有些人認為在大型團隊或複雜的專案中不該有個人的空間。「軟體是一種工程紀律」，他們說，「如果單個團隊成員只站在自己的角度做決定，它就會崩潰」。

我們強烈反對這句話。

的確應該將工程概念應用在軟體建構上。然而，這並不妨礙個人的技藝。想想中世紀在歐洲建造的大教堂，每一個都需要花上數千人年，時間跨度幾十年。吸取的經驗教訓被傳遞給下一代的建設者，他們用自己的成就推動了結構工程的發展。但木匠、石匠、雕刻師和玻璃工人都是獨立的手工匠人，他們解譯各種工程需求，以生產出一個整體，一個超越機械製造的整體。正是他們對個人貢獻的信念支撐著這些專案：雖然只是採石者，但仍心心念念展望未來的大教堂。

在一個專案的整體結構中，總是會有給個人特色與工匠的空間。考慮到現代軟體工程的情況，這一點尤其正確。一百年後，我們的工程可能會像中世紀大教堂建造者使用的技術，在今日的土木工程師眼中看來雖然古老，但我們的技藝仍將受到尊重。

這是一個持續的過程

> 一位到英國伊頓公學旅遊的遊客問園丁他是如何把草坪修剪得如此完美。「那很容易，」他回答說，「您只要每天早上拂去露水，隔天修剪一次，一週滾壓一次就行了」。

> 「這樣就可以了嗎？」遊客問。「沒錯」園丁回答，「如果您這樣做了500年，您會有一個很好的草坪。」

好的草坪需要少量的日常照顧，好的程式設計師也是如此。管理顧問們喜歡在談話中使用改善（kaizen）這個詞，「改善」是一個日語單詞，意思是不斷地做出許多小的改進，這被認為是日本製造業生產率和品質大幅提高的主要原因之一，並被全世界廣泛仿效。改善也適用於個人。每天都要努力完善您的技能，並在您的技能庫裡添加新的工具。不用像伊頓公學草坪那麼久，您會在幾天內就可以看到成果。執行數年，您會驚訝於您的經驗是如何開花結果的，您的技能是如何成長的。

Chapter 1

務實的哲學

這本書是關於您的。

毫無疑問，這本書寫的是您的事業，或甚至是您的生活。您現在之所以會閱讀這本書，是因為您知道自己可以成為一個更好的開發人員，並能幫助其他人也變得更好。您可以成為一個務實的程式設計師。

務實的程式設計師特別在哪裡呢？我們覺得是一種態度、一種風格、一種處理問題和解決方案的哲學。他們超越眼前的問題，把問題放在更大格局下思考，尋求更大的願景。畢竟，沒有這種更大的格局，您怎麼可能是務實的？如何做出聰明的妥協和明智的決定？

務實的程式設計師會成功的另一個關鍵原因，是他們對自己所做的一切負責，我們將在貓吃了我的原始碼中討論了這一點。務實的程式設計師是有責任心的，他們不會坐視專案因疏忽而崩潰。在軟體亂度中，我們將告訴您如何保持專案的原始狀態。

大多數人覺得改變是困難的，這種困難有時有一些好的理由，有時則只是純粹的習慣。在石頭湯與煮青蛙小節中，我們著眼於一種激發漸進變化的策略，並且（為了平衡）會再以一個兩棲動物的寓言故事說明，漸進變化的危險很容易被忽略。

瞭解與您工作相關的狀況的好處之一，您可以更容易地瞭解您的軟體必須有多好。有時，近乎完美是唯一的選擇，但常常需要權衡利弊。我們在夠好的軟體中對此進行了探討。

當然，您需要有廣泛的知識和經驗基礎來完成這一切，而學習是一個持續不斷的過程。在您的知識資產，我們會討論一些保持成長的策略。

最後，沒有人是在真空中工作的。我們都花大量的時間與他人互動。在溝通！中，將會列出我們可以做得更好的方法。

務實程式設計源於一種務實的思考哲學，本章將會說明這種哲學的基本概念。

1 這是您的人生

> 我活在這個世界上不是為了滿足您的期望，就像您活著也不是為了滿足我的期望。
>
> ➤ 李小龍

這就是您的人生。您擁有它，您執行它，您創作它。

許多與我們聊過的開發人員都呈現一種沮喪的狀態，他們有各式各樣的擔憂。一些人覺得他們的工作停滯不前，另一些人則認為自己追不上技術。員工們覺得自己沒有得到賞識，或者薪水太低，或者他們團隊的嚴重問題。也許他們想搬到亞洲，或者歐洲，或者在家裡工作。

而我們總是給出一樣的答案。

「為什麼您不能改變它？」

在您所有可以考慮從事的職業清單中，軟體開發一定是排在最前面的選擇。因為，我們的技能是有市場需求的，我們的知識不受地理限制，我們可以遠端工作，我們薪資不錯，我們幾乎真的可以做任何我們想做的事情。

但是，出於某種原因，開發人員似乎抗拒改變。他們蹲守原地，一心希望情況會好轉。當他們的技能過時時，他們只被動地旁觀，並抱怨公司沒有培訓他們。他們會在公車上看異國風情的廣告，然後走進寒冷的雨中，艱難地去上班。

所以，以下是本書中最重要的提示。

提示 3	您擁有改變的能量

您的工作環境糟糕嗎？您的工作無聊嗎？請試著改變它，但也不要一直試到天荒地老。正如 Martin Fowler 所說的：「您可以改變現有員工做事的方法，也可以改為僱用其他的員工」（you can change your organization or change your organization）註1。

如果您擁有的技術看起來已落後，請（從自己的時間裡）擠出時間來學習看起來有趣的新東西。您是在為自己投資，所以趁下班時間做這件事是合理的。

想要遠端工作嗎？您有問過可行性嗎？如果得到的答案是「不行」，那就找一個說「可以」的人。

這個行業給您提供了一系列非凡的機會，請積極主動地把握這些機會。

相關章節包括

- 主題 4，石頭湯與煮青蛙，第 10 頁
- 主題 6，您的知識資產，第 16 頁

註 1　*http://wiki.c2.com/?ChangeYourOrganization*

2 貓吃了我的原始碼

在所有弱點中,最大的弱點是害怕顯得軟弱。

> ➤ *J.B. Bossuet*,*Politics from Holy Writ*,*1709* 年

務實思考哲學的基石之一,是為您自己和您的行動負責,包括您的職業發展、您的學習和教育、您的專案、和您的日常工作。務實的程式設計師掌控自己的職業生涯,不害怕承認無知或錯誤。當然,這不是程式設計中令人愉快的一面,但它確實會發生,即使在最好的專案中也是如此。儘管有全面的測試、良好的文件和可靠的自動化,事情還是會出錯、交付還是會延遲、還是會出現不可預見的技術問題。

這些事情總會發生,我們會盡我們所能專業地處理它們,這代表著誠實和直接的態度。我們可以為自己的能力感到自豪,但也必須承認自己的不足,我們還是會有無知和做錯的時候。

團隊信任

最重要的事情是,您的團隊必須能夠信任和依賴您,您也需要放心地依賴他們每一個人。根據研究文獻[註2],對團隊的信任對於創造力和協作是絕對必要的。在一個以信任為基礎的健康環境中,您可以安全地說出您的想法,展示您的想法,並依靠您的團隊成員,他們也可以依靠您。如果缺少了信任,嗯⋯。

想像一下,一支擁有高科技的隱形忍者隊伍潛入了反派的邪惡巢穴。經過幾個月的計畫和精準的執行,您終於成功到達了那個邪惡巢穴。現在輪到你設計雷射引導網格時,您卻說:「對不起,夥計們,我沒有雷射。因為貓在玩那個紅點,所以我把它留在家裡了。」

註 2　舉例來說其中一篇參考文獻是 *Trust and team performance: A meta-analysis of main effects, moderators, and covariates*(*http://dx.doi.org/10.1037/apl0000110*),此參考文獻中有很好的描述分析。

這種對信任造成的破壞可能很難修復。

負責

責任感代表您積極認同的東西。因為您作的承諾是要確保某件事要被正確完成，但您卻不一定能直接控制該件事的所有細節。除了盡自己最大的努力之外，您還必須分析形勢，找出自己無法控制的風險。您有權利不為做不到、風險太大或道德含意太模糊的情況承擔責任。您必須根據自己的價值觀和判斷做出決定。

當您接受承擔結果的責任時，別人就會認為您要為結果負責。所以，當您犯了一個錯誤或判斷錯誤時（就像我們所有人一樣），誠實地承認它，並嘗試提供解決問題的選擇。

不要怪東怪西，也不要編造藉口。不要把所有的問題都歸咎於供應商、程式設計語言、管理層或您的同事。雖然這些人事物都參與其中，但主要成敗還是取決於您所提供的解決方案，責無旁貸。

如果存在供應商不幫您解決的風險，那麼您應該有一個應急計畫。如果您的儲存裝置燒掉了，而且裡面存了所有的原始程式碼，而您沒有備份，那就是您的錯。告訴老闆「貓吃了我的原始碼」是行不通的。

提示 4	請提供解決問題的選擇，停止製造爛藉口

在您打算去見任何人，並告訴他們為什麼有些事情做不到，為什麼有些事情會延後，為什麼有些事情會失敗之前，請先暫停一下，先把自己的想法告訴您螢幕上的橡皮小鴨或貓看看。您的藉口聽起來是合理的還是愚蠢的？您的老闆會如何看待？

請在腦海中演練對話，猜測別人可能會怎麼回應？他們會不會問您：「您試過這個嗎？」或者「您沒有考慮過嗎？」您將如何回應？在您去告訴他們壞消息之前還能試試別的嗎？有時候，您根本就知道他們會說什麼，所以就不用去麻煩他們了。

不要找藉口，請提供解決問題的選擇，而且不要說做不到；說明一下做什麼才能挽救這種情況。必須捨棄目前的程式碼嗎？答案如果為是，就這樣告訴他們，並解釋重構的價值（參見主題 40，重構，第 247 頁）。

問問自己，您是否需要花費時間來做原型設計，以確定最佳的開發方式（參見主題 13，原型和便利貼，第 64 頁）？您是否需要引入更好的測試（參見主題 41，測試對程式碼的意義，第 252 頁，和無情且持續的迴歸測試，第 326 頁）或自動化來防止問題再次發生？

也許您需要額外的資源來完成這項任務，又或者您需要的是花更多的時間和使用者相處？或者您需要的就是您自己：例如，您需要去學習一些技術或更深入地技術嗎？閱讀書籍或進修課程會有幫助嗎？不要害怕去要求或承認您需要幫助。

在大聲說出那些站不住腳的藉口之前，試著先把這些藉口找出來銷毀。如果您無法忍住，那就把那些藉口告訴您的貓吧。畢竟，如果那個小屁孩要幫你背黑鍋的話⋯。

相關章節包括

- 主題 49，務實的團隊，第 312 頁

挑戰題

- 當有人，如銀行出納員、汽車修理工或職員，拿蹩腳的藉口搪塞您時，您會作何反應？您如何看待他們和他們的公司？

- 當您發現自己在說「我不知道」的時候，一定要接著說「但是我會知道的」。「這是承認您不知道的東西的好方法，而且同時也像專業人士那樣承擔責任。」

3 軟體亂度

雖然軟體發展幾乎不受所有物理定律的影響，但不可阻擋的亂度（熵 / *entropy*）的增長給我們帶來了沉重的打擊。亂度是物理學中的一個術語，指的是系統中「無序」的數量。不幸的是，熱力學定律保證宇宙中的亂度趨向於最大值。當軟體的無序性增加時，我們稱之為「軟體凋零」（software rot）。有些人可能會用更樂觀的術語「技術負債」（technical debt）來稱呼它，這個術語隱含著他們總有一天會償債的概念，但他們通常不會。

不過，不管叫什麼名字，凋零和負債都可能失控地蔓延。

導致軟體凋零的因素有很多，其中最重要的似乎是做專案時的心理或文化。即使您是一人團隊，您的專案心理可能是一件非常微妙的事情。儘管有最好的計畫和最好的人員，一個專案在它的生命週期中仍然會經歷毀滅和腐朽。然而，儘管存在巨大的困難和不斷的挫折，還是有其他一些專案能成功地克服大自然對無序的偏愛，並取得了不錯的成果。

是什麼造成了這種差異？

在市中心，有一些建築美麗而乾淨，也有另一些殘破不堪，為什麼呢？犯罪和城市衰敗領域的研究人員發現了一種「令人著迷」的觸發機制，它能迅速地將一棟乾淨、完整、有人居住的建築變成一座破碎、廢棄的廢墟註 3。

這就是破窗效應。

若有一扇被打破的窗戶，而且在相當長的一段時間內沒有得到修理，會給建築物的居民灌輸了一種被遺棄的感覺，一種當權者不關心建築物的感覺，所以導致另一扇窗戶也被打破了，人們開始亂扔垃圾，出現塗鴉，開始嚴重的破壞結構。在相對較短的時間內，建築被破壞的程度超出了業主修復的意願，被遺棄從一種感覺變成了現實。

註 3　參見 *The police and neighborhood safety* [WH82]。

為什麼一扇破窗會造成這樣的事情呢？心理學家的研究表明^{註 4} 絕望是會傳染的，就像附近的流感病毒一樣。忽視一個明顯被破壞的情況會強化以下的想法：就算東西都壞了也不會有人在意，一切都是註定的；所有消極的想法會在團隊成員之間傳播，形成惡性循環。

提示 5	不要讓破窗存在

不要放任「破窗」（糟糕的設計、錯誤的決策或糟糕的程式碼）壞在那裡不修。一旦發現，立即修復每一個。如果沒有足夠的時間來修復它，那麼請將它用木板封住，比方說您可以註解掉有問題的程式碼，或者顯示一個「功能未實作」的訊息，或者用虛擬資料代替。請採取一些行動來防止進一步的傷害，這會顯示您已經控制了局面。

我們已經看到，一旦有窗戶開始崩壞，乾淨、功能良好的系統就會迅速劣化。還有其他因素會導致軟體凋零，我們將在本書其他地方討論其中的一些因素，但是忽視這個因素比其他任何因素更加速凋零的速度。

您可能會想，沒有人有時間去清理一個專案中所有的碎玻璃。如果是這樣，您最好計畫買一個垃圾箱，或者搬到另一個社區。不管如何，請不要讓亂度贏了這一局。

首先，不要傷害

Andy 曾經認識一個非常有錢的人。他的房子一塵不染，堆滿了價值連城的古董、藝術品等等。一天，掛在離壁爐太近的掛毯著火了。消防隊衝了進來，拯救了他和他的房子。但當時在他們把又大又髒的水管拖進屋裡之前，在火災仍在肆虐時停下來，於前門和火源之間鋪了一張墊子。

註 4　參見 *Contagious depression: Existence, specificity to depressed symptoms, and the role of reassurance seeking [Joi94]*。

他們不想把地毯弄髒。

這事情聽起來很極端。毫無疑問，消防部門的首要任務是撲滅大火，以免造成不必要的損失。但他們顯然已經評估了形勢，對自己控制火勢的能力充滿信心，並且小心翼翼地不讓財產造成不必要的損失。軟體也必須要這樣：不要因為出現了某種危機就造成附帶損害，一扇破窗的損害就夠多了。

一個破碎的破窗、一段設計糟糕的程式碼、一個糟糕的管理決策（在專案進行期間，團隊必須忍受的東西）就是開始衰敗的全部原因。如果您發現自己在做一個專案的時候，很多窗戶都是破的，您很容易就會陷入「其他部分的程式碼也都是垃圾，那我也跟著做垃圾」的思維。輕視了到目前為止，專案是否進展良好的事實。在「破窗理論」的最初實驗中，一輛被遺棄的汽車被完好無損地放置了一個星期。但一旦有一扇窗戶被打破，這輛車就會在數小時內從裡到外被奪取得體無完膚。

同樣地，如果您發現自己在一個專案中，程式碼寫得非常漂亮，乾淨、設計良好、優雅，您可能會格外小心，不把它弄糟，就像那些消防員一樣。即使有火災肆虐（比喻截止日期、發佈日期、商貿展等等），您也不會想成為第一個把東西弄得一團糟，造成額外的損害的人。

告訴您自己「不可以有破碎的窗戶」。

相關章節包括

挑戰題

- 透過調查您的專案的裡裡外外，來加強幫助您的團隊。請選擇兩到三個被打破的窗戶，與您的同事討論問題是什麼，以及可以做些什麼來修復它們。

- 您能知道第一次打破一扇窗戶是什麼時候嗎？您對此有何反應？如果這是別人決定的結果，或者是一個管理命令，您能做什麼呢？

---

4 石頭湯與煮青蛙

三個士兵餓著肚子從戰場回家。當他們看到前面的村莊時，他們的精神為之一振，他們相信村民們會給他們一頓飯吃。但是當他們到了那裡，他們發現門都鎖上了，窗戶也關著。經過多年的戰爭，村民們缺乏食物，當有食物時也會把所有的食都祕密貯藏起來。

士兵們沒有放棄，他們煮了一鍋水，小心地放了三塊石頭進去。驚訝的村民們都出來觀看。

士兵們解釋說：「這是石頭湯。」「這就是您放進去的所有東西嗎？」村民們問。「沒錯，雖然有人說加一點胡蘿蔔會更好喝…」，此時一個村民跑開了，很快就從他的貯藏裡拿出一籃子胡蘿蔔回來了。

幾分鐘後，村民們又問：「有變好喝嗎？」

「這個嘛，」士兵們說，「加幾個馬鈴薯能讓它更濃稠。」，此時又一個村民跑開了。

在接下來的一個小時裡，士兵們列出更多可以讓湯更美味的配料：牛肉、韭菜、鹽和香草。而每次都有不同的村民跑去他們的私人倉庫拿東西。

最終，他們做好一大鍋熱氣騰騰的湯。士兵們把石頭拿走，他們和全村的人坐在一起，享用他們幾個月來吃過的第一頓豐盛的飯。

石頭湯的故事裡有幾個寓意。首先，村民們被士兵們耍了，士兵們利用村民們的好奇心從他們那裡獲取食物。但更重要的是，士兵們發揮了催化劑的作用，讓整個村莊團結起來，這樣他們就可以聯合生產一些他們自己無法完成的東西，這就是協作的結果。最終每個人都贏了。

有時，您可能想要模仿士兵。

比方您可能處於這樣一種情況：您確切地知道需要做什麼以及如何去做，仿佛整個系統就出現在您眼前，您確信方向是正確的。但是，如果您請求處理整個事情，您會看到一些呆滯和茫然的眼神。人們將傾向成立委員會，預算將需要被批准，事情將變得複雜。每個人都會保護自己的資源。有時這被稱為「啟動疲勞」（start-up fatigue）。

此時該是時候把石頭拿出來的時候了，同時弄清楚您能合理要求的是什麼，然後好好地發展它。一旦您完成了它以後，請展示給人們看，讓他們驚歎。然後說「當然，如果我們添加…它會變得更好」，一邊假裝它不重要。然後坐下來，等待他們開始要求您添加最初您就想要的功能。人們更容易加入一個持續成功的行動。讓他們瞥一眼未來，您就能讓他們團結起來[註5]。

提示 6	成為改變的催化劑

村民的角度

另一方面，石湯的故事也是一種溫和而漸進的欺騙。村民們太過專注地想著石頭，忘記了世界上的一切。我們每天都會上這種當，事情就這樣悄悄發生在我們身上。

註5　當您這樣做的時候，來自海軍少將博士 Grace Hopper 的一句話可能可以安慰您：「請求原諒比獲得許可容易。」

我們都見過這些症狀。專案緩慢而無情地完全失去控制，大多數軟體災難開始的時候都很小，不會引起人們的注意，專案超時每天延後一點點，系統的各個功能漸漸逐一地偏離了它們的規格，而程式碼中被添加一個又一個補丁，直到都看不出原始程式碼的樣貌。往往是一些小事情的累積破壞了士氣和團隊。

提示 7	記得大方向

說實話，我們從來沒試過。但是「他們」說，如果您把一隻青蛙扔進沸水裡，它會馬上跳出來。然而，如果您把青蛙放在一鍋冷水裡，然後逐漸加熱，青蛙不會注意到溫度的緩慢上升，直到煮熟為止。

請注意，青蛙的問題與第 7 頁的主題 3，軟體亂度中討論的破窗問題不同。在破窗理論中，人們失去了對抗亂度的意志，因為他們認為沒有人關心，而青蛙只是沒有注意到變化。

不要像傳說中的青蛙。請您關注大局，經常環顧您周圍發生的事情，而不僅僅是您自己在做什麼。

相關章節包括

- 主題 1，這是您的人生，第 2 頁
- 主題 38，靠巧合寫程式，第 232 頁

挑戰題

- 當初在審閱第一版的草稿時，John Lakos 提出了以下問題：士兵們漸進地欺騙了村民，但他們促成的變化對他們都有好處。然而，透過逐步欺騙青蛙，您正在傷害它。當您嘗試催化改變時，您能確定您是在做石頭湯還是青蛙湯嗎？這個決定是主觀的還是客觀的？

- 請不要看並快速回答，您頭頂的天花板上有多少盞燈？房間裡有幾個出口？有多少人？有沒有什麼東西被亂放，看起來不屬於這裡？這是一項關於「態勢感知」（*situational awarenss*）的練習，從童子軍到海豹突擊隊，都在練習這種技巧。養成仔細觀察周圍環境的習慣，然後對您的專案做同樣的事情。

5 夠好的軟體

為了追求更好，我們毀損了原已夠好的。

➤ 莎士比亞，李爾王 *1.4*

有一個（有點）古老的笑話，一家公司向一家日本製造商下了 100,000 個積體電路的訂單。該規格的一部分是不良率：1/10,000。幾週後，貨物來了：一個大盒子裡裝著大量的積體電路，另一個小盒子裡只有 10 個。小盒子上貼著一張標籤，上面寫著：「這些是有缺陷的」。

要是我們真能控制品質就好了。但現實世界就是不讓我們生產出真正完美的產品，尤其是沒有 bug 的軟體。時間、技術和性情都對我們不利。

然而，這並不令人沮喪。正如 Ed Yourdon 在《*IEEE Software*》的一篇文章中所描述的，足夠好的軟體就是最好的軟體 *[You95]* 時，您可以訓練自己撰寫足夠好的軟體——對於您的使用者、對於未來的維護者、對於您自己的內心平靜來說足夠好的軟體。您會發現您更有效率，您的使用者也更滿意。您可能會發現您的程式實際上越早完成越好。

在我們進一步討論之前，我們需要特別說明一下將要討論的內容。這裡所稱的「足夠好」一詞並不代表著程式碼可以隨便寫或效率低下。所有系統都必須滿足使用者的要求才能成功，並滿足基本的性能、隱私和安全標準。我們只是主張給使用者一個機會，讓他們參與到這個過程中來，決定什麼時候您的產品能夠滿足他們的需求。

讓您的使用者參與功能取捨

通常您是為別人寫軟體，所以通常您會記得要去找出他們想要什麼[註6]。但是您可曾問過他們想要多好的軟體嗎？雖然有些情況下我們沒得選，例如您正在開發的是心臟起搏器、自動駕駛軟體或一個將被廣泛傳播的底層函式庫，那麼對於「好」的定義將更加嚴格，您的選擇將更加有限。

但是，如果您正在開發一個全新的產品，您將面臨不同的限制。行銷人員必須遵守承諾，最終的終端使用者可能已經根據交付計畫制訂了計畫，而您的公司肯定會有現金流限制。如果只是因為想給程式添加新功能，或者多做一次程式碼優化，就忽略上面這些使用者的需求，是一種不專業的表現。我們並不是在恐嚇您：承諾不可能實現的完成時間，和為了滿足最後期限而偷工減料，兩者不專業的程度是相同的。

您生產的系統的範圍和品質應該作為系統需求的一部分進行討論。

> **提示 8**　把品質看成一種需求

一般情況來說，您會遇到需要權衡利弊的情況。令人驚訝的是，許多使用者寧願馬上就有堪用的軟體，也不願花一年的時間等待光鮮亮麗、功能齊全的版本（事實上，他們一年之後所需要的可能完全不同），許多預算緊張的 IT 部門會同意這一點。今天的可用軟體往往比明天的完美軟體更受歡迎。如果您儘早給您的使用者提供可以上手使用東西，他們的回饋通常會引導您找到更好的最終解決方案（參見主題 12，戈光彈，第 58 頁）。

知道何時停手

在某些方面，程式設計就像繪畫。您從一張空白的畫布和一些基本的原材料開始。您使用科學、藝術和工藝的結合來決定如何使用它們。您可以勾畫出一個

註6　我試圖在這裡一個笑話梗！

整體形狀，繪製底層環境，然後填充細節。您總是帶著批判的眼光回顧自己所做的事情，您會時不時地扔掉一張畫布，然後重新開始。

但是藝術家會告訴您，如果您不知道什麼時候停止，就會毀掉之前所有的努力。如果您不停地一層一層地添加細節，您的畫作最後將會被顏料淹沒。

請不要因為過分的修飾和精煉而破壞了一個完美的程式，去做下一件事，讓您的程式碼獨處一段時間。它可能並不完美，但您也無需擔心：它不可能是完美的（在第 7 章，當您寫程式時，第 225 頁，我們將討論在不完美的世界中開發程式碼的哲學）。

相關章節包括

- 主題 45，需求坑，第 288 頁
- 主題 46，解開不可能的謎題，第 298 頁

挑戰題

- 查看您經常使用的軟體工具和作業系統。您能找到任何證據來證明這些組織和 / 或開發人員願意交付他們知道並不完美的軟體嗎？身為一個使用者的您，您是願意（1）等待他們把所有的錯誤都清除掉，（2）擁有複雜的軟體並接受一些錯誤，還是（3）選擇更簡、單錯誤也更少的軟體？

- 讓我們思考一下模組化對軟體交付的影響。若有一個使用非常鬆散耦合設計的模組或微服務的系統，和另一個緊密耦合的軟體相比，提升到所需的品質所需要的時間是比較多還是少？這兩種方法的優點或缺點是什麼？

- 您能想到受功能膨脹（*feature bloat*）所害的熱門軟體嗎？也就是說，這種軟體含的功能比您可能使用的多得多，每個功能都有可能帶來更多 bug 和安全性漏洞，使得您真的需要使用的功能更難被找到和使用。您自己有掉入這樣的陷阱的經驗嗎？

6 您的知識資產

> 對知識的投資永遠都得到最好的回報。

> ➤ 班傑明富蘭克林（*Benjamin Franklin*）

啊，受人景仰的班傑明富蘭克林，總是把話說得太簡要。為什麼這麼說呢，如果我們可以早睡早起，我們就會成為偉大的程式設計師，對嗎？早起的鳥兒有蟲吃，但早起的蟲兒怎麼辦呢？

不過，在這件事上，班確實說到了點上。您的知識和經驗是您日常工作中最重要的資產。

不幸的是，知識和經驗是一種會過期的資產[註7]。隨著新技術、語言和環境的開發，您的知識也會變得過時。不斷變化的市場力量可能會使您的經驗變得過時或不再適用。考慮到我們這個科技社會不斷增長的變化速度，這可能會很快發生。

當您的知識價值下降時，您對公司或客戶的價值也會下降。我們想要阻止這一切的發生。

您學習新事物的能力是您最重要的戰略資產。但是您怎麼學會學習的方法，您又怎麼知道要學什麼呢？

您的知識資產

我們把程式設計師所知關於電腦運算的所有事實，他們所從事工作的應用領域，以及他們所有的經驗看作他們的知識資產。管理知識資產與管理金融資產非常相似：

註 7　**會過期的資產是一種會隨時間減低價值的資產，就像裝滿香蕉的倉庫或某場球賽的門票。**

1. 認真的投資者定期投資，並且養成一種習慣。

2. 多樣化是長期成功的關鍵。

3. 聰明的投資者會在保守型投資和高風險、高回報的投資之間進行平衡。

4. 投資者試圖低買高賣以獲得最大的回報。

5. 應定期審查和重新平衡知識資產。

為了讓您的職業生涯發光發熱，您必須使用這些相同的指導原則來投資自己的知識資產。

好消息是，管理這類投資是一項技能，就像其他技能一樣，可以學習。訣竅是讓您自己一開始就這樣做，並養成習慣。藉由養成習慣，最後讓您的大腦將其內化。到這個程度時，您就會發現自己自動吸收新知識。

建構您的資產

定期投資

就像金融投資一樣，您必須定期投資您的知識資產，即使每次只是投資一點點也一樣。養成習慣這件事和累積資產總數一樣重要，所以請使用一致的時間和地點，遠離干擾，以養成習慣。下一節將列出一些示範目標。

多元化

您知道的事情越多，您就越有價值。您需要瞭解當前使用的特定技術的細節，將它作為一個比較基準。但請不要就此打住，因為電腦技術日新月異，今天炙手可熱的技術在明天可能會變得毫無用處（或者至少不再受歡迎）。熟悉的技術越多，您就更能適應變化。而且，也不要忘記您還需要其他技能，包括那些非技術領域的技能。

管理風險

技術也適用高風險、潛在的高回報與低風險、低回報的原則。把所有的錢都投資在可能會突然崩盤的高風險股票上不是一個好主意，您也不應該把全部的錢都只做保守投資，導致錯過可能的機會。所以，請不要把您所有的技術雞蛋放在一個籃子裡。

低買高賣

在一項新興技術變得流行之前學習它，可能和發現一支被低估的股票一樣困難，但能獲得的回報可能也很豐碩。在 Java 剛發表時，學習它可能是有風險的，但是當它後來成為行業主流時，也為早期的採用者帶來了豐厚的回報。

審查和調整

這是一個不停變動的行業。您上個月開始研究的熱門技術現在可能已經過時了，或是也許需要更新一下您已經有一段時間沒用過的資料庫技術。或者，如果您嘗試另一種語言，也許能更容易掌握新的工作機會。

在所有這些指導方針中，最重要的一條指導方針也是最簡單的一條：

提示 9	請定期投資你的知識資產

目標

現在您已經有了一些關於什麼時候添加什麼內容到您的知識資產的指導方針，那麼現在要問的是，什麼是獲得知識資產的最佳方式呢？以下是一些建議：

每年至少學一門新語言

不同的語言以不同的方式解決相同的問題。透過學習幾種不同的方法，可以幫助拓寬您的思維避免陷入陳規。另外，由於免費軟體有很多，所以學習多種語言也很容易。

每個月讀一本技術書

雖然網路上充斥著大量的短文和偶爾可靠的答案，但要想深入理解，您需要長篇的書籍。請到出版與您當前專案相關的書商處瀏覽技術書籍[註8]。一旦養成了這個習慣後，請一個月讀一本書。在能充份掌握了您目前正在使用的技術之後，請擴展並學習一些與您的專案無關的技術。

也要閱讀非技術類書籍

請記住一個重點，電腦是被人所使用，由那些您試圖滿足他們需求的人使用。而且您是和別人一起工作，被別人雇傭，被別人攻擊。不要忘記等式中關於人性方面的變數，因為那需要一個完全不同的技能集（雖然我們諷刺地稱這些為軟（soft）技能，但實際上它們卻很硬很難掌握）。

上課

在當地或網路學院或大學尋找有趣的課程，或者參訪下一個貿易展覽或會議。

參與本地使用者群組或會議

孤立對您的職業生涯可能是致命的；瞭解公司以外的人在做什麼。不要只是去聽，請積極參與。

體驗不同的環境

如果您只在 Windows 下工作過，那請花點時間在 Linux 上。如果您只使用 makefile 和編輯器，那麼可以去嘗試使用具有先進功能的複雜 IDE，反之亦然。

瞭解目前發展

閱讀與您當前專案不同的技術相關的新聞和發文。這是一種很好的方式來瞭解其他人使用它的經驗，他們使用的特定術語等等。

註 8　我們的推薦可能有些偏心，但 *https://pragprog.com* 上有一些很好的分類。

繼續投資很重要。一旦您覺得可以掌握某種新的語言或技術的時候，就繼續前進，學習另一個。

不管您是否曾經在一個專案中使用過這些技術，甚至不管您是否把它們寫進簡歷。學習的過程會擴展思維，為您打開新的可能性和做事情的新方法。思想的交叉交流很重要；請試著把曾經學過的東西應用到目前的專案，即使您的專案沒有使用這種技術，您也可以借鑒一些想法。例如，懂了物件導向後，您將以不同的方式撰寫循序性程式。理解函式語言程式設計規範後，您將以不同的方式撰寫物件導向的程式碼等等。

學習的機會

假設您如饑似渴地閱讀，同時掌握著您所在領域的最新突破性進展（這可不是件容易的事），有人問您一個問題，您根本不知道答案是什麼，也不願承認。

請不要讓事情就這麼過去，請將找到答案當作是對自己的挑戰，請去詢問周圍的人，或是搜尋網路，包括學術部分的資訊，而不僅僅去找尋消費者相關的資訊。

如果您遍尋不得答案，那就改為去找誰能找到。不要讓事情就這麼過去。因為與他人交談將有助於建立人際網路，您可能會驚訝地發現，在這個過程中，您還可能順便找到其他問題的解決方案，繼續擴大既有的資產…。

所有這些閱讀和研究的動作都需要時間，而且時間並沒有太多餘裕，所以您需要提前計畫。總是在空檔的時候讀點東西，比方等待醫生和牙醫的時間可能是您趕上閱讀進度的好機會，請一定要帶上自己的電子閱讀器，否則您可能會發現自己在翻閱一篇 1973 年關於巴布亞紐幾內亞的文章。

批判性思考

最後一點是要批判性地思考您讀到和聽到的內容。您需要確保自己知識資產中的知識是準確的，不受供應商或媒體炒作的影響。小心那些堅持他們的教條是唯一答案的狂熱者，就算它可能適用於您，也可能不適用於您的專案。

永遠不要低估商業主義的力量。不要因為一個網路搜尋引擎列出的熱門搜尋，就決定它是最佳匹配；內容提供者可以透過付費來獲得更高收入。書店推薦的書並不代表著它是好書，甚至不代表著它很受歡迎；可能是有人花錢把它放在那裡的。

提示 **10**	批判式的分析你讀到或聽到的東西

批判性思考本身就是一門完整的學科，我們鼓勵您盡可能地閱讀和學習這門學科。在此時，您可以從這裡列出的一些問題開始。

五個「為什麼」

　　最受歡迎的訪談技巧：就是至少問五次「為什麼？」。一開始先問一個問題，然後得到它的答案。然後再問更深一層的「為什麼？」，重複地提問，把自己當成一個急躁的四歲小孩（但很有禮貌）。透過這種方式，您可能會更接近根本原因。

這對誰有好處

　　這聽起來可能有點憤世嫉俗，但是誰從中得到好處（跟著金錢的流向，*follow the money*）可能是一個非常有助於分析的事。其他人或其他組織會得到的好處可能與您自己的利益一致，也可能不一致。

時空背景是什麼？

　　每件事都發生在它自己的時空背景中，這就是為什麼「通用」的解決方案往往不適用的原因。請小心一篇吹捧「最佳實作」的文章或書籍。您該要思考的好問題是「對誰最好？」「先決條件是什麼？短期和長期後果是什麼？」

何時何地可用？

　　在什麼情況下？太晚了嗎？太早了嗎？不要只思考一層（接下來會發生什麼），而要思考到第二層：再之後會發生什麼？

為什麼會有這個問題？

是否存在一個會發生問題的潛在模型？底層模型是如何運作的？

不幸的是，簡單的答案並不多。但是，透過累積知識資產，並對將要閱讀的大量技術文章應用一些批判性分析，您就可以得到複雜答案。

相關章節包括

- 主題 1，這是您的人生，第 2 頁
- 主題 22，工程日誌，第 117 頁

挑戰題

- 請從本週開始學習一門新的語言。總是用同樣的程式語言嗎？請嘗試 Clojure、Elixir、Elm、F#、Go、Haskell、Python、R、ReasonML、Ruby、Rust、Scala、Swift、TypeScript，或者任何您可能喜歡的語言[註9]。

- 請開始閱讀一本新書（但先讀完這本！） 如果您正要開始進行細節實作和撰寫程式碼，請閱讀有關設計和架構的書籍。如果您正在進行概念設計，請閱讀有關程式技巧的書籍。

- 走出去，和那些沒有參與您當前專案的人，或者不在同一家公司工作的人談談技術。在公司的自助餐廳建立人際網路，或者在當地的聚會上結識志同道合的朋友。

註 9　沒聽過這些程式語言嗎？請記得，知識是一種會過期的資產，而熱門的技術也會過期。這些熱門或尚在實驗的語言，和本書第一版撰寫列出的幾乎完全不同，當你閱讀本書時，也有可能又完全不一樣了，這也是你該持續學習的原因。

7 溝通！

我相信被放大檢視總比被忽視好！

> *1934 年，《90 年代的美人》，Mae West*

也許我們可以向 West 女士學習。重點不僅僅是您擁有什麼，還有您如何包裝它。就算您擁有最好的想法、最好的程式碼、或者最實用的思想，最終都可能是徒勞無功的，除非您能與他人溝通。缺乏有效溝通，好主意就只會變成沒人疼愛的孤兒。

作為開發人員，我們必須在許多層次上進行溝通。我們花幾個小時開會，傾聽和交談。我們與使用者合作，試圖瞭解他們的需求。我們撰寫程式碼，將我們的意圖傳達給機器，並為未來的開發人員記錄我們的想法。我們寫提案和備忘錄，要求和調整資源，報告我們的狀態，並建議新的方法。我們每天都在團隊中工作，宣導我們的想法，修改現有的實作，並提出新的建議。我們把一天中大部分時間都花在了溝通交流上，所以我們需要把它做好。

把英語（或任何您的母語）當作另一種程式設計語言。像撰寫程式碼一樣撰寫自然語言：遵循 DRY 原則、ETC、自動化等等（我們將在下一章討論 DRY 等設計原則）。

> **提示 11**　將您的母語視為另外一種程式語言

我們將認為有用的附加想法整理列出如下。

瞭解您的聽眾

只有在成功傳達您想傳達的東西時才算是在溝通，光說話是不夠的。為此，您需要瞭解聽眾的需求、興趣和能力。我們都曾參加過這樣的會議：一位開發怪才在市場副總裁的眼前長篇大論地講述一些神秘技術的優點。這不是溝通：這只是在講話，而且這樣做很煩人^{註 10}。

假設您希望修改您的遠端監控系統，修改成使用協力廠商的訊息代理來傳播狀態通知。您可以依聽眾的屬性做調整，以多種不同的方式呈現此修改。例如終端使用者可以很開心地認知到，他們的系統現在可以與協力廠商的其他服務進行互動操作，行銷部門將能夠利用這個事實來促進銷售，開發和運營經理會很高興，因為系統這一部分的維護現在是別人的問題了。最後，開發人員可能喜歡獲得使用新 API 的經驗，甚至能夠發現訊息代理的新用途。透過對每個小組進行適當的遊說，會讓他們都對您的專案感到興奮。

與所有形式的溝通一樣，這裡的技巧重點是收集回饋。不要只是被動地等待問題的出現：請主動詢問他們，看看肢體語言和面部表情。神經語言程式設計（Neuro Linguistic Programming）的前提之一是「您做溝通的意義就是得到的回應」。請在溝通的過程中，不斷提高對聽眾的瞭解。

知道您想說什麼

在比較正式的商務溝通中，最困難的部分可能是弄清楚您到底想說什麼。小說作家通常在開始寫作前就會詳細地規劃他們的作品，但是寫技術文件的人卻通常樂天地坐在鍵盤前輸入：

1. 介紹

接著腦中浮現什麼他們就輸入什麼。

請計畫好您想說什麼，列出一個大綱。然後問問自己，「這是否傳達了我想要向我的觀眾表達的東西，並且對他們產生實效？」請重複地精煉它，直到它符合您的要求。

註 10　**煩人**（*annoy*）是從古法語的**令人生厭**（*enui*）而來，意思是「令人厭煩」（to bore）。

這種方法不僅適用於文件。當您面對一個重要的會議或與一個大客戶的首次談話時，記下您想要交流的想法，並計畫一些策略來讓他們明白您的想法。

現在既然您已經知道了觀眾想要什麼，那就讓我們來傳達他們想要的東西吧。

選擇合適的時間

現在是星期五下午六點，審計員們已經工作了一個星期了。您老闆最小的兒子住院了，外面下著傾盆大雨，回家的路上肯定是一場噩夢。現在可能不是要求她幫您升級筆記型電腦記憶體的好時機。

想瞭解聽眾需要聽到什麼的一個重點，是需要弄清楚他們的優先事項是什麼。如果您遇到了一個經理，她剛剛因為搞丟了一些原始程式碼而被她的老闆刁難了一段時間，那麼您就會有一個更願意傾聽您講述關於原始程式碼儲存庫的想法的人了。請在對的時間，說對的內容。有時只需要問一個簡單的問題，「現在是討論…的好時機嗎？」就可以得到答案。

選擇一個風格

請將您的產出調整成適合您的聽眾。有些人想要一個正式的「只說事實」簡報。另一些人則喜歡在談正事之前進行一次前置長談。要思考聽眾在這方面的技能水準和經驗如何？他們是專家嗎？新手嗎？您需要牽著他們的手逐步漸進，或是適合廢話少說？如果您不知道答案，就去問。

但是，請記住，您的溝通任務只完成了一半。如果有人說他們只想要您用一段話來描述某件事，而您覺得不花個幾頁的時間無法說明，那就直接告訴他們。記住，這種回饋也是一種溝通方式。

使它看起來棒棒的

您的想法很重要，應該有一個漂亮的工具來將您的想法傳達給您的觀眾。

太多的開發人員（和他們的管理者）在生成書面文件時只關注內容。我們認為這是一個錯誤。任何廚師（或任何收看美食頻道（Food Network）的人）都會告訴您，太糟糕的擺盤可以毀去您在廚房裡埋頭苦幹的幾個小時。

今時今日，若產出的文件看起來還是很糟，是一件完全找不到藉口的事。現代軟體能產生令人驚艷的輸出，不管是使用 Markdown 還是使用文書處理程式都一樣，只需要學習一些基本的命令即可。如果您正在使用文書處理程式，請使用它的已定義樣式以保持文件一致性（您的公司可能已經定義了您可以使用的樣式）。請學習如何設定頁首和頁尾，請查看套件中包含的範例文件，瞭解有關樣式和佈局的資訊。一開始用自動拼字檢查，之後再手動做拼字檢查。因為，還是會有檢查程式無法找到的拼字錯誤。

讓您的聽眾參與

我們經常發現，製作文件的過程比最後製作出來的文件還要重要。如果可能的話，讓您的讀者參與文件的早期打稿。聽取他們的回饋，並理解他們的想法。您將建立一個良好的工作關係，並可能在此過程中生成一個更好的文件。

當一個聆聽者

如果想讓別人聽您說話，有一個技巧是必須使用的：聆聽。即使在當下您已經擁有所有的資訊，即使這是一個正式的會議，而您站在 20 位高級主管前也一樣，如果您不聽他們的，他們也不會聽您的。

透過提問以鼓勵人們交談，或者要求他們用自己的話重新詮譯目前的討論。把會議變成一場對話，會更有效地表達您的觀點。誰知道呢，您甚至可能學到一些東西。

回覆別人

當詢問別人一個問題時，如果他們不回答，您會覺得他們不禮貌。但是，當人們發郵件給您或留下詢問資訊的訊息或要求您採取行動時，您有多少次沒給他們回覆呢？在匆忙的日常生活中，很容易忘記回覆。請經常回覆郵件和語音信箱，即使只是簡單地回覆一句「我過會兒打給您」。讓人們瞭解情況會讓他們對偶爾的失誤更加寬容，讓他們覺得您沒有忘記他們。

提示 12	您說了什麼話，與您如何說這些話一樣地重要

除非您在真空中工作，否則您需要有溝通的能力。溝通越有效，您的影響力就越大。

說明文件

最後，還有透過說明文件進行溝通的問題。通常，開發人員不會太重視文件，在最好的情況下，文件被當作是一種不幸的需求；在最壞的情況下，它被視為一個低優先順序的任務，希望管理層在專案結束時忘記它。

務實的程式設計師將文件作為整體開發過程的一個部分。只要不重複工作或浪費時間，以及讓文件隨手可得，在程式碼本身中附上說明，產生文件也可以變得更容易。事實上，我們希望將您將所有務實原則同時套用到文件和程式碼中。

提示 13	內建文件說明，不要硬綁上去

從原始程式碼中的註解生成好看的文件，是一件很容易的事，我們建議將註解添加到模組和匯出的函式中，以幫助其他開發人員使用它。

然而，這並不代表著我們贊成為每個函式、資料結構、型別宣告等加上自己的註解。這種沒人性的註解撰寫方法，實際上增加了維護程式碼的難度：因為這樣您在做修改時，就變成要維護兩種東西。所以，請不要為非 API 撰寫它為什麼做某事、它企圖的和目標的註解。因為程式碼本身已經說明了如何完成，因此為它撰寫註解是多餘的，並且違反了 DRY 原則。

在原始程式碼中加入註解，為您提供了一個絕佳的機會來記錄專案中那些在其他地方無法記錄的部分：例如在工程上權衡得失、為什麼做了決策、放棄了哪些其他的選擇等等。

總結

- 知道您想說什麼。

- 瞭解您的聽眾。

- 選擇合適的時間。

- 選擇一個風格。

- 使它看起來棒棒的。

- 讓您的聽眾參與。

- 當一個聆聽者。

- 回覆其他人。

- 將程式碼和文件放在一起。

相關章節包括

挑戰題

- 有幾本好書有關於團隊內部溝通的內容，這些書包括 *The Mythical Man-Month: Essays on Software Engineering [Bro96]* 以及 *Peopleware: Productive Projects and Teams [DL13]*。請把團隊內部溝通這個題目列為重點，並務必在未來 18 個月裡閱讀這些書籍。此外，*Dinosaur Brains: Dealing with All Those Impossible People at Work [BR89]* 中，還討論了我們帶到工作環境中的情感負擔。

- 當下次您要做一個演講，或者寫一份支援某個立場的備忘錄時，請在開始之前讀一下這一章中的建議。明確地定義聽眾和您需要溝通的內容。如果合適的話，事後和您的聽眾談談，看看您對他們需求的評估有多準確。

網路溝通

前面所有我們所說關於書面溝通的一切都同樣適用於電子郵件、社交媒體發文、部落格文章等等。尤其是電子郵件已經發展到成為公司溝通的主要方式；它被用來討論合約、解決爭端、及作為法庭上的證據。但是，出於某種原因，那些不會寄出破舊的紙質信件的人卻很容易將那些排版不良、語無倫次的電子郵件寄到世界各地去。

我們的提示很簡單：

- 按下「送出」前，再校對一次。

- 檢查您的拼寫，尋找任何自動校正未能修正的錯誤。

- 保持格式簡單明瞭。

- 盡量少引用。沒有人喜歡收到引用自己原文 100 行，只在後面寫加了「我同意」三個字的郵件。

- 如果您引用別人的郵件，一定要注明出處，並且在本文中引用（而不是作為附件）。在社交平台上也是如此。

- 不要發怒，也不要表現得像個挑釁者，除非您想別人也這樣對你，並且纏著您。不想當著別人面前說的話語，也別在網路上說。

- 發送前檢查收件者清單。在部門郵件中批評老闆，卻沒有意識到老闆在抄送名單上，這已經是老生常談了。更好的是，不要透過電子郵件批評老闆。

正如無數的大公司和政治家都瞭解的，電子郵件和社交媒體上的發文是不會消滅的。試著像對待備忘錄或報告一樣認真地對待電子郵件。

Chapter 2

務實的方法

有一些提示和技巧適用於所有等級的軟體開發，過程實際上是通用的，想法上也不言自明的。然而，這些方法卻很少被記錄下來；在討論設計、專案管理或程式撰寫時，您通常會發現它們被寫成奇怪的句子。但是為了方便您們，我們將在這裡整合這些想法和過程。

第一個可能也是最重要的主題涉及到軟體發展的核心：優秀設計的精髓，後面的一切都是從此主題再展開。

接下來的兩小節，DRY——重複的罪惡與正交性（Orthogonality），是緊密相關的兩個小節。第一個小節警告您不要在整個系統中重複知識，第二個小節警告您不要把一個知識拆分到多個系統元件中。

隨著變化的步伐加快，保持應用程式的相關性變得越來越困難。在可逆性（Reversibility）小節中，我們將研究一些技術，這些技術有助於將您的專案與其所處不斷變化的環境隔離開來。

接下來的兩個小節也是相關的。在曳光彈小節中，我們將會討論一種允許您同時收集需求、測試設計和實作程式碼的開發風格。這是跟上現代生活節奏的唯一方法。

原型和使利貼小節向您展示了如何使用原型來測試架構、演算法、介面和想法。在現代社會，在您全身心投入之前，先行測試想法並得到回饋是很重要的。

隨著電腦科學的慢慢成熟，設計師們正在開發越來越高級的語言。雖然能達成「照我想的做」的編譯器還沒有發明出來，但是在領域語言小節中，我們提供了一些您可以自己實作的溫和建議。

最後，我們都在一個時間和資源有限的世界裡工作。如果您善於計算出事情需要多長時間，您便更容易度過這些困難（並讓老闆或客戶更高興），我們在評估小節中會說明如何做到這一點。

在開發過程中記住這些基本原則，您將撰寫出更好、更快、更強的程式碼，甚至可以讓它看起來很簡單。

8　優秀設計的精髓

世界上到處都是大師和專家，當討論到如何設計軟體時，他們都渴望將自己辛苦積累的智慧傳遞出去。利用首字母縮寫名詞、列示清單（似乎偏愛列五條）、模式、圖表、影片、演講，以及（網路就是網路）用一系列的形意舞來解釋迪米特法則（Law of Demeter）。

而我們，本書溫和的作者們，也犯過這樣的錯。但我們想藉由說明一些最近才瞭解的事，來作為彌補。第一件事是一個通用的宣言：

> **提示 14**　　一個好的設計比爛設計更容易改動

如果能讓消費者很習慣使用一件東西，那該東西就是設計得很好。對於程式碼，這代表著它必須很容易修改。所以我們相信 ETC 原則：更容易改變（ETC，Easier to Change）。

據我們所知，下面每一個設計原則都符合 ETC。

為什麼減低耦合性（decoupling）是好的？因為透過減少相關性，我們做改變時就會更容易，這是 ETC。

為什麼單一責任原則（single responsibility principle）有用？因為依需求所要做的修改，只需要修改一個模組就好，這是 ETC。

為什麼命名很重要？因為好的名字使程式碼更容易閱讀，您必須閱讀它來改變它，這也是 ETC ！

ETC 是一個價值觀，不是規則

價值觀是一種幫助您做決定的東西：我應該做這個，還是那個？在軟體的領域，ETC 是一個嚮導，幫助您在不同的路徑之間進行選擇。就像您所有其他的價值觀一樣，它應該尾隨在您的意識思維之後，微妙地把您推向正確的方向。

但是您如何擁有 ETC 這種價值觀呢？我們的經驗是，一開始要刻意地強化。您可能需要花一個星期左右的時間故意問自己：「我剛剛做的事情是讓整個系統變得更容易還是更難改變？」當您儲存一個檔案時這樣做，在撰寫測試時也這樣做，修復一個 bug 時也這樣做。

ETC 有一個隱含的前提，它假設一個人能夠分辨未來更容易修改的那條路道路。大多數情況下，可依常識找出正確答案，您可以做出有根據的猜測。

不過，有時您也會毫無頭緒。沒關係，在這種情況下，我們認為您可以做兩件事。

首先，考慮到您不確定未來會發生什麼形式的修改，您總是可以回到「容易改變」的道路上：試著讓您寫的東西變得可替換。這樣，無論將來發生什麼，這段程式碼都不會成為絆腳石。雖然這話講得好似很極端，但實際上這是您應該要持續做的事情。實際上，它只是保持程式碼的低耦合和內聚性。

第二，把這當作培養直覺的一種方式。在您的工程日誌中記錄這種情況：有哪些選擇，以及關於修改的一些猜測。在原始檔案中留下標記。然後，稍後，當這些程式碼必須修改時，您將能回顧並給自己回饋。下次遇到類似的選擇岔路時，這可能會有所幫助。

本章的其餘部分是一些有關於設計的具體想法，但都是由 ETC 原則所衍生。

相關章節包括

挑戰題

- 想想您經常使用的設計原則，它存在的目的是讓事情變得容易改變嗎？

- 也思考各種程式語言和程式設計模型（OO、FP、Reactive 等等）。是否在你撰寫 ETC 程式碼時，有大的正面幫助或負面妨礙？又或許兩者都有？

  在撰寫程式時，您可以做些什麼來消除妨礙並擴大優點[註1]？

- 許多編輯器都支援（不管是內建或後來加裝功能）在儲存一個檔案時執行命令。讓您的編輯器彈出一個視窗顯示命令執行，是一種符合 *ETC* 的設計方法嗎？每次當您做儲存動作時[註2]，都會跳出一個訊息，藉此作為一個線索，去思考您最近寫的程式碼，是否容易改變？

註 1　此處改寫了 Arlen/Mercer 的老歌歌詞…
註 2　或是為了保持您的理智，每隔十次…

9 DRY—重複的罪惡

詹姆斯 T 柯克船長（Captain James T. Kirk）為了要破壞一個惡意的人工智慧，所以給電腦兩種相互矛盾的知識。不幸的是，同樣相互矛盾的知識也會破壞您的程式碼。

作為程式設計師，我們收集、組織、維護和利用知識。我們在文件中記錄知識，藉由執行程式碼以運作知識，也使用知識做測試期間所需的檢查。

不幸的是，知識並非是不變的東西，它變化得很快。在與客戶一次會面之後，您心中對客戶需求的理解就可能會發生變化。在政府修改了管理規則之後，一些業務邏輯就不再適用了。測試的結果可能表示之前選擇的演算法行不通。所有這些不穩定性代表著我們必須花費大量的時間在維護模式、重新組織和重新表達系統中的知識上。

大多數人認為維護始於應用程式發佈之時，維護代表著修復 bug 和增強功能。我們認為這些人錯了，因為程式設計師應該一直都處於維護模式，因為我們對周圍事物的理解每天都在變化。當我們在專案中埋頭工作時，會出現新的需求，導致現有的需求產生變化，又或許環境改變了。不管出於什麼原因，維護都不是一個獨立的活動，而是整個開發過程中的一種常態活動。

當我們執行維護工作時，我們必須找到並修改事物的表示形式，那些被嵌入到應用程式中的知識封裝。問題在於知識在規格中、在我們開發的程式中是很容易發生重複，當這種情況發生時，我們招致了維護噩夢，所以這一切在應用程式發佈之前就開始了。

我們認為，要可靠地開發軟體，並使我們的開發更容易理解和維護，唯一的方法就是遵循我們所說的 DRY 原則：

> 在一個系統中，每一條知識都必須有一個單一的、明確的、權威的表述。

為什麼我們叫它 DRY 原則？

提示 15	DRY 原則──不要重複

如果不遵循 DRY 原則，也就是在兩個或多個地方表達相同的內容，此時如果您改變了一個，就必須要改變其他的，否則，就像前面提到的外星人電腦一樣，程式將會因為一個矛盾而崩潰。如果您記得清楚，就不會有問題，但在您忘記時，就會產生問題。

在本書中，您會發現 DRY 原則一次又一次地出現，而且經常出現在與程式碼無關的環境中。我們認為它是 the Pragmatic Programmer 所提供的工具中最重要的工具之一。

在本節中，我們將概述這種重複造成的問題，並提出解決問題的策略。

DRY 的範圍不止是程式碼

在開始之前，讓我們先掃除一些前方路障吧。在這本書的第一版中，我們沒有很好地解釋什麼是不要重複。許多人認為它指的是程式碼：他們誤認為 DRY 的意思是「不要複製和貼上程式碼」。

這的確是 DRY 原則的一部分，但它只是一個很小又瑣碎的部分而已。

DRY 是指知識以及意圖上的重複，它是在兩個不同的地方表達相同的東西，包含可能使用兩種完全不同的表達方式。

這裡有一個嚴格的辨識方法：當您必須修改一處程式碼時，是否發現自己需要修改其他多個地方（儘管這些地方的格式不同）？是否必須分別修改程式碼和文件，或者資料庫模式和它的結構，或者⋯？ 如果是這樣，您的程式碼就不符合 DRY 原則。

我們來看一些關於重複問題的典型例子。

重複程式碼

這個問題可能相對瑣碎，但程式碼重複的情況太常見了。下面是一個例子：

```
def print_balance(account)
  printf "Debits:  %10.2f\n", account.debits
  printf "Credits: %10.2f\n", account.credits
  if account.fees < 0
    printf "Fees:    %10.2f-\n", -account.fees
  else
    printf "Fees:    %10.2f\n", account.fees
  end
  printf "           ———-\n"
  if account.balance < 0
    printf "Balance: %10.2f-\n", -account.balance
  else
    printf "Balance: %10.2f\n", account.balance
  end
end
```

現在暫且不看我們犯了將貨幣儲存在浮點數中這個新手錯誤。相反地，請看看自己能否在這段程式碼中找出重複的地方（我們至少可以看到三樣重複，但您可能會看到更多）。

您發現了哪些重複之處呢？下面是我們看到的重複問題。

首先，負數的處理顯然是複製和貼上。我們可以透過加入另一個函式來解決這個問題：

```
def format_amount(value)
  result = sprintf("%10.2f", value.abs)
  if value < 0
    result + "-"
  else
    result + " "
  end
end

def print_balance(account)
  printf "Debits:  %10.2f\n", account.debits
  printf "Credits: %10.2f\n", account.credits
  printf "Fees:    %s\n",    format_amount(account.fees)
  printf "           ——-\n"
  printf "Balance: %s\n",    format_amount(account.balance)
end
```

另一個重複的地方，是在所有 printf 呼叫中重複欄位寬度。我們可以使用一個常量並將其傳遞給每個呼叫來解決這個問題，但是為什麼不直接使用現有的函式呢？

```
def format_amount(value)
  result = sprintf("%10.2f", value.abs)
  if value < 0
    result + "-"
  else
    result + " "
  end
end

def print_balance(account)
  printf "Debits:  %s\n", format_amount(account.debits)
  printf "Credits: %s\n", format_amount(account.credits)
  printf "Fees:    %s\n", format_amount(account.fees)
  printf "          ——-\n"
  printf "Balance: %s\n", format_amount(account.balance)
end
```

還有什麼重複的問題嗎？嗯，如果客戶要求在標籤和數字之間要保留額外的空格呢？這樣我們就得改寫 5 行程式碼。所以，讓我們除去這種重複情況：

```
def format_amount(value)
  result = sprintf("%10.2f", value.abs)
  if value < 0
    result + "-"
  else
    result + " "
  end
end

def print_line(label, value)
  printf "%-9s%s\n", label, value
end

def report_line(label, amount)
  print_line(label + ":", format_amount(amount))
end

def print_balance(account)
  report_line("Debits",  account.debits)
  report_line("Credits", account.credits)
  report_line("Fees",    account.fees)
  print_line("",         "——-")
```

```
    report_line("Balance", account.balance)
  end
```

如果必須修改金額的顯示格式，則需要修改 `format_amount`。如果希望修改標籤格式，則需要修改 `report_line`。

這裡仍然存在一個隱含違反 DRY 原則的情況：分隔線中的連字號數與 amount 欄位的寬度有關。但它們的寬度又不是完全匹配：它目前只少了一個字元，因此任何在尾端加了負號的值都超出了它的欄寬範圍。但這是一種客戶的意圖，而且與進行格式化金額屬於不同的意圖。

不是所有重複的程式碼都屬於知識複製

假設您有一個線上葡萄酒訂購應用程式，您可取得並驗證使用者的年齡以及他們的訂購數量。根據網站擁有者所提供的資訊顯示，年齡以及訂購數量都應該是數字，並且都大於零。所以您的驗證程式碼長得像這樣：

```
def validate_age(value):
    validate_type(value, :integer)
    validate_min_integer(value, 0)

def validate_quantity(value):
    validate_type(value, :integer)
    validate_min_integer(value, 0)
```

在程式碼審查期間，那位自稱什麼都懂的審查者會挑出這段程式碼，聲稱這是違反了 DRY 原則：兩個函式主體長得一模一樣。

他們錯了。雖然程式碼相同，但是它們所代表的知識是不同的。這兩個函式驗證兩個具有相同規則的獨立事物。這是一種巧合，不是重複。

文件中的重複

不知為何會誕生「您應該要為所有函式撰寫註解」這個神話，而那些相信這個瘋狂神話的人會寫出這樣的東西：

```
# 計算這個帳戶的費用
#
# * 每張帳單回傳成本 $20
# * 如果該帳戶已透支超過 3 天
#     每天加收 $10
# * 如果該帳戶餘額超過 $2,000
#     費用打折 50%

def fees(a)
  f = 0
  if a.returned_check_count > 0
    f += 20 * a.returned_check_count
  end
  if a.overdraft_days > 3
    f += 10*a.overdraft_days
  end
  if a.average_balance > 2_000
    f /= 2
  end
  f
end
```

這個函式的意圖重複了兩次：一次在註解中，一次在程式碼中。當客戶修改了收費規則時，我們必須更新這兩處。在一定的時間之後，我們幾乎可以保證註解和程式碼不會同步。

問問您自己將註解加到程式碼中，到底增加了什麼好處。從我們的角度來看，它只是彌補了一些不好的命名和寫法。您覺得改寫成這樣如何：

```
def calculate_account_fees(account)
  fees  = 20 * account.returned_check_count
  fees += 10 * account.overdraft_days  if account.overdraft_days > 3
  fees /= 2                            if account.average_balance > 2_000
  fees
end
```

它的名字直接說明了它的功能，如果有人需要詳細資訊，直接可從原始程式碼中看出來。這就是符合 DRY 原則！

資料違反 DRY 原則

我們的資料結構代表知識，它們可能與 DRY 原則相衝突。讓我們來看看一個表示直線的類別：

```
class Line {
  Point  start;
  Point  end;
  double length;
};
```

乍一看，這個類別似乎是合理的。一條線顯然有起點和終點，並且會有長度（即使它是零）。但是此處有重複的問題。由於長度由起始點和結束點定義：改變其中一個點，長度就會改變。所以長度最好是個計算欄位：

```
class Line {
  Point  start;
  Point  end;
  double length() { return start.distanceTo(end); }
};
```

在您之後的開發過程中，出於效能原因，您可能會選擇違反 DRY 原則。這種情況經常發生在需要做資料快取以避免重複昂貴的動作時。此情況下的訣竅在於將影響最小化，讓這個衝突不會曝露給外部世界：只有該類別中的方法需要擔心如何保持正確：

```
class Line {
  private double length;
  private Point  start;
  private Point  end;

  public Line(Point start, Point end) {
    this.start = start;
    this.end   = end;
    calculateLength();
  }

  // public
  void setStart(Point p) { this.start = p; calculateLength(); }
  void setEnd(Point p)   { this.end   = p; calculateLength(); }

  Point getStart()       { return start; }
  Point getEnd()         { return end;   }

  double getLength()     { return length; }

  private void calculateLength() {
    this.length  = start.distanceTo(end);
  }
};
```

這個範例還展示了一個重要的問題：每當一個模組代表一個資料結構時，您都必須將使用該結構的所有程式碼實作在該模組內部。在可能的情況下，始終使用存取函式來讀寫物件的屬性。這樣的設計將使未來添加功能變得更容易。

這種存取函式的使用與 Meyer 的 *Uniform Access principle* 有關，如 *Object-Oriented Software Construction [Mey97]* 中所述，它是這麼宣告的：

> 模組提供的所有服務都應該透過統一的標記法提供，這種標記法不會洩漏服務是透過儲存還是透過計算實作的。

表示形式的重複

您的程式碼與外部世界的介面：透過 API 使用其他函式庫、透過遠端呼叫使用其他服務、使用外部來源中的資料等等。幾乎每次您做這些時，都會引入某種 DRY 原則衝突：因為您的程式碼必須具有那個外部東西中的知識。它必須瞭解要用的 API，或者要用的模式，或者錯誤程式碼的含意等等。這裡的重複之處在於兩個東西（您的程式碼和外部實體）必須瞭解它們介面的表示形式。單純只改一端的話，另一端就會出問題。

雖然這種重複是不可避免的，但可以減輕，以下是一些策略。

內部 API 之間的重複

對於內部 API，請尋找允許能以某種中立格式建立 API 的工具。這些工具通常會生成文件、會仿製 API、功能測試和 API 的使用端，後者使用多種不同的語言。理想情況下，該工具將所有 API 儲存在一個中央儲存庫中，允許跨團隊共用它們。

外部 API 之間的重複

您會發現，越來越多公共 API 是使用 OpenAPI^{註3} 之類的東西撰寫正式規格的。這種做法允許您將 API 規格匯入到本地 API 工具中，提昇與該服務的整合度。

如果找不到這樣的規格，您可以考慮建立一份並發布它。不僅別人會覺得它實用；甚至會有人幫您維護它。

與資料來源的重複

許多資料來源允許您修改它們的資料模式，這可用來消除它們與您的程式碼之間的許多重複。您可以直接從資料模式生成容器，而不是手動建立容納此儲存資料的程式碼。許多現有 framework 都能為您完成這項繁重的工作。

還有另一種選擇，而且我們通常更喜歡這個選擇。與其撰寫程式碼來表示具有固定結構的外部資料（例如結構或類別的實例），不如將其放入鍵／值資料結構中（您的語言可能將這種資料結構稱為 map、hash、dictionary、甚至物件）。

這樣做是有風險的：您會丟失很多關於您正在處理的資料的安全性資訊。因此，我們建議向這個解決方案添加另一個層面：一個簡單的表格式驗證套件，它的功能是至少驗證您建立的資料結構（例如 map）包含您需要的資料（同時符合您要的格式）。您的 API 文件工具有可能支援這個功能。

開發者的重複

最難檢測和處理的重複類型，可能是發生在專案的不同開發人員之間。整個功能集合可能會在不經意間被重複了，而這種重複可能會在數年內都無法被檢測到，從而導致維護問題。我們親耳聽過美國一個州的政府電腦系統被調查是否能合乎 Y2K 標準，調查結果中有超過 10,000 個程式包含不同版本的社會安全號碼驗證程式碼。

註 3　https://github.com/OAI/OpenAPI-Specification

站在高層的角度看，可以透過建立一個強大的、緊密聯繫的、溝通良好的團隊來解決問題。

然而，在模組層級上看，問題較不容易被發現。不屬於明顯職責範圍的一般功能或資料可能被重複實作很多次。

我們認為解決這個問題的最好方法是鼓勵開發人員之間積極而頻繁的交流。

可以考慮組織每日 scrum 站立會議，建立討論區（如 Slack 頻道）討論一般性問題。這提供了一種非干擾式的溝通方式，甚至可以跨多個分公司進行溝通，同時將所述內容保存成永久歷史紀錄。

指派一名團隊成員擔任專案圖書館員，其工作是促進知識的交流。請您在原始碼樹狀結構中，找一個集中存放實用函式和腳本位置，以及閱讀其他人的原始程式碼和文件，無論是非正式的還是在正式的程式碼審查期間。這麼做並不是在窺探別人，您是在向他們學習。記住，這種交流是雙向的——不要因為其他人鑽研（翻找？）您的程式碼，就變得心煩意亂。

提示 16	容易重複使用

您要做的是創造一個更容易找到和重用現有內容的環境，而不是自己去寫。如果沒有這樣的環境，人們就不會去重用程式碼。而如果您不做重用，就要承擔重複知識的風險。

相關章節包括

- 主題 8，優秀設計的精髓，第 32 頁
- 主題 28，去耦合，第 150 頁
- 主題 32，設定，第 195 頁
- 主題 38，靠巧合寫程式，第 232 頁
- 主題 40，重構，第 247 頁

10 正交性

如果您想要產出一個易於設計、建構、測試和擴展的系統，正交性（orthogonality）是一個關鍵的概念。然而，很少人直接學習過正交性的概念。它通常隱藏在您學習的其他各種方法和技術的後面。忽視正交性是一種錯誤，一旦您學會了直接應用正交性原理，就會發現您生產的系統的品質立刻得到了改善。

正交性是什麼？

「正交性」是一個從幾何學借來的術語。兩條直線如果以直角相交就是正交的，例如圖上的座標軸。以向量來說，這兩行是獨立的。當圖上的 1 號向北移動時，不會改變它的東或西的位置。2 號向東移動時，也不會改變它的南或北的位置。

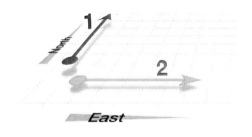

在計算機領域中，這個術語已經成為一種獨立或去耦合的象徵。如果其中一個的變化不影響其他任何一個，則兩個或多個事物是正交的。在設計良好的系統中，資料庫程式碼與使用者介面是正交的：可以在不影響資料庫的情況下修改介面，也可以在不修改介面的情況下更換資料庫。

在我們關注正交系統的好處之前，我們先來看一個非正交的系統。

非正交系統

您在乘坐直升機遊覽大峽谷（Grand Canyon）時，飛行員犯了一個不容忽視的錯誤，由於他午餐吃了魚，導致突然呻吟並暈過去了。幸運的是，他讓您在離地 100 英尺的上空保持盤旋的狀態。

真走運，您前一天晚上讀了維基百科（Wikipedia）上關於直升機的頁面，所以知道直升機有四種基本控制。您右手抓的桿子是迴旋（cyclic）桿。移動它，直升機就向相應的方向移動。您的左手握著總槳距油門操縱（collective pitch lever）桿。向上拉，增加所有槳葉的螺距，產生升力。在總槳距油門操縱桿的末端是節流閥（throttle）。最後還有兩個腳踏板（foot pedals），用來改變尾槳的推力，造成直升機轉向。

「簡單！」你心裡這樣想著。「只要緩緩地降低總槳距油門操縱桿，就可優雅地降落到地面，成為一個英雄。」然而，當您嘗試的時候，發現生活並不如您想的那麼簡單。直升機的機頭下降，您開始向左螺旋下降。突然您發現正在操作的飛行系統中，每個控制輸入都有副作用。降低左手的操縱桿時，您需要在右手的操縱桿上增加補償式的向後移動，然後推動右邊的踏板。但是每一個變化都會影響到所有其他的控制。剎那之間，您要處理一個難以置信的複雜系統，其中每個修改都會影響所有其他輸入。您的工作負載爆增：您的手和腳一直在動，試圖平衡所有的相互作用。

直升機的控制肯定沒有正交性。

正交性的好處

正如直升機的故事所示，非正交系統的改變和控制本來就比較複雜。當任何系統中的元件高度相互依賴時，就沒有局部修復這件事了。

> **提示 17**　消除不相關的東西對彼此造成的影響

我們希望設計的元件能自給自足（或自包含，self-contained）：即獨立的，有一個單一明確定義的目的（也就是 Yourdon 和 Constantine 在 *Structured Design: Fundamentals of a Discipline of Computer Program and Systems Design* [YC79] 中所稱的內聚性（cohesion））。當元件彼此獨立時，您知道可以安心地修改其中一個元件，而不必擔心更動到其他元件。只要不修改該元件對外的介面，就可以確信不會引起波及整個系統的問題。

撰寫正交系統，您將獲得兩個主要好處：提高生產力和降低風險。

提高生產力

■ 由於修改只會限定在特定部分，因此減少了開發時間和測試時間。撰寫相對較小的、自包含的元件比撰寫單個大程式碼塊更容易。簡單的元件可以被設計、撰寫程式碼、測試，然後被遺忘，在添加新程式碼時不需要一直修改現有的程式碼。

■ 使用正交性設計還可以促進程式碼重用。如果元件各自擁有特定的、定義良好的職責，就可以用原始實作者沒有預想到的方式，將它們與新元件組合。系統耦合越鬆散，重新配置和重新設計就越容易。

■ 當您合併使用一些正交元件時，在生產力方面會有一個相當微妙的收穫。假設一個元件做了 M 件不同的事情，另一個做了 N 件事情。如果它們是正交的，把它們組合起來，就可以做 $M \times N$ 件事情。但是，如果兩個分量不是正交的，就會有重疊，能做的就會少一些。透過合併使用正交元件，您可以獲得更多的功能。

降低風險

正交性設計能減少任何開發中與生俱來的風險。

■ 程式碼中有問題的部分被隔離了。如果一個模組生病了，它就不太可能將症狀傳播到系統的其他部分。若要把它切下來重新移植健康的器官也更容易。

■ 產出的系統不再那麼脆弱。因為只對特定區域進行小的修改和修復，所以您生成的任何問題都將被限定於該區域。

■ 一個正交系統可被測試得更好，因為對其元件設計和執行測試會更容易。

■ 您將不會被特定的供應商、產品或平台緊緊地綁死在一起，因為對整個開發來說，這些協力廠商元件的介面只被會隔離成一小部分。

讓我們來看看一些可以應用正交原則到您的工作的方法。

設計

大多數開發人員都熟悉設計正交性系統的必須性,儘管他們可能會使用其他術語如模組化(*modular*)、元件為基礎(*component-based*)、分層(*layered*)來描述設計正交性系統流程。系統應該由一組相互協作的模組組成,每個模組實作獨立於其他模組的功能。有時這些元件被組織成層,每個層提供一個層級的抽象意義。這種分層方法是設計正交系統的有力方法。因為每個層都只使用它下面的層提供的抽象意義,所以在底層修改方面有很大的靈活性,同時也不會影響程式碼的實作。分層還可以降低模組之間的依賴關係失控的風險。您會經常看到分層架構用圖表表達:

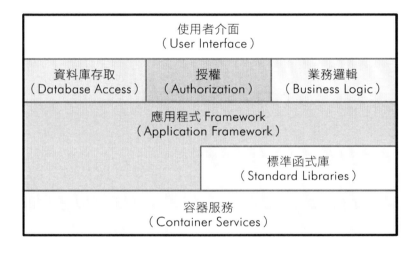

有一個簡單的試驗可以測試正交性設計,就是在您決定了元件的功能後,問自己:如果我大大地改變了某個特定功能背後的需求,有多少模組會受到影響?在一個正交性系統中,答案應該是「1」註4。移動 GUI 面板上的按鈕不應該需要修改資料庫模式,添加能偵測上下文功能不應該改變計費子系統。

註4　這種說法在現實世界中顯得天真,除非您真的是無與倫比的幸運。多數現實世界的需求發生變化時,都會影響系統中多個功能。不過,如果你從各個功能的角度去看,每個函式要做的修改,應該仍只會影響到一個模組。

讓我們假設有一個用於監視和控制加熱工廠的複雜系統。最初的需求需要一個圖形化使用者介面，但是後來需求被修改為要加入一個移動裝置介面，功能是讓工程師能監視關鍵值。對擁有正交性設計的系統中，您只需要改變那些與使用者介面相關的模組，就可以處理這個問題：控制工廠的基本邏輯將保持不變。事實上，如果您在構造系統時是很仔細的，您應該能夠使用相同的底層程式碼同時支援這兩個介面。

還要問問您自己，您的設計與現實世界的變化耦合性有多高。是否使用電話號碼作為客戶識別碼？當電話公司重新分配區域號碼時會發生什麼事？郵遞區號、社會安全號碼或政府 ID、電子郵件地址和網域都是無法控制的外部識別，並且在任何時候都可能因為任何原因修改。請不要依賴那些您無法控制的東西。

工具集和函式庫

在引用協力廠商工具集和函式庫時，請注意保持系統的正交性。請明智地選擇您的技術。

當您引入一個工具集（甚至是引入您團隊中其他成員的一個函式庫）時，問問自己是否對您的程式碼施加了不當的修改。如果一個物件的存在或不存在不會影響您的程式碼，那麼它就符合正交性。如果它要求您以一種特殊的方式建立或存取物件，那麼它就不具正交性。將這些東西與您的程式碼隔離開來還有一個額外的好處，那就是將來改用別的東西時會變得更加容易。

Enterprise Java Beans（EJB）系統是正交性的一個有趣的例子。在大多數交易導向的系統中，應用程式程式碼必須描述每個交易的開始和結束。在 EJB 中，這些資訊以註解的形式宣告出來，與實際執行這些工作的方法分開。相同的應用程式程式碼不用做任何修改，可以在不同的 EJB 交易環境中執行。

在某種程度上，EJB 是裝飾樣式（Decorator Pattern）的一個例子：您可為東西添加功能而不改變它們。這種風格的程式設計可以用在幾乎所有的程式設計語言中，並且不需要 framework 或函式庫，只是在程式設計時用上一點設計原則即可。

撰寫程式碼

每當您撰寫程式碼時，都有降低應用程式正交性的風險。除非您不斷地監視您正在做的事情，而且還監視應用程式的相關範圍的內容，否則您可能會無意中重複了其他模組中的功能，或者將已有的知識再重複表達一次。

有幾種技術可以用來保持正交性：

讓您的程式碼保持著去耦合的狀態

撰寫羞澀的程式碼的意思是這些程式碼模組不會向其他模組揭露何不必要的內容，並且不依賴於其他模組的實作。請試一試我們在第 150 頁的主題 28，去耦合小節中討論的迪米特定律。如果您需要修改一個物件的狀態，請讓該物件為您做這件事。這樣可使您的程式碼與其他程式碼的實作保持隔離，並增加了保持正交性的機會。

避免全域資料

每次您的程式碼引用全域資料時，它都將自己和其他共用該資料的元件綁在一起。甚至是您只打算讀取全域變數也可能會導致問題（例如，如果您突然需要將程式碼修改為多執行緒）。通常，如果您將需要的相關資訊手動傳遞給模組，那麼您的程式碼可更容易被理解和維護。在物件導向的應用程式中，相關資訊會被作為參數傳遞給物件的建構函式。在其他種類的程式碼中，亦可以建立包含相關資訊的資料結構，並將參照傳遞給模組。

在 *Design Patterns: Elements of Reusable Object-Oriented Software [GHJV95]* 中的單實例設計模式（Singleton pattern），是一種用來確保特定類別的物件只有一個實例的方法。許多人將這類單實例物件當作一種全域變數用（特別是在 Java 等不支援全域概念的語言中）。請小心使用單實例設計模式，它也可能導致不必要的連結。

避免相似的功能

您經常會遇到一組看起來很相似的函式——這些函式在開始和結束時使用一樣的程式碼，但是每個又實作不同的演算法。重複的程式碼是結構出問題的一種症狀。請查看設計模式小節中的策略模式（Strategy pattern），以獲得更好的實作。

養成不斷批評自己程式碼的習慣，同時尋找任何機會重新組織它，以改善其結構和正交性。這個的過程被稱為重構（refactoring），由於它非常重要，所以我們用一個小節專門說明它（參見主題 40，重構，第 247 頁）。

測試

具正交性設計和實作的系統更易於測試。由於系統元件之間的互動是標準又有規則的，因此可以在單個模組層級上執行更多的系統測試。這是一個好消息，因為模組層級（或單元）測試比整合測試更有針對性，而且更容易執行。實際上，我們建議將這些測試作為常態建構流程的一部分自動執行（參見主題 41，測試對程式碼的意義，第 252 頁）。

撰寫單元測試本身就是一個有趣的正交性測試。建構和執行單元測試需要什麼？您是否必須匯入系統其他大部分的程式碼？如果是這樣，那麼您已經找到一個尚未完全與系統其他部分去耦合的模組。

bug 修復也是評估整個系統的正交性的好時機。當您遇到問題時，評估這次的修復是否只影響部分區域。只需要修改一個模組，還是需要修改的東西分散在整個系統中？當您進行修改時，它是否修復了所有問題，還是會出現其他謎樣的問題？這是實作自動化的好機會。如果您使用版本控制系統（之後會在第 98 頁的主題 19，版本控制中閱讀到相關討論），請在測試後將程式碼 check-in，check-in 時修復標記 bug 是怎麼修複的。然後可以從每月報告中，分析每個 bug 修復所影響的原始檔案數量的趨勢。

文件

令人驚訝的是，正交性同樣適用於文件。正交的兩個軸是內容和表示方法。在使用真正的正交性文件時，您應該能夠在不改變內容的情況下任意地改變外觀。文書處理程式所提供的樣式表和巨集多少有一點幫助，但我們更喜歡使用 Markdown 這樣的標記系統：在撰寫時，我們只關注內容，讓我們使用的任何 render 工具決定表示方法[註5]。

總是保持正交性

正交性與第 35 頁的 DRY 原則密切相關。為了符合 DRY 原則，您會希望最小化系統中的重複，而在想符合正交性時，您希望減少系統中元件之間的相互依賴性。它可能是一個笨拙的名詞，但是如果您遵循正交性原則，並與 DRY 原則緊密結合，會發現您開發的系統更靈活、更容易理解，並且更容易除錯、測試和維護。

若您被加入一個專案，在該專案中，人們做修改時總是絕望痛苦，而每一次修改似乎都會導致另外四件事出錯，那麼請回想直升機的噩夢告訴我們的事。該專案可能不遵循正交性設計，是時候進行重構了。

還有，如果您是直升機飛行員，請不要吃魚⋯

相關章節包括

- 主題 3，軟體亂度，第 7 頁
- 主題 8，優秀設計的精髓，第 32 頁
- 主題 11，可逆性，第 54 頁
- 主題 28，去耦合，第 150 頁

註 5　事實上本書就是用 Markdown 寫的，排版也直接由 Markdown 產生。

- 主題 31，繼承稅，第 185 頁

- 主題 33，打破時間耦合，第 201 頁

- 主題 34，不要共用狀態，第 206 頁

- 主題 36，黑板，第 220 頁

挑戰題

- 請想一下具有圖形化使用者介面的工具集，與在 shell 提示中使用的小型、但可組合的命令列工具集之間的差異。哪個工具集更正交，為什麼？對於它本來的用途來說哪一種更容易使用？哪一種更容易與其他工具結合以應付新的問題？哪一種比較容易學？

- C++ 支援多重繼承，Java 允許一個類別實作多個介面，Ruby 有混入（mixin）類別。使用這些功能對正交性有什麼影響？使用多重繼承或多重介面所造成的影響有區別嗎？使用委派（delegation）和使用繼承之間有區別嗎？

練習題

練習 1（答案在 345 頁）

您被要求以一次一行的方式讀取一個檔。對於每一行，您必須將其拆分為數個欄位。下列哪一個虛擬的類別定義的正交性比較好？

```
class Split1 {
  constructor(fileName)    # 打開要讀取的檔
  def readNextLine()       # 移到下一行
  def getField(n)          # 回傳目前行的第 n 個欄位
}
```

或

```
class Split2 {
  constructor(line)        # 拆解一行
  def getField(n)          # 回傳目前行的第 n 個欄位
}
```

練習 2（答案在 345 頁）

物件導向語言和函式語言的正交性有什麼不同？這些差異是語言本身固有的，
還是人們使用它們的方式不同所產生的？

---

11 可逆性

> 若您只有唯一一個想法，那麼這個想法就是最危險的。
>
> ➤ *Emil-Auguste Chartier (Alain), Propos sur la religion, 1938*

工程師們更喜歡簡單、唯一的解決方案。數學測試讓您可以自信地宣稱 $x=2$，
這比法國大革命眾說紛紜起因令人安心得多。管理層的想法傾向於與工程師一
致：簡單明瞭的答案非常適合試算表和專案計劃。

要是現實世界也能這樣就好了！不幸的是，在現實中今天 x 是 2，明天可能是
5，下週可能是 3。沒有什麼是永恆的，如果您嚴重依賴某些事實，您幾乎可
以確信它將會改變。

實作某些東西的方法總是不止一種，而且通常有多個供應商提供協力廠商產
品。如果您盲目地認為只有一種方法可以完成一個專案，那麼您可能會遇到意
想不到的麻煩。隨著未來的展開，有些情況令許多專案團隊目瞪口呆：

> 「但是您說我們會用 XYZ 資料庫！」我們已經完成了 85% 的專案程式
> 碼，現在不能修改！程式設計師抗議道。「對不起，但我們公司決定對
> 所有專案採用 PDQ 資料庫進行標準化。我無能為力，我們得重新撰寫
> 程式碼。您們所有人週末都要上班，直到另行通知。」

改變發生時也可能不那麼嚴厲，甚至不那麼迅速。但隨著時間的推移，隨著您
的專案進展，您可能會發現自己陷入了一個無法再維持下去的情況。因為，當
每次在做關鍵的決定時，專案團隊都會鎖定一個範圍更小的目標，一個比現實
更小的目標，選擇也更少。

在做了很多次這樣關鍵的決定之後，目標的範圍變得如此之小，以致於如果它發生變化了，或者環境趨勢改變了，或者一隻蝴蝶在東京扇動了翅膀[註6]，您就無法達成目標，而且還可能會差得很遠。

這裡的問題，是出在關鍵的決定是不容易被逆轉的。

一旦您決定使用特定供應商的資料庫，或者某個架構樣式，或者某個部署模型，您就被迫執行一些無法撤銷的行動，除非付出巨大的代價。

可逆性

這本書中的許多主題，都與為了產出靈活、適應性強的軟體有關。如果堅持遵循這些主題的建議，特別是第 35 頁的 DRY 原則、第 150 頁的去耦合、第 195 頁的外部設定，我們就不必做出很多關鍵的、不可逆轉的決定。這是一件好事，因為我們常不是在第一次就能做出最好的決定。比方，我們可能決定致力於某種技術，結果卻發現我們招不到足夠多的具備必要技能的人。我們固定和某個供應商配合，直到他們被競爭對手收購。需求、使用者和硬體的變化速度比我們開發軟體的速度要快。

假設在專案的早期，您決定使用來自供應商 A 關連式資料庫（relational database）。很久之後，在效能測試期間，您發現資料庫的速度非常慢，而供應商 B 的文件資料庫（document database）比較快。如果你的專案和大多數傳統一樣的話，您會很不幸。因為大多數情況下，對協力廠商產品的呼叫在整個程式碼中是糾纏不清的。但是，如果您真的對資料庫的概念作了抽象化，讓它只是代表提供持久儲存的一種服務，那麼您就可以靈活地在中途更換資料庫。

類似地，假設專案開始時是一個基於瀏覽器的應用程式，但到了專案後期，市場行銷人員決定他們真正想要的是一個移動裝置上的應用程式。這種改動對您

註 6　假設有一個非線性或混亂的系統，只要將它的輸入改變一點點，您得到的結果可能就產生了不可評估的巨大差異。就像那隻大家常說的蝴蝶在東京扇動了它的翅膀，便引發了一連串的事件，最後在德州造成一個龍捲風。這個情況是不是和你知道的某個專案很像呢？

來說有多難？在理想的情況下，它不會對您造成太大的影響，至少在伺服器端是這樣。您只要將一些 HTML 顯示方式剝離並改用 API 替換它即可。

這樣的錯誤根源，其實來自於假定任何決定都不會變，所以不會為可能出現的意外情況做好準備。與其認為決定是刻在石頭上的，不如把決定當作是寫在沙灘上，一個大浪隨時都可能襲來，把它們捲走。

提示 18	根本沒有所謂的最終決定

靈活的架構

雖然許多人試圖保持他們的程式碼的靈活性，但是您還需要思考如何在體系結構、發佈和供應商整合方面保持靈活性。

我們是在 2019 年寫下這篇文章。自進入新世紀以來，我們看過的伺服器端架構的「最佳實作」如下：

- Big hunk of iron
- Federations of big iron
- Load-balanced clusters of commodity hardware
- Cloud-based virtual machines running applications
- Cloud-based virtual machines running services
- 以上的容器化版本
- Cloud-supported serverless applications
- 沒有爭議地，對於某些任務，最佳的實作還是 big hunk of iron

請您把最新和最偉大的伺服器端架構添加到這個清單中，然後懷著敬畏的心情去看待它：任何事情都能成功是一個奇跡。

您如何事先計畫這種在架構上的變化？答案是您無法事先計劃。

您能做的就是讓改變變得容易。將協力廠商 API 隱藏在您自己的抽象層之後，並將程式碼分解為一個個元件：即使最終您會將它們用在單一個大型伺服器上也一樣，這種方法也比採用單個應用程式並將其分解要容易得多（我們有傷疤可以證明這一點）。

雖然這和可逆性無關，但最後一條建議如下。

提示 19	不去管未來流行什麼

沒有人知道未來會怎樣，我們自己也不知道！所以，讓您的程式碼學會搖滾：當它可以的時候盡情「搖」，必須「滾」時就「滾」。

相關章節包括

- 主題 8，優秀設計的精髓，第 32 頁
- 主題 10，正交性，第 45 頁
- 主題 19，版本控制，第 98 頁
- 主題 28，去耦合，第 150 頁
- 主題 45，需求坑，第 288 頁
- 主題 51，務實的上手工具，第 324 頁

挑戰題

- 到了該用薛丁格的貓（Schrödinger's cat）講述一點量子力學的時間了。

  假設您有一隻貓和一個放射性粒子在一個封閉的盒子裡。這個粒子有 50% 的機率分裂成兩個。如果分裂成兩個，貓就會被殺死。如果沒有，

貓就安全了。那麼，請問這隻貓是死是活呢？根據薛丁格的理論，正確的答案是既死又活（至少在盒子仍在關閉的情況下）。次核粒子作用發生時，會產生兩種可能結果，此時宇宙就會被複製成兩種副本。在其中一個宇宙中，粒子分裂事件發生了，而在另一個宇宙的實驗中則沒有。貓在一個宇宙存活，在另一個宇宙死掉了。只有當您打開盒子，才知道您身處在哪個宇宙。

難怪為未來撰寫程式碼會很困難。

但是，可以把程式碼的發展想像成一整排裝了薛丁格貓的盒子：每一個決定都會導致一種不同版本的未來，那麼您的程式碼能支援多少種可能的未來？哪些未來更有可能發生？當時間點到來時，支援它們會有多難？

您敢打開這個盒子嗎？

12 曳光彈

> 準備，瞄準，射擊…
>
> ➤ 匿名

當我們開發軟體時，我們經常談論如何射中目標（達成目標），雖然我們實際上並沒有在射程中發射任何東西，但射擊仍然是一個有用的和非常直觀的比喻。特別是，思考如何在複雜多變的世界裡擊中目標是很有趣的。

當然，這個答案取決於您射擊裝置的性質。在很多情況下，您只能瞄準一次，然後就要查看是否擊中了靶心。但是有一個更好的方法。

您知道那些人們用機關槍射擊的電影、電視節目和電子遊戲嗎？在這些場景中，經常看到子彈在空中留下的明亮條紋，這些條紋來自曳光彈。

在裝填時，每隔幾顆普通彈藥就會裝載一顆曳光彈。當曳光彈被發射時，它們的磷就會被點燃，並從槍開始到打中的東西之間，留下一道煙火痕跡。如果曳光彈擊中了目標，那麼也代表普通子彈擊中了目標。士兵們使用這些曳光彈來輔助他們的瞄準：曳光彈很實用，它能在實際狀況下提供即時回饋。

同樣的原則也適用於專案，特別是當您正在建構以前從未建構過的東西時。我們使用術語曳光彈開發（*tracer bullet development*）來直觀地說明在目標不確定的實際狀況下即時回饋的必要性。

就像槍手一樣，您也嘗試在黑暗中擊中目標。因為您的使用者以前從未見過這樣的系統，所以他們的需求可能是模糊的。也因為您可能正在使用不熟悉的演算法、技術、語言或函式庫，所以將面臨大量的未知因素。也因為專案需要時間才能完成，您幾乎可以確信您工作的環境在完成之前將會改變。

典型的做法是不使用曳光彈系統。製作大量的文件，逐條列出每一項要求，把每一項未知的東西都一一列出，並限制住環境，最後在開槍時使用航跡推算演算法。將一個這麼大的計算先做完，然後開槍，並希望擊中目標。

然而，務實的程式設計師更傾向於使用類似曳光彈的軟體。

在黑暗中發光的程式碼

曳光彈之所以能發揮作用，是因為它們在與真實子彈相同的環境和條件下工作。它們快速到達目標，所以槍手得到即時的回饋。從實用的角度來看，它們是一個相對便宜的解決方案。

為了在程式碼中獲得相同的效果，我們尋找一種快速地、可視地、可重複地從需求出發，最終到達系統的某種需求的東西。

找出重要的需求，那些能定義系統的需求，尋找您有疑問的地方，以及您認為最大的風險。然後對您的開發進行優先排序，這些是您最優先要撰寫的地方。

> **提示 20**　利用曳光彈找到目標位置

事實上，考慮到當今專案的複雜性，以及其大量的外部依賴項目和工具，曳光彈變得更加重要。對於我們來說，建立專案，添加一個「*hello world*！」，並確保它編譯和執行，就是最簡單的曳光彈專案。然後我們會在整個應用中尋找不確定的地方，加入必要的骨架使其能夠工作。

請看下圖，圖中的系統架構有五層，我們對它們的整合有一些顧慮，因此我們找出一個簡單的功能，使我們能夠一次使用五層架構。對角線顯示了該功能通過程式碼的路徑。為了使這個功能可以運作，我們只需要實作在每一層中實心的陰影區域；標示彎曲線條的東西將在以後完成。

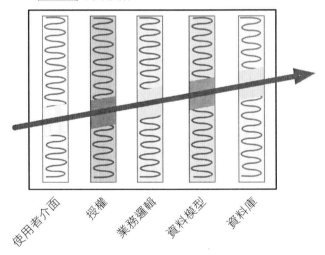

我們曾經進行過一個複雜的主從式資料庫行銷專案。它有一部分需求是要指定和執行臨時查詢。這些伺服器是一堆關連式資料庫和專用資料庫，使用者端 UI 使用某種語言撰寫，採用另外一種語言撰寫的函式庫作為伺服器介面。使用者的查詢以類似 Lisp 的符號儲存在伺服器上，然後在執行之前轉換為優化的 SQL。由於存在許多未知因素和許多不同的環境，沒有人確定 UI 的行為應該如何呈現。

這是一個使用曳光彈程式碼的好機會，所以我們開發了前端的框架、用來表示查詢結果的函式庫、將預儲的查詢轉換為特定於資料庫的查詢的結構。然後我們把它們整合在一起，檢查它是否工作正常。對於這個初始建構，我們所能做的就是提出一個查詢，該查詢的目的是列出了資料表中的所有紀錄，但是它證明了 UI 可以與函式庫對話，這些函式庫可以序列化和反序列化查詢，伺服器可以從結果生成 SQL。在接下來的幾個月裡，我們逐步充實了這個基本結構，平行地擴展曳光彈程式碼的每個元件來添加新的功能。當 UI 添加新的查詢類型時，函式庫就會增長，生成的 SQL 也變得更加複雜。

曳光彈程式碼不是只能用一次的程式碼：它是要一直持續用下去的。它包含所有的錯誤檢查、結構、文件和自我檢查，這些都是任何程式碼該有的，它只是功能還不完全而已。然而，一旦您實作了系統元件之間的點對點連接，您就可以查看目標的遠近，並在必要時進行調整。一旦您鎖定了目標，添加功能就很容易了。

曳光彈開發與專案永遠不會結束的想法是一致的：總是都需要添加修改和功能。這是一種逐漸補完的方法。

傳統的開發方法是一種繁重的工程方法：程式碼被分成許多模組，要憑空撰寫這些模組的程式碼，接著模組被組合成模組集合，然後這些模組集合再被進一步組合，直到有一天您擁有一個完整的應用程式。只有到了這一步，才有一個完整的應用程式呈現給使用者並進行測試。

曳光彈程式碼方法有很多優點：

使用者可以即早看到成果

　　如果您已經成功地溝通過您正在做的事情（參見主題 52，取悅您的客戶，第 333 頁），您的使用者將預期他們會看到一些尚不成熟的東西，他們也不會因為功能的缺乏而失望；取而代之之的是，使用者會看到他們的系統有了明顯的進步，他們會欣喜若狂。隨著專案的進展，他們也會有所投入，增加他們的購買力。這些使用者可能會告訴您每一代程式碼離目標有多近。

開發人員建構了一個工作結構

最嚇人的一張紙是上面什麼也沒寫的紙。如果您已經完成了應用程式的所有點和點之間的互動，並將它們寫在一段程式碼中，那麼您的團隊不需要天馬行空的找靈感。這使每個人都更有效率，並增進一致性。

您有一個整合平台

由於系統的連接是點到點的，所以只要透過單元測試的新程式碼片段都可以加入到您的環境中。與其試圖做一次超大的整合，還不如您每天（通常是一天多次）進行整合。每個新修改所造成的影響更明顯，互動也更有限，因此除錯和測試更快、更準確。

您有成果可示範

專案贊助者和高級管理人員偏偏都愛選在最不方便的時候查看成果。有了曳光彈程式碼後，您總是有東西可以讓他們看。

您更能感受到進步

在曳光彈程式碼開發中，開發人員會逐個處理使用情境。當一個完成後，他們會移動到下一個，在這種情況下，效能測量和向使用者展示進度會比較容易得多。因為每個單獨的開發都更小，所以您可以避免那些每週報告都是完成 95% 的程式碼區塊。

曳光彈並不會總是擊中目標

曳光彈能顯示您擊中了什麼，但擊中的東西可能並不是目標。此時您必須調整瞄準，直到曳光彈鎖定目標，這才是重點。

曳光彈程式碼也是如此，當不能 100% 確定您要去哪裡的時候，您會使用這個技巧。如果您的前幾次嘗試失敗，不用感到驚訝，此時可能使用者會說「這不是我要的東西」，或者您需要的資料還沒到手，或者可能出現效能問題。因此，改變您手上現有的東西，讓它更接近目標，並對自己幸好學了一個開發方法論心懷感激；小段的程式碼慣性比較低，要改變它是一件容易和快速的事。您將有辦法收集到對您應用程式的回饋，快速和便宜地並生成一個新的、更準確的版本。而且，因為每個主要的應用程式元件都已存在您的曳光彈程式碼中了，所以您的使用者可以確信他們所看到的現實，而不僅僅是紙上談兵。

曳光彈程式碼與原型

您可能認為這個曳光彈程式碼概念就是原型設計，只是改用一個比較酷炫的名稱而已。這兩者之間是有區別的，使用原型設計時，您的目標是探索最終系統的特定功能。在一個真正的原型設計中，您最終將扔掉概念嘗試時的所有東西，並使用您學到的東西正確地重新撰寫程式碼。

例如，假設您正在建立一個應用程式，它可以幫助貨運業者決定如何將大小各異的箱子塞到貨櫃中。伴隨的問題為使用者介面需要是直觀的，以及用來確定最佳包裝的演算法非常複雜。

您可以利用 UI 工具為最終使用者建立使用者介面原型。您只需要撰寫足以使介面回應使用者操作的程式碼。一旦使用者同意這種 UI 佈局後，您可以將介面原型丟棄並重新撰寫程式碼，這一次將使用目標語言，並搭配背後的業務邏輯。類似地，您可能希望原型化一些實際執行計算的演算法。您可以用高階、限制寬鬆的語言（如 Python）撰寫功能測試程式碼，而用更接近機器的語言撰寫底層效能測試程式碼。無論如何，一旦您能做決定，就會重新開始，在最終的環境中撰寫演算法，與現實世界互動。這就是原型設計（*prototyping*），它非常實用。

曳光彈程式碼方法解決了一個不同的問題。您需要知道整個應用程式是如何連接在一起的。您希望向使用者展示實際是如何互動的，並且希望為開發人員提供一個架構框架，以便讓程式碼在這個框架上開發。對於前面的情況來說，您可以建構一個曳光彈架構，它包含貨櫃演算法的一個簡單實作（比方說先到先放入貨櫃）和一個簡單但足以工作的使用者介面。一旦您將應用程式中的所有元件都放置在一起，您就有了一個框架提供給您的使用者和開發人員使用。隨著時間的推移，您逐漸地將新的功能添加到這個框架中，將虛擬函式補完補齊。但是框架保持不變，而且您知道系統將繼續以完成第一個曳光彈程式碼時的方式執行。

這種區別非常重要，值得我們反復強調。原型生成的程式碼是用完就丟的，而曳光彈程式碼簡單但完整，也是最終系統的一部分。請將原型設計看作是在發射曳光彈之前進行的偵察和情報收集。

相關章節包括

13 原型和便利貼

許多行業使用原型來嘗試特定的想法；原型比實際生產要便宜得多。例如，汽車製造商可能會為一款新車設計製造許多不同的原型。每一輛車的設計都是為了測試汽車的一個特定方面，比方空氣動力學、造型、結構特徵等等。老派的人可能會用黏土模型來做風洞測試，美學部門可能會用輕木和膠帶模型等等。

不那麼浪漫的人會在電腦螢幕或虛擬實境中建模，從而進一步降低成本。透過這種方式，在承諾建構真正產品之前，可以嘗試風險或不確定的元素。

我們以同樣的方式，出於同樣的原因建構軟體原型，目的是分析和揭露風險，並以大幅降低成本的方式提供修正的機會。與汽車製造商一樣，我們可以針對原型測試專案的一個或多個特定功能。

雖然我們傾向於認為原型是以程式碼為基礎，但它們並非必須如此。像汽車製造商一樣，我們可以用不同的材料製造原型。便利貼非常適合建構動態的原型，比如工作流和應用程式邏輯。使用者介面可以被畫在白板上作為原型，也可以用繪圖程式或介面產生器繪製的（無功能）模型。

原型被設計來找尋少數問題的答案，因此它們比直接投入生產應用程式更便宜，開發速度更快。程式碼可以忽略一些不重要的細節——至少目前對您來說不重要，但是以後可能對使用者非常重要。例如，如果您正在做一個 UI 的原型，您可能會在使用它時得到不正確的結果或資料。另一方面，如果您只是研究計算或效能方面的問題，那麼您可以使用非常糟糕的 UI，甚至可能根本沒有 UI。

但是，如果您發現自己處在一個無法放棄細節的環境中，那麼您需要問問自己是否真的在建構原型。也許在這種情況下，曳光彈開發更為合適（參見主題 12，曳光彈，第 58 頁）。

應該製作原型的事物

您會選擇用原型來研究什麼類型的事情呢？任何帶有風險的事情、任何以前沒有嘗試過的，或者是對最終的系統非常重要的事物。任何未經證實的、實驗性的或可疑的。任何讓您不舒服的事情，都可以它做原型：

- 體系結構
- 現有系統中的新功能

- 外部資料的結構或內容

- 協力廠商工具或元件

- 效能問題

- 使用者介面設計

原型設計是一種學習的經驗。它的價值不在於產生的程式碼,而在於學習。這就是原型的意義所在。

| 提示 21 | 原型的目的是學習 |

如何使用原型

在建構原型時,可以忽略哪些細節?

正確性

您可以在適當的地方使用虛擬資料。

完整性

原型只能在非常有限的意義上工作,可能只有一個預先選擇的輸入資料片段和一個功能表項目。

強健性

錯誤檢查可能不完整或完全缺失。如果您偏離了預定的路徑,即使原型可能會「在絢麗的煙火中墜毀並燒毀」也沒關係。

風格

原型程式碼不應該有太多的註解或文件(但您可能會因為使用原型的經驗而產生大量文件)。

原型忽視細節，專注於系統的特定功能，所以您可能想要使用高階的腳本語言進行實作，這些腳本語言是比專案使用的語言更高階的語言（也許像是 Python 或 Ruby 語言），這些語言不會擋住您的路，您可以自由選擇繼續用原型時採用的語言開發，也可以切換到不同語言；畢竟，到最後您都會扔掉原型。

若要建立使用者介面的原型，請使用工具，找一個允許您把重點放在外觀和／或互動上的工具，同時不用去撰寫程式碼或標記語法。

腳本語言也可以充當很好的「黏合劑」，將底層程式碼塊組合成新的組合。使用這種方法，您可以快速地將現有元件組裝到新的配置中，以查看事情是如何工作的。

原型架構

許多原型被建構的原因，是要用來思考整個系統建模。與曳光彈不同，原型系統中的任何單個模組都不需要具有功能。實際上，您甚至可能不需要撰寫任何程式碼，就可以建立體系結構的原型——您可以使用便利貼或索引卡在白板上畫出原型。您要找出的答案是這個系統如何作為一個整體，再次推遲細節。以下是一些您可能希望在架構原型中尋找的特定領域答案：

- 主要領域的職責是否明確且適當？

- 主要元件之間的協作是否定義良好？

- 耦合已最小化了嗎？

- 您能找出潛在的重複部分嗎？

- 是否可接受介面的定義和限制？

- 在模組的執行過程中，是否每個模組都有一個存取路徑來存取它需要的資料？當它需要存取時，它能存取嗎？

在原型體驗中，最後一項往往會產生最大的驚喜和最有價值的結果。

如何「不」使用原型

在開始任何基於程式碼的原型開發之前，請確保每個人都理解您正在撰寫的是只會使用一次的程式碼。對那些不知道原型可能只是原型的人，這些原型具有欺騙性的吸引力。您必須讓大家非常清楚，這種程式碼是用過即丟的、不完整的而且也無法完成。

如果您沒有設定正確的期望，人們很容易被用來示範的原型所呈現的完整性誤導，專案出資者或管理人員可能會堅持要發布原型（或其後代）。請提醒他們雖然您可以用輕木和膠帶做出一輛很棒的新車原型，但您不會在繁忙的馬路上駕駛它！

如果覺得在您的環境或文化中，原型程式碼的目的很有可能被誤解，那麼您最好使用曳光彈方法。您最終將獲得一個堅實的框架，在此基礎上進行未來的開發。

正確使用原型可以在開發週期的早期識別和糾正潛在的問題點，從而節省大量的時間、金錢和痛苦。

相關章節

練習題

練習 3（答案在 346 頁）

市場行銷想要與您進行幾個網頁設計的腦力激盪會議。他們正在考慮使用一個可點擊的影像地圖，這個影像地圖會帶使用者到其他頁面等等。但是他們不能決定要用什麼影像，可能是一輛車，或者一部手機，或者一棟房子。您有一個目標頁面和內容的清單；他們希望看到一些原型。哦，順便說一下，您只有 15 分鐘。您會使用什麼工具？

14　領域語言

> 一個人的語言界限就是他世界的界限。
>
> ➤ *Ludwig Wittgenstein*

電腦語言影響您對問題的看法，以及您對溝通的看法。每一種語言都有一個功能清單：其中也含有一些時髦的詞彙，如靜態與動態類型、早期與晚期綁定、函式與物件導向、繼承模型、混入（mixin）、巨集（macro）——所有這些都可能提供或掩蓋某些解決方案。用 C++ 的思考去設計一個解決方案，設計出的解決方案將與使用 Haskell 語言的思考完全不同，反之亦然。相反地，我們認為更重要的是問題所在的領域所用的語言，也可能提供一種程式設計解決方案。

我們總是試圖使用應用程式所在領域的詞彙表來撰寫程式碼（參見第 296 頁的維護術語表）。在某些情況下，我們可以更上一層樓，使用領域的詞彙、語法和語意（即語言）進行實際程式設計。

提示 22	緊靠問題所在的領域

一些真實世界領域中的語言

讓我們來看幾個這樣的例子。

RSpec

RSpec[註7]是一個 Ruby 測試函式庫,它啟發了大多數現代語言。RSpec 中的測試目標反映您期望從程式碼中得到的行為。

```
describe BowlingScore do
  it "totals 12 if you score 3 four times" do
    score = BowlingScore.new
    4.times { score.add_pins(3) }
    expect(score.total).to eq(12)
  end
end
```

Cucumber

Cucumber[註8]是一種與程式設計語言無關的指定測試的方法。您可以使用適合您所使用語言的 Cucumber 版本來執行測試。為了支援類似自然語言的語法,您還必須撰寫特定的匹配器來識別短語並為測試提取參數。

```
Feature: Scoring

Background:
  Given an empty scorecard

Scenario: bowling a lot of 3s
  Given I throw a 3
  And I throw a 3
  And I throw a 3
  And I throw a 3
  Then the score should be 12
```

Cucumber 測試的目的是讓軟體的使用者閱讀測試結果(儘管這種情況在實務上很少發生;下面註釋會說明為什麼會這樣)。

註7　*https://rspec.info*
註8　*https://cucumber.io/*

為什麼沒有很多商業使用者理解 Cucumber 功能

傳統收集需求、設計、撰寫程式碼和發佈的流程不適用的原因之一，是因為它是以我們已經知道需求是什麼為前提。但其實我們很少真的知道需求是什麼，因為您的商業使用者對他們想要實現的目標只有一個模糊的概念，但是他們不知道也不關心細節，這也是我們價值的一部分：我們把意圖轉換成程式碼。

所以，當您強迫商業使用者在需求文件上簽字，或者讓他們同意一組 Cucumber 功能時，您等同是在做一種類似於，要求他們對用一篇 Sumerian 語寫的文章做拼寫檢查。他們會隨便修改一些東西來保全面子，然後簽字讓您離開他們的辦公室。

給他們可執行的程式碼，然後他們可以試著使用看看，然後他們真正的需求才會浮現。

Phoenix Routes

許多網頁 framework 都具備路由功能，將傳入的 HTTP 請求映射到程式碼中的處理函式。下面是 Phoenix[9] 的一個使用範例。

```
scope "/", HelloPhoenix do
  pipe_through :browser # 使用預設的瀏覽器堆疊

  get "/", PageController, :index
  resources "/users", UserController
end
```

這段程式碼的意思是說，以「/」開頭的請求將透過一系列適合於瀏覽器的篩檢程式執行。對「/」本身的請求將由 PageController 模組中的 index 函式處理。UsersController 實作中所實作的函式，需要能夠存取 url /users 資源。

註 9　*https://phoenixframework.org/*

Ansible

Ansible[註10]是一個設定軟體的工具，通常位於一些遠端伺服器上。它可以透過閱讀您所提供的規格來實現設定軟體，然後在伺服器上做任何需要做的事情來讓它們符合這個規格。這裡的規格可以用 YAML[註11] 撰寫，YAML 是一種以文字描述建立資料結構的語言。

```
---
- name: install nginx
  apt: name=nginx state=latest

- name: ensure nginx is running (and enable it at boot)
  service: name=nginx state=started enabled=yes

- name: write the nginx config file
  template: src=templates/nginx.conf.j2 dest=/etc/nginx/nginx.conf
  notify:
  - restart nginx
```

這個範例確保在我的伺服器上安裝了最新版本的 nginx，它是預設啟動的，並且使用您提供的設定檔。

領域語言的特徵

讓我們更仔細地看看這些例子。

RSpec 和 Phoenix 路由器是用它們的主機語言（Ruby 和 Elixir）撰寫的。它們使用了一些相當狡猾的程式碼，包括描述程式和巨集，但最終它們是被編譯並作為一般程式碼執行。

Cucumber 測試和 Ansible 設定是用它們自己的語言撰寫的。Cucumber 測試被轉換成要執行的程式碼或者資料結構，而 Ansible 的規格總是會被轉換成資料結構，由 Ansible 自己執行的。

註 10　*https://www.ansible.com/*

註 11　*https://yaml.org/*

因此，RSpec 和 Phoenix 路由器的程式碼會嵌入到您要執行的程式碼中：它們是會真正擴展程式碼的。Cucumber 和 Ansible 都是被程式碼讀取和轉換成某種形式的可用程式碼。

我們稱 RSpec 和 Phoenix 路由器為內部的領域語言，而 Cucumber 和 Ansible 使用外部的領域語言。

內部和外部領域語言之間的權衡

通常，內部領域語言可以利用其主機語言的功能：這種領域語言更為強大，而且是與生俱來的。例如，您可以使用一些 Ruby 程式碼來自動建立一組 RSpec 測試。在下面的範例程式碼中，我們可以查看沒有補中（spares）或全倒（strikes）的保齡球分數：

```
describe BowlingScore do
  (0..4).each do |pins|
    (1..20).each do |throws|
      target = pins * throws

      it "totals #{target} if you score #{pins} #{throws} times" do
        score = BowlingScore.new
        throws.times { score.add_pins(pins) }
        expect(score.total).to eq(target)
      end
    end
  end
end
```

您剛寫完了 100 個測試，所以今天剩下的時間就休息吧。

內部領域語言的缺點是您受到該語言的語法和語意的限制。儘管有些語言在這方面非常靈活，但您仍然不得不在想要的語言和可以實作的語言之間做出妥協。

最後，無論您想做什麼，在目的語言中都必須是有效的語法。雖然帶有巨集功能的語言（如 Elixir、Clojure 和 Crystal）為您提供了更多的靈活性，但最終語法就是語法。

外部領域語言則沒有這樣的限制。只要您能為這種語言撰寫一個解析器即可。有時您可以使用其他人的解析器（就像 Ansible 使用 YAML 那樣），但是之後還是必須做一些妥協。

撰寫解析器代表可能需要向應用程式添加新的函式庫和工具。撰寫一個好的解析器並不是一件簡單的工作。但是，如果您有足夠的信心，可以查看 bison 或 ANTLR 之類的解析器產生器，以及諸如 PEG 之類的解析 framework。

我們的建議相當簡單：花費的努力不要比省下的錢多。撰寫領域語言會給您的專案增加一些成本，並且您需要確定真的可以節省更多（可能是長期的）。

通常，如果可以，使用現成的外部領域語言（如 YAML、JSON 或 CSV）。如果沒有，看看內部領域語言。只有在撰寫您的語言的人是應用程式的使用者時，我們才會建議使用外部領域語言。

一個便宜的內部領域語言

最後，如果您不介意主機語言語法問題，那麼建立內部領域語言有便宜的解決方法，一個不用撰寫很多描述程式，只需要寫一些函式即可。事實上，RSpec 做的差不多就是這樣。

```ruby
describe BowlingScore do
  it "totals 12 if you score 3 four times" do
    score = BowlingScore.new
    4.times { score.add_pins(3) }
    expect(score.total).to eq(12)
  end
end
```

在這段程式碼中，describe、it、expect、to 和 eq 都是 Ruby 的方法。在如何傳遞物件方面，有一些幕後工作，但都是些程式碼而已。我們會在練習中探討一下。

相關章節包括

- 主題 8，優秀設計的精髓，第 32 頁

- 主題 13，原型和便利貼，第 64 頁

- 主題 32，設定，第 195 頁

挑戰題

- 您當前專案的一些需求是否可以用特定領域語言表示？有沒有可能撰寫一個編譯器或翻譯程式來生成大部分所需的程式碼？

- 如果您決定採用迷你語言作為一種更接近問題領域的程式設計方式，那麼您就接受了需要一些努力來實現它們的事實。您能看到您為一個專案開發的框架可以在其他專案中重用的方式嗎？

練習題

練習 4（答案在第 346 頁）

我們想實作一個迷你語言來控制一個簡單的海龜繪圖系統（turtle-graphics system）。這種語言由單字母命令組成，其中一些命令後面跟著一個數字。例如，下面的輸入將繪製一個矩形：

```
P 2    # 選擇 2 號筆
D      # 下筆
W 2    # 向西畫 2cm
N 1    # 然後向北畫 1
E 2    # 然後向東畫 2
S 1    # 然後向南畫
U      # 提筆
```

請實作解析此語言的程式碼，請將它設計得很容易加入新命令。

練習 5（答案在第 347 頁）

在前面的練習中，我們為繪圖語言實作了一個解析器，它是一種外部領域語言。現在再次將其改為內部領域語言實作。請不要做任何取巧的事：請為每個命令撰寫一個函式。您可能需要將命令的名稱修改為小寫，並可能需要將它們封裝到某個內容中以利提供一些命令必須的東西。

練習 6（答案在第 348 頁）

此語法要能接受下列所有時間格式：

    4pm, 7:38pm, 23:42, 3:16, 3:16am

練習 7（答案在第 348 頁）

在前面的練習題中，請使用您所選擇的語言中的 PEG 生成器實作 BNF 語法的解析器。輸出應該是一個整數，這個整數是自午夜起算的分鐘數。

練習 8（答案在第 350 頁）

請使用一種腳本語言和正規表達式實作前面的時間解析器。

15 評估

位於華盛頓特區的國會圖書館目前有大約 75TB 位元組的線上數位資訊。快問快答！透過 1Gbps 網路發送所有這些資訊需要多長時間？一百萬個名字和地址需要多少儲存空間？壓縮 100Mb 的純文字需要多長時間？完成您的專案需要幾個月？

在某種程度上，這些都是毫無意義的問題，因為它們都缺少資訊。然而，只要您願意評估，這些問題都是可以回答的。並且，在生成評估的過程中，您將對程式所處的環境有更多的瞭解。

透過學習及發展評估這項技能，使您對事物的大小有一個直覺，您將能顯示出一種傑出的神奇能力來確定事物的可行性。當有人說「我們將透過網路連接將備份發送到 S3」時，您將能憑直覺知道這是否可行。當您撰寫程式碼時，您將能知道哪些子系統需要優化，哪些子系統可以不用管。

提示 23	評估可以免除驚嚇

作為福利，在這一節的最後，我們將給出一個正確的答案，不管何人何時，只要有人要求您做評估時，都可以用這個答案回答。

多準叫夠準？

在某種程度上，所有的答案都是評估值，只是有些比其他的更準確。所以當有人要求回答評估結果的時候，您要問自己的第一個問題是，您的答案是在什麼情況下得到的。他們是需要高精確度，還是在尋找一個大致的數字？

關於評估，一個有趣的事情是您使用的單位會影響人們對結果的解釋。如果您說某件事需要 130 個工作日，那麼人們就會期待它會非常接近 130 個工作日。然而，如果您說「哦，大約 6 個月」，那麼他們就知道從現在起 5 到 7 個月的任何時間都有可能。這兩個數字實際上代表了相同的持續時間，但「130 天」可能代表著更高的準確性。我們建議您按如下比例評估時間：

期間	使用時間單位
1–15 天	天
3–6 週	週
8–20 週	月
20 週以上	回答結果前請審慎評估

因此，如果完成所有必要的評估工作之後，您認為一個專案將花費 125 個工作日（25 週），那麼建議您回應的評估時間為「大約 6 個月」。

同樣的概念也適用於任何數量的評估：依您想表達的準確性，去選擇您的答案的時間單位。

評估值從何而來？

所有的評估都是基於問題的模型。但是在我們深入研究建構模型的技術之前，我們必須提到一個基本的評估技巧，它總是能給出好的答案：這個技巧就是問問已經做過的人。在您太投入於建立模型之前，先問過去也有類似經歷的別人，看看他們的問題是如何解決的。您不太可能找到一個完全符合的人，但您會驚訝地發現，您可以成功借鑒他人經驗的次數也不少。

瞭解被問什麼

任何評估工作的第一部分都是理解被詢問的內容。除了上面討論的準確性問題之外，您還需要掌握範圍。這通常會隱含在問題中，但是您需要養成在開始猜測評估之前考慮範圍的習慣。通常，您選擇的範圍將會成為您給出的答案的一部分：「假設沒有交通事故，車裡有汽油，我應該在 20 分鐘內到那裡。」

建立系統模型

這是評估的有趣部分，從您對問題的理解出發，建立一個粗略的、可用的基本心理模型。如果您正在評估回應時間，則您的模型涉及伺服器和某種接入流量。如果評估一個專案，模型可能是您的組織在開發期間使用的步驟，以及關於系統如何實作的非常粗略的描述。

從長遠來看，建立模型既有創造性又有用。通常，建立模型的過程會發現表面上看不出來的潛在模式和過程。您甚至可能想重新檢查最初的問題：「您要求的是 X 的評估值。然而，它看起來像 X 的一個變體 Y，可以在大約一半的時間內完成，而且您只會少一個功能。」

雖然建立模型會為評估流程帶來不準確性，這是不可避免的，但也是有益的。您用模型的簡單性來換取準確性。在模型上付出雙倍的努力亦可能只會微小的提升精確度。經驗會告訴您何時該停止優化模型。

將模型分解為元件

一旦有了模型，就可以將其分解為元件。您需要找到描述這些元件如何互動的數學規則。有時，元件會在結果中加入新的值。有些元件可能提供乘數，而其他元件可能更複雜（例如用於模擬某個節點的接入流量的元件）。

您會發現，每個元件通常都有一些參數，這些參數會影響它對整個模型的貢獻。在這個階段，只要簡單地識別每個參數即可。

給每個參數一個值

一旦識別了參數，就可以每個參數分配一個值，您預期這一步會產生一些錯誤。處理的關鍵是找出哪些參數對結果影響最大，並集中精力使其正確。通常，將本身值加入到結果中的那些參數的重要性要低於那些會相乘或相除的參數。例如，將線路速度加倍可能使一小時內接收的資料量增加一倍，而 5 毫秒的傳輸延遲則不會產生明顯的效果。

您應該有一個合理的方法來計算這些關鍵參數。以網路佇列為例，您可能希望測量現有系統的實際交易到達率，或者找到一個類似的系統來進行度量。類似地，您可以測量目前服務請求所需的時間，或者使用本節中描述的技術進行評估。事實上，您經常會發現自己的評估是以其他次級評估當作基礎，這也是您犯最大錯誤的地方。

計算答案

只有在最單純的情況下，評估值才會有單一答案。您可能會高興地說：「我可以在 15 分鐘內走過 5 個街區。」然而，隨著系統變得越來越複雜，您的答案也會變保守。執行多個計算，改變關鍵參數的值，列在試算表上可能會有很大的幫助，直到您確定哪些參數真正驅動模型。然後根據這些參數給出您的答案。

「如果系統配備 SSD 和 32GB 記憶體，回應時間大約是四分之三秒，如果系統有 16GB 記憶體，回應時間大約是一秒。」（注意「四分之三秒」和「750 毫秒」傳達出的精確度是不同的。）

在計算階段，您得到的答案看起來很奇怪，不要因為這樣就放棄。因為，如果您的計算是正確的，那麼您對問題或模型的理解可能是錯誤的，這是有價值的資訊。

記錄您的評估能力

我們認為記錄您的評估是一個好主意，這樣可以看到您的評估有多準確。如果一個總體的評估包括計算次級評估，那麼也要保持觀察這些次級評估。通常會發現您的評估是相當不錯的，事實上，一段時間後，您就會開始這麼覺得。

當評估結果是錯誤的，不要只是聳聳肩走開，而是要找出原因。也許您選擇的參數與問題的實際情況不匹配，又或許您的模型錯了。不管是什麼原因，請花點時間去發現到底發生了什麼。如果這樣做，您的下一次評估將會更好。

評估專案時程

一般情況來說，您會被要求評估某件事需要多長時間。如果這個「東西」很複雜，那麼就很難產生評估結果。在本節中，我們將研究兩種用於減少不確定性的技術。

繪製導彈

「粉刷房子要多長時間？」

「喔，如果一切順利，而且這油漆的覆蓋範圍足夠他們聲稱的範圍，可能只要 10 個小時。但這是不可能的：我猜一個更實際的數字是接近 18 小時。當然，如果天氣變壞，可能會推遲到 30 小時或更久。」

這是人們在現實世界中的評估。不是單一的數字（除非您強迫他們給您一個數字），而是基於各種情況下的數字。

當美國海軍需要計畫「北極星」潛艇專案時，他們採用了這種評估方法，他們稱之為「計畫評核術」（*Program Evaluation Review Technique*，PERT）。

每個 PERT 任務都有一個樂觀的、一個最有可能的和一個悲觀的評估。任務會被安排到一個相依靠網路中，然後使用一些簡單的統計資料來確定整個專案可能的最佳和最差時間。

使用這樣的值範圍是避免評估錯誤的最常見原因之一的好方法：評估錯誤的最常見原因是您為了不確定性而增加評估數字。相反地，PERT 背後的統計資料為您分散了不確定性，使您能將整個專案評估得更好。

然而，我們不愛這一套技術。因為人們偏愛生成一個包含專案中所有任務的巨大圖表，並且暗暗地相信，僅僅因為他們使用了某種公式，所以他們就有了準確的評估。很可能他們仍然不會有準確的評估，因為他們以前從未這樣做過。

吃大象

我們發現，確定一個專案的時程表的唯一方法通常是在同一個專案上獲得經驗。如果您實作過遞增式開發（incremental development），就不會覺得這件事就是一個悖論。遞增式開發會重複以下步驟，每個步驟都是非常輕薄的功能切片：

- 檢查要求
- 分析風險（並儘早對風險最大的專案進行優先排序）
- 設計、實作、整合
- 與使用者一起驗證

最初，對於需要多少次迭代，或者迭代可能有多長，您可能只有一個模糊的概念。有些方法論要求您把迭代次數與長度作為初始計畫的一部分；然而，對於除了最簡單的那些專案之外的所有專案來說，這都是一個錯誤。除非您正在做的應用和前一個的應用類似，而且使用相同的團隊和相同的技術，否則您只能靠猜測。

因此您完成了初始功能的程式碼撰寫和測試，並將其標記為第一次迭代的結束。基於第一次迭代的這些經驗，您可以對迭代的次數和每個迭代中包含的內容進行優化。每一次迭代都變得越來越好，對時程表的信心也隨之增長。這種評估通常在團隊於每次迭代結束審查時完成。

這也是一個古老的笑話，請問要如何吃大象？答案是一次咬一口。

提示 24	使用程式碼迭代時程

這可能不受管理人員的歡迎，他們通常在專案開始之前就想要一個簡單、可靠的數字。您必須幫助他們理解團隊、團隊的生產力和環境都將影響專案時程。透過將其形式化，並在每次迭代中提昇時程的準確度，您將為他們提供最準確的計畫評估。

當被問到評估值時該說什麼

請您說「我稍後會告訴您。」

如果您放慢腳步並花一些時間來完成我們在本節中描述的步驟，幾乎都能得到更好的結果。在咖啡機前隨意地給出的評估會回頭困擾您（像咖啡一樣）。

相關章節包括

- 主題 7，溝通！，第 23 頁
- 主題 39，演算法速度，第 239 頁

挑戰題

- 開始記錄您的評估。對於每一種情況，記錄您的準確性。如果錯誤率大於 50%，請試著找出您的評估哪裡出錯了。

練習題

練習 9（答案在第 350 頁）

若您被問到「以下哪一種頻寬更高：1Gbps 的網路連接，還是一個人在兩台電腦之間行走，口袋裡有 1TB 的儲存裝置？」您會為您的答案加上什麼限制，以確保您的回應範圍是正確的？（例如，忽略存取儲存裝置所需的時間。）

練習 10（答案在第 351 頁）

那麼，哪個頻寬更高呢？

Chapter 3

基本工具

每個工匠在開始他們的旅程時，都擁有一套基本的高品質工具。一個木匠可能需要一些尺、測量儀器、幾把鋸子、幾個好的鉋刀、精良的鑿子、鑽頭和夾子、木槌和鉗子。這些工具是被精心挑選出來的，經久耐用，執行不太會和其他工具重疊的特定工作，而且，也許最重要的是，握在一個新手木匠的手中感覺要順手。

然後開始一個學習和適應的過程。每個工具都有自己的特性和古怪之處，需要專門的特殊對待。每一種都必須以一種獨特的方式打磨，或者特殊的使用方式。隨著時間的推移，每一個工具隨使用狀況磨損，直到它的柄看起來變成了木匠雙手的模子，切割面完全符合工具的角度。此時，工具成為了一種管道，連通了工匠的大腦到成品，它們已經成為了他們手的延伸。隨著時間的推移，木匠會添加新的工具，如木匠開槽機、雷射引導的多角度切割機、鳩尾準，這些很棒的技術工具。但您可以肯定的是，當他們手中拿著一件最原始的工具，例如感受鉋刀在木頭滑行時發出的聲音時，是他們最幸福的時刻。

工具會放大您的才能。您的工具越好，您越知道如何更好地使用它們時，您就能更有效率。從一組基本的通用工具開始。隨著經驗的積累，當您遇到特殊的要求時，您會把新工具加到這個基本的工具箱裡。要和工匠一樣，總是不停地充實著您的工具集合。如果您遇到一種情況，覺得目前的工具不能解決它，請記得去尋找一些可能會有幫助的其他或更強大的工具。讓需求驅動您的購買行為。

許多新程式設計師會錯誤地採用單一的強力工具，比如特定的整合式開發環境（IDE），而且從未離開它舒適的介面。這真是個錯誤。我們要樂於超越 IDE 所施加的各種限制。做到這一點的唯一方法是保持基本工具集合「鋒利」，而且隨時可用。

在本章中，我們將討論如何投資您自己的基本工具箱。與任何關於工具的好的討論一樣，我們將從查看您的原料（在純文字的威力），以及您將塑造的東西開始。從那裡，我們將討論轉換到不同的工作平台（在我們的情況下就是電腦）。您如何使用您的電腦來充分利用您的工具呢？我們將在 *shell* 中討論這個問題。現在我們有了原料和工作平台，我們將討論轉向您可能最常使用的工具，您的編輯器。在功能強大的編輯器中，我們將提出一些提高效率的方法。

為了確保我們不會搞丟任何寶貴的工作，我們應該始終使用版本控制系統——甚至對於個人的事情，例如記下的祕訣或筆記也一樣。而且，由於墨非（Murphy）先生其實是一個真正的樂觀主義者，在您高度熟練地除錯之前，您不可能成為一個偉大的程式設計師。

您需要一些膠水把這些魔法黏在一起，我們會在操縱文字討論一些可能當作膠水用的東西。

最後，最淡的墨水也比最好的記性要好，所以請記錄您的想法和您的歷史，就像我們在工程日誌中描述的那樣。

請花點時間學習使用這些工具，您會驚訝地發現您的手指在鍵盤上移動，只靠直覺的情況下操作文字，這些工具將成為您雙手的延伸。

16 純文字的威力

作為務實的程式設計師，我們的基礎原料不是木頭或鐵，而是知識。我們收集需求作為知識，然後在我們的設計、實作、測試和文件中表達這些知識。我們認為持續儲存知識的最佳格式是純文字。使用純文字，我們就可以手動和在程式中使用幾乎所有可用的工具來操作知識。

大多數二進位格式的問題是，理解資料所需的相關資訊與資料本身是分開的。您是在人為地使資料脫離其意義，資料也等同被加密過了；若沒有應用邏輯去解析它是毫無意義的。但是，假設使用的是純文字，您可以實現帶有一個自體描述的資料流，而且這種資料流與建立它的應用程式是可以相互獨立的。

什麼是純文字

純文字是由可列印的字元組成，這些字元帶有能傳遞資訊的形式。它可以簡單的像下面的一個購物清單：

```
* milk
* lettuce
* coffee
```

或者像這本書的底稿一樣複雜（是的，本書的底稿是純文字的，這讓出版商很懊惱，他想要我們使用文書編輯器）。

資訊部分很重要，像以下就屬於無用的純文字：

```
hlj;uijn bfjxrrctvh jkni'pio6p7gu;vh bjxrdi5rgvhj
```

下面也是無用的純文字：

```
Field19=467abe
```

讀者不會知道 467abe 的意義是什麼。我們希望我們的純文字對人類來說是可以理解的。

| 提示 25 | 在純文字中保存知識 |

文字的威力

純文字並不代表著文字沒有結構；HTML、JSON、YAML 等等都是純文字。
網路上的大多數基本協定也是如此，比如 HTTP、SMTP、IMAP 等等。會這
樣是有原因的：

- 不會過時

- 可以利用現有工具

- 更容易測試

不會過時

人類可讀的資料形式和自帶描述的資料，和所有其他形式的資料以及建立它們
的應用程式相比，更有生命力。只要資料還存在，您就有機會使用它，這個時
機點可以是在建立資料的原始應用程式已失效很久之後。

縱使只能理解部分的格式，你還是可以解析純文字檔案；對於大多數二進位檔
案來說，想要成功地解析它，您必須瞭解整個格式的所有細節。

假設你拿到了一個資料檔案，這個檔案是從某個老舊系統中取出的[註1]。您對
最初的應用程式所知甚少；對您來說最重要的是，這個系統維護了一個客戶的
社會安全號碼清單，您需要從資料中查找並提取這些號碼。您看到的資料長得
像這樣：

註 1　軟體被撰寫完成後，所有的軟體某一天都會變成老舊軟體。

```
<FIELD10>123-45-6789</FIELD10>
…
<FIELD10>567-89-0123</FIELD10>
…
<FIELD10>901-23-4567</FIELD10>
```

認出社會安全號碼的格式後，您可以快速撰寫一個小程式來取得該資料，即使您對於同一個檔案中其他資訊一無所知也沒問題。

但想像一下，如果檔案的格式長得像這樣：

```
AC27123456789B11P
…
XY43567890123QTYL
…
6T2190123456788AM
```

您就可能沒那麼容易認出這些數字。這就是人類可讀（*human readable*）和人類可理解（*human understandable*）之間的差異。

當我們試著理解資料時，`FIELD10` 也沒有多大幫助。若是像

```
<SOCIAL-SECURITY-NO>123-45-6789</SOCIAL-SECURITY-NO>
```

就能無腦直接理解，這麼一來也確保資料比建立它的任何專案都更有生命力。

利用現有工具

事實上，從版本控制系統到編輯器再到命令列工具，計算機領域中的所有工具都可以對純文字進行操作。

例如，假設您有一個帶有複雜網站設定的檔案，這個設定檔案用於發布一個大型應用程式。如果該設定檔案是純文字檔案，您可以將其置於版本控制系統下（參見主題 19，版本控制，第 98 頁），以便您自動儲存所有修改的歷史紀錄。利用檔案比較工具（如 `diff` 和 `fc`）允許您一眼就看出發生了什麼變化，利用 `sum` 讓您生成一個檢查碼（checksum）以監視檔案是否被意外地（或惡意）修改。

Unix 哲學

Unix 的設計哲學以擁有一堆小又好用的工具而聞名，每一個工具都只把一件事做好。這種哲學是透過一種有著通用的格式純文字檔案實現的—以行為導向的純文字檔案。用於系統管理的資料庫（使用者和密碼、網路設定等）都是用純文字檔案儲存的（一些系統為了優化效能，同時維護某些資料庫的二進位形式，將純文字版本當作二進位版本的介面）。

當一個系統崩潰時，您可能面臨只能用最精簡的環境來恢復系統（例如，您可能無法存取圖形驅動程式）。在這樣的情況下，會讓您對純文字的簡單性真正感激。

純文字也更容易被搜尋。如果您不記得哪個設定檔案被用於管理您的系統備份，一個快速的 `grep -r backup /etc` 指令就可以告訴您答案。

更容易測試

如果您的系統測試使用的測試資料，是使用純文字建立的，那麼添加、更新或修改測試資料就很簡單，不需要建立任何特殊的工具就可以辦到。類似地，若迴歸測試輸出的是純文字，就可以用 shell 命令或簡單的 script 進行簡單的分析。

最小共用分母

即使在未來屬於基於區塊鏈的智慧代理，這些智慧代理可以自主地在狂野而危險的互聯網上旅行，無處不在的文字檔案仍然會在它們之間的協商資料交換活動中存在。事實上，在異構環境中，純文字的優點可能會蓋過所有缺點，因為您需要確保所有參與者都可以使用公共標準進行通訊，而純文字就是這樣的標準。

相關章節包括

- 主題 17，*shell*，第 91 頁

- 主題 21，操縱文字，第 114 頁

- 主題 32，設定，第 195 頁

挑戰題

- 請設計一個小型的地址簿資料庫（姓名、電話號碼等），在您選擇的語言中使用簡單的二進位表示。請在閱讀剩下的挑戰之前先做完這個部分。

  - 使用 XML 或 JSON 將該格式轉換為純文字格式。

  - 對兩個版本，都分別加入一個新的變動長度欄位 *directions*，您可以在該欄位中輸入每個人的住家住址。

  此時在版本控制和可擴充性方面會出現什麼問題？哪個版本更容易修改？如何轉換現有資料？

17 shell

每個木匠都需要一個好的、堅固的、可靠的工作臺，以便在加工木器時將木器放在合適的高度。工作臺成為木匠工作室的中心，每當有零件成形時，木匠會一次又一次地回到工作臺。

對於操作文字檔案的程式設計師來說，工作臺等同於命令 shell。在 shell 提示中，您可以呼叫所有的工具，使用管道以原始開發人員做夢也想不到的方式組合這些工具。在 shell 中，您可以啟動應用程式、除錯器、瀏覽器、編輯器和實用程式。您可以搜尋檔案、查詢系統狀態和篩選輸出。可以為 shell 撰寫程式，為經常執行的活動建構複雜的巨集命令。

對於在 GUI 介面和整合式開發環境（IDE）中長大的程式設計師來說，這似乎是一個極端的處境。畢竟，透過游標和點擊可以讓您做到所有的事情吧？

簡單的回答是「不行」。GUI 介面非常棒，對於一些簡單的操作來說，它們可以更快、更方便。在圖形化環境中，移動檔案、讀寫電子郵件、建構和部署專案都是您可能想要做的事情。但是，如果您只使用 GUI 完成所有工作，那麼就會錯過您環境的全部功能。您將無法自動化常見的任務，或無法用上工具的全部功能。您將無法組合您的工具來建立自訂的巨集工具。GUI 的一個好處就是所見即所得（what you see is what you get），缺點是所見即全部所得（what you see is *all* you get）。

GUI 環境通常受限於其設計者當初所期望的功能。如果您需要使用的功能超過設計者提供的模型，您通常是不走運的，而且通常情況下，您確實需要使用超過模型的功能。務實的程式設計師要做的事不只是削減程式碼，或開發物件模型，或撰寫文件，或自動化建構流程，這些事情全都是我們要做的。任何一個工具能做到的範圍通常都受限於該工具被預期要執行的任務。例如，假設您想把一個程式碼預處理程式整合到 IDE 中（以實作契約式設計（design-by-contract），或平行處理標示（multi-processing pragma），或諸如此類）。除非 IDE 的設計者明確地為這個功能提供了 hook，否則您無法做到。

提示 26	善用命令 Shell 的力量

熟悉 shell 之後，您會發現您的生產率會大幅提高。想要取得所有手動匯入您 Java 程式碼所有不重複套件名稱清單嗎？以下的命令會為您將資訊儲存到一個名為「list」的檔案：

```
sh/packages.sh
grep '^import ' *.Java |
  sed -e's/.*import *//' -e's/;.*$//' |
  sort -u >list
```

如果您尚未深入研究您系統上命令 shell 的功能，那麼它可能會讓您感到畏懼。然而，投入一些精力熟悉您的 shell，事情很快就會開始步入正軌。嘗試去用一下命令 shell，您會驚訝地發現它使您的工作效率提高了很多。

屬於自己的 shell

就像木匠會客製他們的工作空間一樣，開發人員也應該客製他們的 shell。這個動作通常會涉及到修改您所使用的終端機程式設定。

常見的修改包括：

- 設定顏色主題。若要為您專用的 shell 一個一個試完網路上所有可用的主題，需要花掉許多、許多小時的時間。

- 設定提示符號。提示符號的功能是告訴您 shell 已經為您輸入命令做好了準備，而提示符號可以設定為顯示任何您可能需要的資訊（或一堆您永遠不會需要的東西）。這個設定完全是個人偏好：我們傾向於使用簡單的提示符號，包括使用目前目錄短名稱和版本控制狀態以及時間。

- 別名和 *shell* 函式。將經常使用的命令轉換為簡單的別名可簡化工作流程。也許您經常更新您的 Linux 機器，但是永遠不記得是先打 update 還是 upgrade，還是先 upgrade 再打 update。此時您可以建立一個別名：

```
alias apt-up='sudo apt-get update && sudo apt-get upgrade'
```

也許您經常不小心誤用 rm 命令刪除檔案。此時您也可以寫一個別名，以後它在刪除前都將會出現確認提示：

```
alias rm ='rm -iv'
```

- 命令自動補完。大多數 shell 會幫您補完命令和檔案的名稱：您只需要鍵入前幾個字元，按下 tab 鍵，然後它將填入所能填入的內容。但是您可以更進一步，設定 shell 去識別您輸入的命令並依環境自動補完。有些人甚至自訂它根據目前的目錄去自動補完。

您會花很多時間在這些 shell（殼）裡。請像一隻寄居蟹一樣，把它當成自己的家。

相關章節包括

- 主題 13，原型和便利貼，第 64 頁
- 主題 16，純文字的威力，第 87 頁
- 主題 21，操縱文字，第 114 頁
- 主題 30，轉換式程式設計，第 171 頁
- 主題 51，務實的上手工具，第 324 頁

挑戰題

- 您目前在 GUI 中手動執行哪些操作？您是否曾經在向同事說明指令時，要說很多次「點擊這個按鈕」、「選擇這個選項」？這些可以被自動化嗎？
- 當您換到一個新的工作環境時，一定要找出有哪些 shell 可用。看看能不能把您現在用的 shell 帶過去。
- 研究是否有當前 shell 的替代方案。如果遇到一個您的 shell 無法解決的問題，看看另一種 shell 是否可以處理得更好。

18 功能強大的編輯器

我們之前討論過工具是您的手的延伸。好吧，相對於任何其他軟體工具，這句話更適用於編輯器。您需要盡可能輕鬆地操作文字，因為文字是程式設計的基本原料。

在本書的第一版中，我們建議對所有內容使用單一編輯器：程式碼、文件、備忘錄、系統管理等等。現在，我們的立場已經稍微軟化了，我們樂於見到您想用多少種編輯器就用多少種。我們只希望您能流暢地使用每一種編輯器。

提示 27	熟練編輯器

這為何重要？我們是在說您會節省很多時間嗎？事實上是會節省不少時間：在一年的時間裡，如果讓您的編輯效率提高 4%，以每週編輯 20 個小時來說，您可能會多出一週的時間。

但這並不是真正的好處。不，主要的好處是，透過讓使用編輯器變得流暢，您不再需要考慮編輯要怎麼做，不用考慮腦中思考某件事與讓它出現在編輯器之間的距離。您的思想將很順暢，增益您的程式設計能力（如果您曾經教過別人開車，那麼您就會明白，當一個駕駛必須考慮他所做的每一個動作，和一個更有經驗的司機憑直覺控制汽車是有區別的）。

什麼是「流暢」？

怎樣算是流暢？以下是考題表列：

- 編輯文字時，可依字元、單詞、行和段落移動並進行選擇。

- 在編輯程式碼時，可依不同的語法單元移動（比方依分隔符號、函式、模組等）。

- 修改後縮排程式碼。

- 用一個命令註解和取消註解程式碼區塊。

- 還原和重做修改。

- 將編輯器視窗拆分為多個面板，並在它們之間切換。

- 移動到特定的行號。

- 排序選定的多個行。

- 依字串和正規表達式搜尋，並再次執行之前的搜尋。

- 根據選擇或樣式匹配建立多個臨時游標，並在每個游標上平行地編輯
  文字。

- 顯示當前專案中的編譯錯誤。

- 執行當前專案的測試。

您能在不使用滑鼠 / 軌跡板的情況下做到這些嗎？

您可能會回答說您現在的編輯器做不到這些事情，那也許到了該換編輯器的時
候了？

變得流暢

對於任何一個強大編輯器，我們覺得知道它所有命令的人不會太多。我們也不
希望您知道所有的命令。相反地，我們建議一種更務實的方法：學習使您的生
活更輕鬆的命令。

這個方法相當簡單。

首先，在您編輯的時候觀察自己，每當發現自己在做一些重複的事情時，養成
去思考「一定有更好的方法」的習慣，然後就動手去找。

一旦您發現了一個新的、實用的功能，要立刻把它植入到您的肌肉記憶中，這
樣您就可以不加思索地使用它。我們知道的唯一方法就是透過重複練習，有意
識地尋找機會使用您的新超能力，最好一天使用多次。一週左右後，將發現您
會不假思索地使用它。

增強您的編輯器

大多數強大的程式碼編輯器都是圍繞一個基本核心建構的，然後透過額外的擴
展變得更為壯大。其中許多擴展是編輯器提供的，而有些則是稍後加入的。

當您遇到正在使用的編輯器的一些明顯的限制時，請四處搜尋能夠完成這項工作的擴展。您可能不是唯一需要這種功能的人，如果幸運的話，其他人可能已經發佈了他們的解決方案。

請更進一步，去深入研究編輯器的擴展語言，去理解如何使用它來自動化一些您經常重複做的事情，通常只需要一兩行程式碼，就可以解決了。

有時您可能會再更進一步，發現自己正在撰寫一個完整的擴展。如果您正這麼做，那請把它發佈出去吧：如果您需要用這個擴展，那麼其他人也會需要。

相關章節包括

- 主題 7，溝通！，第 23 頁

挑戰題

- 不要再用自動重複。

  每個人都會這麼做：您需要刪除您輸入的最後一個單詞，所以您按下 backspace 鍵，等待自動重複開始。事實上，我們打賭您的大腦已經先做完這個工作了，所以您才可以準確地判斷什麼時候釋放按鍵。

  因此，請關閉自動重複，改成去學習移動、選擇和刪除字元、單詞、行和程式碼區塊的快速鍵組合。

- 這一題會讓您很痛苦。

  請放棄使用滑鼠／觸控板一整個星期，只用鍵盤編輯。您會發現有一堆沒有游標和點擊您就無法做的事情，所以現在是時候學習了。請把您學到的快速鍵組合記下來（我們建議您採用老式方法，用鉛筆和紙記）。

  這幾天您的工作效率會受到影響。但是，當您學會在不用將您的手從原來的位置移開的情況下進行編輯時，會發現您的編輯變得比以前更快、更流暢了。

- 尋找整合。在寫這一章的時候，本書作者 Dave 想知道他是否可以在編輯器中預覽最終的成果（PDF 檔案）。下載一個東西後，編輯器中原始文字旁邊就顯示出成果了。請把您想要放到編輯器裡的東西列一個清單，然後去找尋它們。

- 更有野心的是，如果您找不到一個外掛程式或擴展來做您想做的事，那就自己寫一個。本書作者 Andy 超愛為他喜歡的編輯器製作自製的、基於本地檔案的 Wiki 外掛程式。如果找不到想用的資源，您就建一個！

19 版本控制

進步不是由變化構成，而是在於堅持。無法記取過去經驗的人註定要重蹈覆轍

> *George Santayana, Life of Reason*

我們在使用者介面中常會尋找的一個重要的東西是「還原」（undo）鍵，一個能原諒我們錯誤的按鈕。如果環境支援多層還原和重做，那就更好了，這樣您就可以恢復幾分鐘前發生的事情。

但是如果這個錯誤發生在上週，而且從那以後您已經啟動和關閉電腦十次了呢？這就是使用 VCS（version control system，版本控制系統）的眾多好處之一：它等同是一個巨大的還原鍵——一個專案範圍內的時間機器，可以讓您回到上週那些平靜的日子，那時程式碼還能被編譯並執行。

對許多人來說，他們只把 VCS 的功能發揮到這裡而已。這些人正在錯過一個更大的世界，一個可以協作、使用發布管道、問題追蹤和日常團隊互動的世界。

讓我們先來看看 VCS 是什麼，它的第一個身分是一個修改的儲存庫（repository），下一個身分是您的團隊及其程式碼的中心集會場所。

共用目錄「不是」版本控制

我們仍然偶爾會遇到這樣的團隊，他們透過網路共用他們的專案原始檔案：若不是在內部網路上，就是使用某種雲儲存中。

這樣是不行的。

這樣做的團隊經常搞砸彼此的工作、搞丟修改、弄壞建構成果，以及在停車場互毆。這就像在撰寫平行程式碼時使用共用資料，但是又不加同步機制。請您使用版本控制。

還有！有些人確實用了版本控制系統，並將他們的主要儲存庫放在網路或雲端磁碟機上。他們認為這是一種兩全其美的方法：他們認為在任何地方都可以存取到檔案（在雲儲存的情況下），而且還有遠端備份的功能。

這種情況更糟，因為您冒著可能會失去一切的風險。版本控制軟體使用一組會相互影響的檔案和目錄。如果對兩個實例同時進行修改，則整個狀態可能會被破壞，而且無法知道會造成多大的破壞。沒有人喜歡看到開發者哭泣。

原始程式碼

版本控制系統會持續追蹤您在原始程式碼和文件中所做的每個修改。將原始程式碼控制系統正確設定後，您永遠都可以將您的軟體回到以前的版本。

但是版本控制系統能做的遠遠不止還原錯誤而已。一個好的 VCS 讓您可以追蹤修改，回答諸如此類的問題：誰修改過這行程式碼？現在的版本和上週的有什麼不同？我們在這個版本中修改了多少行程式碼？哪些檔案最常被修改？這類資訊對於除錯、審查、效能和品質是非常寶貴的。

VCS 還可以讓您識別軟體的發行版本。一旦知道了某個版本，您將始終能夠回到該版本並重新生成發佈，而不受後來發生的修改的影響。

版本控制系統可能會將它們維護的檔案保存在一個中央儲存庫中，如果要備份，這是一個很好的候選。

最後，版本控制系統允許兩個或多個使用者同時處理同一組檔案，甚至對同一檔案平行地進行修改。然後，當檔案被送回儲存庫時，系統能合併這些修改。儘管看起來有風險，但是在各種規模的專案中，這樣的系統實際上都工作得很好。

> **提示 28**　　一定要使用版本控制

請總是使用版本控制，即使您是一個一週專案的單人團隊，即使專案是一個「用過就丟的」原型，即使您正在做東西的並不是程式碼也一樣。請確保所有的東西都在版本控制之下：文件、電話號碼列表、供應商備忘錄、makefile、建構和發佈過程、用於整理 log 檔案的小 shell script──所有這些都要受版本控制。我們經常對我們輸入的所有內容（包括這本書的文字）使用版本控制。即使我們不是在做專案，我們的日常工作也存放在一個儲存庫中。

拓展

版本控制系統不只是保存專案的單一歷史紀錄，它們最強大和實用的功能之一是，它們讓您將開發的東西隔離到稱為分支（*branch*）的東西中。您可以在專案歷史中的任何位置建立一個分支，在該分支中所做的任何工作將與所有其他分支隔離。在將來的某個時候，您可以合併（*merge*），將您正在處理的分支回傳到另一個分支，使得目標分支包含您在另一個分支中所做的修改。多個人員甚至可以在一個分支上工作：在某種程度上，分支就像小型的複製專案。

分支的一個好處是它們為您提供了隔離。如果您在一個分支中開發了功能 A，而一個團隊成員在另一個分支中開發了功能 B，那麼您們也不會相互干擾。

第二個好處，可能是令人驚訝的好處，是分支經常是團隊專案工作流程的核心。

這就是事情變得有點混亂的地方。版本控制分支和測試部門有一個共同點：都會有成千上萬的人告訴您應該要怎麼做，而這種建議大部分是沒有意義的，因為他們真正想說的是「我以前就是這麼做的」。

所以請在您的專案中使用版本控制，如果您遇到工作流程上的問題，請去尋找可能的解決方案。當您經驗變多時，記得回顧和調整您正在做的事情。

一個想法上的實驗

假設把一整杯茶（如果是英式早餐，裡面會加一點牛奶）倒在您的筆記型電腦鍵盤上。把這台機器帶到維修中心，讓他們一邊「嘖嘖」一邊「皺眉」地進行修理。同時買一台新電腦，把新電腦帶回家。

需要多久時間才能使機器回到您第一次舉起那個致命的杯子時的相同狀態（包括所有 SSH 金鑰、編輯器設定、shell 設定、已安裝的應用程式等等）？這是我們其中一個人最近遇到的問題。

版本控制中幾乎放了原來那台電腦中所有的設定和使用的東西，其中包括：

- 所有使用者設定和 dotfile（隱藏設定檔）
- 編輯器設定
- 以 Homebrew 安裝的軟體列表
- 用於設定應用程式的 Ansible 腳本
- 目前在開發的所有專案

下午結束時機器已經恢復到原本的狀態了。

版本控制當作專案中心

儘管版本控制在個人專案中非常管用，但在團隊中它更能發揮作用。這樣的價值很大程度上來自於您如何託管您的儲存庫。

現在，許多版本控制系統不需要任何主機。它們是完全分散的，每個開發人員都在點對點的基礎上進行協作。但是，即使使用這些系統，也值得考慮使用中央儲存庫系統，因為一旦您使用了中央儲存庫系統，就可以利用大量的整合來簡化專案流程。

許多儲存庫系統都是開源的，因此您可以在自己的公司中安裝和執行它們。但這並不在您的專業範圍，所以我們建議大多數人使用協力廠商主機，請尋找具有以下功能的主機，如：

- 良好的安全性和存取控制

- 直觀的使用者介面

- 支援命令列執行所有操作（因為您可能需要自動化它）

- 自動化建構和測試

- 對分支合併（branch merge）的良好支援（有時稱為拉請求（pull request））

- 問題管理（最好和提交和合併整合在一起，因此您可以保有索引）

- 良好的報告（一個像看板（Kanban board-like）顯示方式，對於顯示問題和任務非常好用）

- 良好的團隊溝通：修改時會發出電子郵件或其他通知、wiki 等等

許多團隊都設定了他們的 VCS，當提交到一個特定的分支時，將自動觸發建構系統，執行測試，如果成功的話，將新程式碼發行出去。

聽起來可怕嗎？當您想到您在使用版本控制時，就不會覺得可怕了，您永遠都可以做恢復。

相關章節

- 主題 11，可逆性，第 54 頁

- 主題 49，務實的團隊，第 312 頁

- 主題 51，務實的上手工具，第 324 頁

挑戰題

- 知道您能使用 VCS 恢復到任何以前的狀態是一回事，但是您真的可以做到嗎？您知道正確操作的指令嗎？請現在就開始學習，而不是在災難來臨之際在您有壓力的時候，才開始學習。

- 花點時間考慮一下如何在災難發生時恢復您自己的筆記型電腦環境。您需要什麼來恢復？其實許多您需要的東西都只是文字檔案。如果它們不在 VCS 中（不要將託管處設在您的筆記型電腦上），請設法將它們加入 VCS。然後再考慮其他東西：已安裝的應用程式、系統組態等等。您如何在文字檔案中表達所有這些東西，讓它也可以被保存？

  一個有趣的實驗是，一旦您做好一些進展，請找到一台您不再使用的舊電腦，看看能不能在它上面安裝您的新系統。

- 刻意地去探索您的 VCS 和主機供應商的功能。如果您的團隊沒有使用功能分支，可以嘗試引入它們，如果沒有使用拉／合併（pull/merge）請求，也可以嘗試引入它們。接著持續整合建構管道，甚至是發佈。也可以引入團隊溝通工具：wiki、看板（Kanban）等等。

  以上的東西對您來說不是必要的，但是您需要知道它們的作用，這樣您才能做出決定。

- 對於不屬於專案的事情也請使用版本控制。

20 除錯

這是一件痛苦的事，
看著自己惹出的麻煩，
並知道這麻煩就是您自己搞出來的。

> ➤ *Sophocles, Ajax*

自從 14 世紀以來，*bug* 這個單詞就被用來描述「搞破壞的東西」。海軍少將 Grace Hopper 博士，COBOL 的發明者，被認為是觀察到第一個電腦蟲（*computer bug*）的人——此處的 bug，代表真的是蟲子，在早期電腦的繼電器中捕獲一隻蛾。當被要求解釋為什麼這台機器不能正常工作時，一名技術人員報告說「系統裡面有蟲」（a bug in the system），並盡職地把蛾的翅膀什麼的和其他一切都記錄到日誌中。

遺憾的是，時至今日我們的系統仍然存在 bug，雖然不會飛。但是 bug 在十四世紀的定義，即一個妖怪（bogeyman），也許更適用於現在。軟體缺陷以各種方式表現出來，從誤解需求到撰寫程式碼錯誤。不幸的是，現代電腦系統仍然局限於做您要它們做的事，而不一定是您想要它們做的事。

沒有人能寫出完美的軟體，所以除錯會佔用您一天的大部分時間。讓我們來看看除錯中涉及的一些問題，以及尋找難以捉摸的 bug 的一些通用策略。

除錯的心理學

對於許多開發人員來說，除錯是一個敏感的、情緒化的主題。您可能會遇到拒絕、指責、站不住腳的藉口，或者只是冷漠看待，而不是把它當作一個有待解決的難題。

請接受除錯只是在解決問題這一個事實，並以此心態進行解決錯誤。

若在過程中發現了別人的錯誤，您可以花時間和精力把責任推到罪魁禍首身上。在一些工作場所，這是文化的一部分，也可能是一種宣洩。然而，在技術領域，您希望集中精力在解決問題，而不是責備。

提示 29	解決問題，而不是責備某人

這個 bug 是您的錯還是別人的錯並不重要，它仍然是您要面對的問題。

除錯心態

> 人最容易欺騙的就是自己。
>
> ➤ *Edward Bulwer-Lytton, The Disowned*

在開始除錯之前，採用正確的思維方式非常重要。您需要關閉每天用來保護自我的許多防禦，排除可能面臨的任何專案壓力，讓自己舒服。首先，請記住除錯的第一條規則：

提示 30	不要慌

人們很容易陷入恐慌，尤其是當您面臨最後期限的時候，或者當您試圖找出問題的原因的時候，老闆或客戶正緊張地盯著您。但是後退一步是非常重要的，確實地去思考是什麼導致了您認為是 bug 的症狀。

如果您在看到 bug 或 bug 報告時的第一反應是「這不可能」，那您就大錯特錯了。不要把一個神經元浪費在「但那不可能發生」的思路上，因為很明顯它會發生，而且已經發生了。

除錯時要小心避免短視。不要僅僅去修正您所看到的症狀：更有可能的是，真正的錯誤可能與您所觀察到的有幾步之遙，並且可能涉及到許多其他相關的事情。請總是試圖發現問題的根本原因，而不僅僅是問題的表面現象。

從哪裡開始

在您開始查看 bug 之前，請確保您正在處理的程式碼是能乾淨建構的，不能有警告（warning）。我們通常將編譯器警告層級設定得盡可能高。浪費時間試圖找到一個電腦可以為您找到的問題是沒有意義的！我們需要把注意力集中在比較困難的問題上。

當試圖解決任何問題時，您需要收集所有相關的資料。不幸的是，錯誤報告並不是一門精確的科學。很容易被巧合所誤導，您不能浪費時間去除錯巧合。首先需要進行準確地觀察。

當錯誤報告是從協力廠商處取得時，其準確性會進一步降低——您可能實際上需要看著回報錯誤的使用者，才能獲得足夠的詳細資訊。

本書作者 Andy 曾經開發過一個大型的圖形應用程式。在接近發佈的時候，測試人員報告說，每當他們用一個特定的筆刷繪製一個筆劃時，應用程式就會崩潰。負責的程式設計師認為它沒有任何問題；他試過用那種筆刷畫畫，效果很好。這種對話反覆了好幾天，火氣很快就上來了。

最後，我們把他們關在一個房間裡。測試人員選擇筆刷工具，從右上角到左下角畫一個筆劃。應用程式就當掉了。「哦，」程式設計師小聲說，然後羞怯地承認，他只試了從左下到右上，這樣並不會引發 bug。

這個故事有兩個重點：

- 您可能需要和回報 bug 的使用者會面，以收集更多的資料。

- 人為的測試（例如程式設計師從下到上的畫過一筆）對應用程式的測試來說是不夠的。您必須嚴格地測試邊界條件和實際的最終使用者使用模式。您需要系統化地做這件事（請參見無情且持續的迴歸測試，第 326 頁）。

除錯策略

一旦您認為您知道發生什麼事的時候，就是該找出程式認為發生了什麼的時候了。

複製錯誤

不，我們的 bug 並沒有真正地繁殖（複製）（儘管其中一些 bug 可能已經到了合法繁殖的年齡）。我們說的是另一種繁殖（複製）方式。

開始修復 bug 的最佳方法是使其可複製。畢竟，如果不能複製它，您如何知道它是否被修復了？

但是我們想要的不僅僅是一個可以透過一系列步驟複製的 bug；我們想要一個可以用單一命令複製的 bug。如果您必須經歷 15 個步驟才能到達錯誤出現的地方，那麼修復這個錯誤就會困難得多。

所以這就是除錯最重要的規則：

提示 31	在修復程式之前先進行錯誤測試

有時，透過強迫自己把會產生 bug 情況獨立出來，您甚至可以看出如何修復它。撰寫測試程式的舉動可能帶來解決方案。

身處陌生之地的程式設計師

所有關於區隔出 bug 的討論聽起來都很理想，但當面對 50,000 行程式碼和一個緊迫逼人的時程時，一個可憐的程式設計師能做什麼呢？

首先，查看問題，是軟體崩潰嗎？當我們教授程式設計的課程時，總是驚訝很多開發人員看到彈出一個紅色異常後，就立即切換到程式碼中。

| 提示 32 | 請一定要讀那該死的錯誤訊息 |

就是這麼簡單。

壞結果

如果不是軟體崩潰呢?如果只是產出的結果很糟糕呢?

請您使用除錯器進入程式執行,並使用會造成失敗的測試來觸發問題。

在進行其他操作之前,請先確保在除錯器中也能看到不正確的值。我們曾都浪費很多時間來追蹤一個 bug,最後只證明某段程式碼其實沒有問題。

有時問題很明顯:interest_rate 值目前是 4.5,但正確應該是 0.045。更常見的情況是,您必須更深入地查看,以找出為什麼值是錯誤的。請確認您知道如何呼叫堆疊中上下移動以及如何檢查本地堆疊(local stack)環境。

我們發現把筆和紙放在附近很有用,這樣我們就可以記筆記。特別是,我們經常遇到一個線索,然後開始追查它,卻無功而返。如果我們不記下我們開始追查前做到哪裡,我們可能會花很多時間才能回到那個狀態。

有時您看到的 stacktrace 看起來似乎無窮無盡。在這種情況下,通常有一種比逐一檢查每個堆疊幀更快的方法來發現問題:就是使用二元切分(*binary chop*)。但是在討論之前,讓我們先看看另外兩個常見的 bug 場景。

對輸入值敏感的 bug

您曾遇過這樣的情況。您的程式可以很好地處理所有測試資料,並在第一週的生產中保持良好狀態。然後,當輸入特定資料集合時,它會突然崩潰。

當然您可以試著看看它被崩潰的地方,然後往前查看。但有時從資料開始看會更容易。請取得資料集合的副本,並將資料餵給在本地執行的應用程式副本。

先確認它仍然會被崩潰。然後再將資料進行二元切分，直到您能夠準確地分離出導致崩潰的輸入值。

跨版本回歸

您在一個很好的團隊中，並且負責將軟體發佈到實際環境中。在某個時候突然出現了一個 bug，但出現 bug 的那部分程式碼一週前還能正常工作。如果您能識別出引入 bug 的特定修改不是很好嗎？猜猜此時該怎麼做呢？一樣是做二元切分。

二元切分

每一個電腦科學專業的學生都會被要求撰寫二元切分程式碼（有時稱為二分搜尋法（binary search））。它的概念很簡單，假設您想在一個有序的陣列中尋找一個特定的值。您當然可以依次查看每個值，但是平均來說，您會需要看過一半的東西，才找到想要的值，或者最終您只找到一個比它大的值，這代表著這個目標值不在陣列中。

但是使用各個擊破法（*divide and conquer*）方法更快。這個方法是在陣列中間選擇一個值。如果該值是要找的值，立即結束搜尋。如果不是，您可以把陣列切成兩半。如果您選擇的值大於目標值，那麼您就知道它一定位於陣列的前半部分，否則就位於陣列的後半部分。然後，在子陣列中重複這個流程，很快您就會得到結果。（在我們討論第 204 頁的 *Big-O* 標記法時您會看到，線性搜尋是 $O(n)$，而二元切分是 $O(\log n)$）。

所以，只要問題中存在的數量夠多，二元切分的速度都要快得多。讓我們看看如何將其應用於除錯。

當您面對一個巨大的 stacktrace，您試圖找出到底是哪個函式在亂搞錯誤的值，您的二元切分要選擇某一個位於中間的堆疊幀，看看錯誤是否已經在那裡存在。如果是，那麼您知道要關注之前的幀，如果不是，則問題就出在之後的

帳上，然後再次切分。即使您在 stacktrace 中有 64 個幀，採用這種方法也會
在最多 6 次嘗試之後找到答案。

如果您有一個資料集合會引發 bug，您也可以這樣做。一開始將資料集合一分
為二，看看將其中一個資料子集合是否會出現問題，然後繼續分割資料，直到
得到能顯示問題的最小集合為止。

如果您的團隊的某次發佈中出現了一個 bug，那麼您可以使用相同類型的技
術，去建立導致當前版本失敗的測試。然後於現在和最後一個已知的正常版本
之間選擇一個中間版本。再次執行測試，並決定如何縮小搜尋範圍。能夠做到
這一點只是在專案中擁有良好的版本控制的眾多好處之一。事實上，許多版本
控制系統會更進一步自動處理此過程，根據測試結果為您選擇發佈版本。

log 和 / 或 trace

除錯器通常關注當下程式的狀態，可是有時您需要更多資訊——您需要隨時間
觀察程式或資料結構的狀態。查看 stacktrace 只能直接告訴您是什麼導致這樣
的結果，但它通常不能告訴您在一串呼叫之前做了什麼，特別是在事件驅動的
系統中[註 2]。

trace 述句（*tracing statement*）是您列印到螢幕或檔案上的小診斷訊息，例如
「got here」和「value of x = 2」。雖然與 IDE 風格的除錯器相比，這是一種
原始的技術，但是它在診斷除錯器不能診斷的幾類錯誤方面特別有效。在任何
時間本身就是一個因素的系統中，trace 都是非常有用的：比方平行程式、即
時系統和事件驅動應用程式。

您可以使用 trace 來深入瞭解程式碼。也就是說，在呼叫樹會向下移動的地
方，加入 trace 述句。

trace 訊息應該採用常規的、一致的格式，因為您可能希望對它們進行自動解
析。例如，如果需要 trace 某種資源洩漏（leak）（例如不對稱的檔案打開 /

註 2　但一種叫 Elm 的語言真的有配備時間機除錯器（time-traveling debugger）。

關閉命令），您可以在 log 檔案中 trace 每次 open 和 close。透過使用文字處理工具或 shell 命令來處理 log 檔案，您可以很容易地識別出有問題的那次 open 發生在哪裡。

塑膠黃色小鴨

對於找出問題的原因，一個非常簡單但特別有用的方法是向其他人簡單地解釋它。另一個人應該越過您的肩膀看著螢幕，並不停地點頭（就像一隻黃色小鴨在浴缸裡上下跳動）。他們不需要說一句話；這樣一步步地解釋程式碼應該會做什麼的簡單動作，常常可讓問題自己從螢幕上跳出來，自動出現[註3]。

這聽起來很簡單，但是在向另一個人解釋這個問題時，您必須明確地陳述一些您自己在看程式碼時，認為理所當然的事情。透過把這些假設用語言表達出來，您可能會突然對這個問題有了新的認識。如果您找不到一個可用的人，那改用黃色小鴨、泰迪熊或盆栽植物也是可以的[註4]。

排除法的流程

在大多數專案中，您正在除錯的程式碼，可能是您撰寫的應用程式程式碼，再加上專案團隊中其他人的程式碼或是協力廠商產品（資料庫、連接、web 框架、專用通訊程式或演算法等）和平台環境（作業系統、系統庫和編譯器）的混合體。

作業系統、編譯器或協力廠商產品中可能存在 bug，但這不是您首先要考慮的。在開發中的應用程式程式碼中更有可能存在缺陷。通常，應用程式程式碼對函式庫的呼叫產生問題的機率，要比函式庫本身出問題機率更高。即使問題

註3　為什麼我們用了「黃色小鴨」這個東西？當本書作者 Dave 還在倫敦的 Imperial College 當研究生時，他和一名研究助理 Greg Pugh 一起做了很多工作。Greg Pugh 是 Dave 認識的最優秀的開發者之一。其中有一陣子 Greg 在寫程式的時候，螢幕上都會放一隻黃色的塑膠鴨子。Dave 過了好一陣子才敢問他⋯。

註4　本書的早期版本在此處寫著和你的 *pot plan* 說話（現在版本中，盆栽用的字是 potted plant），是筆誤。

確實屬於協力廠商，在提交 bug 回報之前，您仍然需要排除您的程式碼可能釀禍的機會。

我們曾經做過一個專案，其中一位高級工程師確信在 Unix 系統上 select 系統呼叫被中斷了。再多的勸說和邏輯也改變不了他的想法（他不管那台機器中其他網路應用程式都能正常工作的事實）。他花了數週時間撰寫變通方法，但出於某種奇怪的原因，這些方法似乎並沒有解決問題。當他最終被迫坐下來閱讀 select 的文件時，他發現了這個問題，只花了幾分鐘就修正了它。現在，每當我們其中的一個人開始將可能是我們自己的錯誤歸咎於系統時，就會用「select 壞掉了」這個短語來委婉地提醒自己。

> **提示 33**　「select」沒有壞掉

記住，如果您看到蹄印，請聯想到馬，而不是斑馬。作業系統沒有壞，select 也沒有壞。

如果您「只改變了一件事」，就導致系統停止了工作，那麼這件事就有可能直接或間接地負責任，不管它看起來多麼牽強。另外，有時構成影響的東西會超出您的控制範圍：例如作業系統、編譯器、資料庫或其他協力廠商軟體的新版本，都可能會破壞以前正確的程式碼，出現新的 bug。之前你用 workaround 修過一個 bug，結果 workaround 被弄壞了。API 改版，導致功能改變；簡而言之，新的 bug 是一個全新的一局，您必須在這些新的條件下重新測試系統。因此，在考慮升級時，請密切關注時程表；也許您可以等到下一個版本之後再行升級。

構成驚嚇的元素

當您發現自己被一個 bug 嚇了一跳（甚至在我們聽不見的地方低聲嘀咕「那不可能」）時，您必須重新評估您認定的真理。假設您有一個折扣計算演算法，您知道它是無懈可擊的，不可能導致這個 bug，但您測試過所有邊界條件嗎？另一段程式碼您已經使用多年了，所以不可能仍然存在 bug，是這樣的嗎？

它當然還是可能會有 bug，當錯誤出現時，您會感受到的驚訝程度與您對正在執行的程式碼的信任程度成正比。這就是為什麼，當面對一個「令人驚訝的」失敗時，您必須接受您的一個或多個假設是錯誤的。不要只因為您「知道」一個函式或一段程式碼是正常的，就覺得它沒有問題，請去證明這一點，證明它在這個整個環境中，使用這個資料，用這些邊界條件，是可以正常工作的。

> **提示 34**　　不要假設，請去證明

當您遇到一個意外的錯誤，除了修復它以外，您還需要知道為什麼沒有更早就發現這個錯誤。考慮是否需要修改單元測試或其他測試，以便它們能夠抓到這種錯誤。

同樣地，如果發生的錯誤，是傳播了好幾層以後才引起爆炸，最後產出壞的結果資料，看看對函式做更好的參數檢查是否可以更早抓到錯誤（請參見早期崩潰和 assertion 的相關討論，分別在第 132 頁和第 133 頁）。

當您做著這樣的工作的時候，還需要思考程式碼中還有其他地方可能會受到這個 bug 的影響嗎？現在是找到並修復它們的時候了。無論發生了什麼，要確保當它再發生時您都會知道。

如果修復這個 bug 花了很長時間，請問問自己為什麼。您能做些什麼來讓下次修復這個 bug 更容易呢？也許您可以建立一個測試用 hook，或者撰寫一個 log 檔案分析器。

最後，如果錯誤是由於某人的錯誤假設造成的，那麼就與整個團隊討論這個問題：如果一個人誤解，那麼很可能很多人都誤解了。

請做到所有這些動作，希望下次您不會再被嚇一跳了。

除錯檢查表

- 報告中的問題是 bug 的直接結果，還是僅僅是症狀？

- bug 真的是由您使用的 framework 引發嗎？它是由作業系統引發嗎？還是由您的程式碼引發的呢？

- 如果您要向同事詳細解釋這個問題，您會怎麼說？

- 如果可疑程式碼通過了單元測試，那麼是否代表測試足夠完整？如果改用另外一份資料執行測試，會發生什麼情況？

- 導致這個 bug 的條件是否也存在於系統的其他地方？

- 還有其他蟲子還在幼蟲期，等著孵化嗎？

相關章節包括

- 主題 24，*死程式不說謊*，第 130 頁

挑戰題

- 除錯本身已經足夠有挑戰性了。

21 操縱文字

務實的程式設計師操縱文字的方式與木匠塑造木材的方式相同。在前面的小節中，我們討論了一些特定的工具── shell、編輯器、除錯器。這些工具類似木匠的鑿子、鋸子和鉋刀，專門用來做一兩件工作的工具。但是，我們需要不時地執行一些基本工具集無法處理的變型工作，所以我們需要一個通用的文字操作工具。

文字操作語言之於程式設計，猶如木工雕刻機[註5]之於木匠。它們又吵又髒又有點暴力。若是誤用它們，整個東西都會被毀掉。有些人發誓絕不在工具箱放這種工具，但是，如果對於會用的人，木工雕刻機和文字操作語言都可以非常強大和通用。您可以很快地把東西成形、做接合、然後雕刻。如果使用得當，這些工具擁有很多驚人的技巧和微妙功能，但是學習如何掌握它們需要花時間。

幸運的是，有許多優秀的文字操作語言存在。Unix 開發人員（在這裡包括 macOS 使用者）常常喜歡使用命令 shell 的強大功能，並使用 awk 和 sed 等工具進行擴展功能。喜歡更結構化工具的人可能更偏好 Python 或 Ruby 等語言。

這些語言是重要的支援技術。使用它們，您可以快速地修改工具程式和原型想法——使用傳統語言可能需要 5 到 10 倍的時間，這個時間乘數對我們的實驗非常重要。因為花 30 分鐘嘗試一個瘋狂的想法比花 5 個小時要好得多。花 1 天時間自動化專案的重要元件是可以接受的；花一個星期可能就不太行了。在 Kernighan 和 Pike 的書 *The Practice of Programming [KP99]* 中，用五種不同的語言建構了相同的程式。其中的 Perl 版本最短（17 行，對比 C 版本的 150 行）。使用 Perl，您可以操作文字、與程式互動、透過網路進行通訊、驅動 web 頁面、執行任意的精確算術運算，以及撰寫看起來像史努比在罵人的程式。

提示 35	請學習一門文字操縱語言

為了展示文字操縱語言的廣泛適用性，在撰寫本書的時候，我們用 Ruby 和 Python 做的事情如下：

建構這本書

Pragmatic Bookshelf 系列叢書的建構系統是用 Ruby 撰寫的。作者、編輯、排版人員和支援人員使用 Rake 任務來協調 PDF 和電子書的建構相關事務。

註5　這裡講的英文字 *router*，作為木工工具機或是網路設備只有在英文裡會發生這樣的情況，建議不譯。

程式碼的引入與顯示

我們認為，一本書中呈現的任何程式碼都應該先經過測試，這一點很重要。這本書中的大部分程式碼都已測試過了。但是，由於遵守 DRY 原則（參見主題 9，DRY—重複的罪惡，第 35 頁），我們不希望將測試過的程式碼複製貼上到書中，因為這樣代表著我們將複製程式碼。當相應的範例計畫改變時，我們會忘記更新。對於一些範例，我們也不想讓您看到一些編譯和執行所需的所有框架程式碼。所以我們使用了 Ruby，當我們格式化書籍時，會呼叫一個相對簡單的 script，這個 script 會取得原始檔案的指定段落，進行語法強調顯示，並將結果轉換為我們使用的排版語言。

網站更新

我們有一個簡單的 script，它也參與了部分書籍建構流程，動作包括取得目錄，然後將目錄上傳到我們網站上的書籍頁面。我們還有另一個 script，它可以取得書籍的部分內容並作為範例上傳。

引入方程式

我們用一個 Python script 將 LaTeX 數學標記轉換成格式良好的文字。

產生索引表

大多數索引表，都是一個單獨的文件（若是文件發生修改時很難維護它們）。我們在文字本身中進行標記，再用 Ruby script 對條目進行整理和格式化。

以上是非常實際的示範，Pragmatic Bookshelf 系列叢書全都是用文字操作建構的。如果您遵循我們的建議，將內容保持為純文字格式，那麼使用這些語言來處理文字將會帶來很多好處。

相關章節包括

- 主題 16，純文字的威力，第 87 頁
- 主題 17，*shell*，第 91 頁

練習題

練習 11

您正在重寫一個之前是使用 YAML 作為設定語言的應用程式，您的公司現在已經改以 JSON 作為標準，因此您有一堆 .yaml 檔案需要轉換成 .json。請撰寫一個 script，可以接受一個目錄作為引數，並將每個 .yaml 檔案轉換為對應的 .json 檔案（例如 database.yaml 要變成 database.json，而且內容必須是合法的 JSON 格式）。

練習 12

您的團隊最初選擇使用 camelCase（駝峰式命名法）作為變數命名規則，但是後來改變了主意，改用 snake_case（蛇式命名法）。請撰寫一個 script，掃描所有的原始檔案，找出 camelCase 名稱並回報它們。

練習 13

接續前面的練習題，加入可自動修改一個或多個檔案中這些變數名稱的功能。記得保留一份原檔案的備份，以防出現非常非常糟糕的情況。

22 工程日誌

本書作者 Dave 曾經在一家小型電腦製造商工作，這代表著他要和電子工程師一起工作，有時還要和機械工程師一起工作。

他們之中的許多人帶著一個紙本筆記本到處走，通常是把一支筆塞進書脊裡。我們談話的時候，他們會時不時地打開筆記本，胡亂地寫些什麼。

最後，Dave 還是問他們到底在做什麼。原來他們被訓練要記工程日誌，工程日誌是一種記錄他們所做的事情、所學的東西、想法草圖、儀表讀數的日誌：基本上是和他們的工作有關的任何事情。當筆記本滿了的時候，他們會在書脊上寫下日期範圍，然後把它放在書架上前一本的日誌的旁邊。大家可能打趣的互相比較，誰的一套日誌佔據了最多的書架空間。

我們在會議上用日誌做筆記，記下我們正在做的事情，在除錯時記下變數的值，提醒我們把東西放在什麼地方，記錄瘋狂的想法，有時只是塗鴉^{註6}。

使用日誌有三大好處：

- 它比電腦儲存體更為可靠。人們可能會問：「您上週打電話問的那個電力供應問題的公司叫什麼名字？」您可以翻回一頁左右，給他們名字和號碼。

- 它為您提供了一個儲存與當前任務無關的想法的地方。這樣您就可以繼續專注於您正在做的事情，並且知道不會遺忘那些很棒的想法。

- 它就像一種黃色小鴨（參見第 111 頁）。當您停下來寫東西的時候，您的大腦可能會換檔，幾乎就像在和某人說話一樣，這是一個反思的好機會。可能在您開始做筆記時，會突然意識到您剛剛做的事情，也就是整個筆記的主題，是完全錯誤的。

還有一個額外的好處。時不時地，您會回想起多少年前您在做的事，會想到當時那些人、那些專案、那些糟糕的衣服和髮型。

所以，試著使用工程日誌。使用紙本筆記本，而不是檔案或 wiki 頁面：與打字相比，手寫有一些特別之處。試著寫日誌一個月，看看您是否從中得到什麼好處。

如果沒有得到什麼好處，至少當您名利雙收的時候，寫回憶錄會更容易。

相關章節包括

註6　有一些證據顯示，塗鴉有助於集中注意力與提昇認知技能，範例請見 *What does doodling do?* [And10]。

Chapter 4

務實的偏執

你無法寫出完美的軟體

這句話傷了您的心嗎？應該不會吧。請接受它、擁抱它、慶祝它，把它當成生活中的格言，因為完美的軟體並不存在。在電腦的短暫歷史中，沒有人寫過完美的軟體。您不太可能是第一個。除非接受這個事實，否則您最終會浪費時間和精力去追逐一個不可能實現的夢想。

那麼，考慮到有這種令人沮喪的現實的存在，一個務實的程式設計師如何利用它呢？這就是本章的主題。

每個人都覺得只有自己才是地球上唯一的好駕駛，世界上的其他人都想幹掉你，他們會闖紅燈、在不同的車道間穿梭、不打方向燈轉彎、用手機發短訊，總之就是不能好好遵守規矩。所以我們是防禦性駕駛，在麻煩發生之前就做好準備，預測意料之外的事情，從不把自己置於無法自救的境地。

這和撰寫程式碼相當地相像。我們不斷地與他人的程式碼互動，這些程式碼可能不符合我們的高標準，並且處理著可能正確或可能不正確的輸入。所以我們被教導要以防禦的方式撰寫程式碼。如果有任何疑問，我們會驗證得到的所有資訊。我們會使用 assertion 來檢測錯誤資料，並且不相信來自潛在攻擊者或惡意攻擊者的資料。我們會檢查一致性，對資料庫欄設定限制條件，而且通常自我感覺良好。

但務實的程式設計師則會更進一步，他們會連自己也不相信。因為深知沒有人能寫出完美的程式碼，包括他們自己在內也一樣。所以務實的程式設計師會為自己的錯誤建立防禦機制。我們將在合約式設計小節中描述第一層防禦：客戶和供應商必須就權利和責任達成一致的認知。

在死程式不說謊小節中，我們想確保在進行除錯時，不會造成破壞。所以我們會嘗試經常檢查，如果出現問題就終止程式。

assertion 式程式設計小節描述了一種簡單的檢查方法，就是撰寫程式碼積極地驗證您的假設。

當您的程式活動變得更多時，您會發現自己要同時處理各種系統資源，例如記憶體、檔案、設備等等。在如何平衡資源小節中，我們將提出一種確保您不會搞丟任何東西的方法。

最重要的是，我們總是在向前走時堅持著小步伐，正如不要跑得比您的車頭燈還快小節中的描述一般，以防止我們掉落萬丈深淵。

身處在一個系統不完美、時間尺度荒謬、工具可笑、要求不可理喻的世界裡，讓我們安全行事吧。就像 Woody Allen（伍迪艾倫）說的：「當所有人都想幹掉您的時候，偏執就是一種好想法。」

---

23 合約式設計

沒有什麼比常識和坦率更使人吃驚的了。

> *Ralph Waldo Emerson, Essays*

處理電腦系統是困難的，與人打交道更是難上加難。但作為一個生物，過去我們有更長的時間來解決人類互動的問題。我們在過去幾千年提出的一些解決方案也可以應用到軟體的撰寫上。確保坦率的最佳解決方案之一是合約。

合約規定了您的權利和責任，也規定了對方的權利和責任。另外，如果任何一方不遵守合約，將會有一個關於後果的約定。

也許您有一份工作合約，上面規定了您的工作時間和必須遵守的行為準則。作為回報，公司會支付您薪水和其他津貼。各自履行義務，人人都取得自己想要的東西。

合約是一個通行全世界的概念，正式或非正式地用來幫助人類交流。那麼，我們可以使用相同的概念在軟體模組間互動嗎？答案是肯定的。

合約式設計

Bertrand Meyer（*Object-Oriented Software Construction [Mey97]*）為 Eiffel 語言發明了合約式設計（*Design by Contract*，DBC）的概念[註1]。它是一種簡單但功能強大的技術，側重於記錄（並約定）軟體模組的權利和責任，以確保程式的正確性。什麼是正確的程式？就是一個不會比它聲稱的做得更多或更少的程式。記錄和驗證其主張是合約式設計的核心。

軟體系統中的每一個函式和方法都有一樣行為。在開始做某事之前，該函式可能期待收到該領域的狀態，並且在結束時對該領域做出一個主張。Meyer 將這些期望和主張描述如下：

前置條件（*Precondition*）

　　在函式被呼叫之際，什麼東西必須是正確的；當一個函式的前置條件被違反時，它就不應該被呼叫。傳遞正確的資料是呼叫者的責任（參見第 127 頁的註解欄）。

註 1　部分基於 Dijkstra、Floyd、Hoare、Wirth 等人早期的作品。

後置條件（*Postcondition*）

函式保證要做的事；函式完成時的狀態。若存在函式有一個後置條件的事實，就代表著它會得出結論：也就是不允許無限迴圈。

類別不變量（*Class invariant*）

從呼叫者的角度來看，類別必須確保類別不變量條件始終成立。雖然在函式的內部處理期間，不變量可能不存在，但是當函式退出並控制回傳給呼叫者時，不變量必須成立（注意，對於任何參與不變量條件的資料成員，類別不能給它們不受限制的寫入權限）。

函式和任何潛在呼叫者之間的合約因此可以被解讀為

如果呼叫者滿足了函式的所有前置條件，則函式應在完成時保證所有後置條件和不變量都成立。

如果任何一方未能履行合約條款，就會呼叫補救措施（事先同意的），這種補救措施可能會是引發例外，或者程式終止。不管發生什麼事，不能履行合約都是一個錯誤，這是不應該發生的事情。這就是為什麼諸如使用者輸入驗證之類的操作，不應該使用前置條件來執行的原因。

有些語言比其他語言更能支援這些概念。例如，Clojure 支援前置和後置條件，而且 *spec* 函式庫提供了更完整的工具。下面是一個使用簡單的前置和後置條件進行銀行存款的功能示範：

```
(defn accept-deposit [account-id amount]
  { :pre [ (> amount 0.00)
           (account-open? account-id) ]
    :post [ (contains? (account-transactions account-id) %) ] }
  "Accept a deposit and return the new transaction id"
  ;; Some other processing goes here...
  ;; Return the newly created transaction:
  (create-transaction account-id :deposit amount))
```

接受存款函式有兩個前置條件。第一個是金額大於零，第二個是帳戶是有效的，這兩個條件由一個名為 account-open? 的函式負責判定。還有一個後置條件：該函式保證可以在該帳戶的交易中找到新交易（此函式的傳回值，在這裡用「%」表示）。

如果您呼叫 accept-deposit 時的金額大於零，而且帳戶是一個有效帳戶，那麼 accept-deposit 將繼續建立一個適當類型的交易，並執行該交易的任何其他處理。然而，如果程式中有一個 bug，導致您給了一個負的存款金額，您會得到一個執行時期例外：

```
Exception in thread "main"...
Caused by: Java.lang.AssertionError: Assert failed: (> amount 0.0)
```

類似地，此函式要求指定的帳號是有效的。如果不是，您會看到這個例外：

```
Exception in thread "main"...
Caused by: Java.lang.AssertionError: Assert failed: (account-open? account-id)
```

其他語言也有一些功能，雖然不是專為合約式設計訂做的，但仍然很實用。例如，Elixir 使用 *guard clause* 對數個可用的函式主體進行函式指派（dispatch）：

```
defmodule Deposits do
  def accept_deposit(account_id, amount) when (amount> 100000) do
    # 叫經理過來！
  end
  def accept_deposit(account_id, amount) when (amount> 10000) do
    # 依主管機關要求回報
    # 進行一些處理…
  end
  def accept_deposit(account_id, amount) when (amount> 0) do
    # 進行一些處理…
  end
end
```

以這個範例來說，若在呼叫 accept_deposit 時指定一個大的金額，可觸發其他步驟和處理。但是，嘗試以小於或等於 0 的數量呼叫它，您將得到一個例外，通知您不能這樣做：

```
** (FunctionClauseError) no function clause matching in Deposits.accept_deposit/2
```

這是一種比簡單地檢查輸入更好的方法；在本例中，如果參數超出範圍，您就是無法成功呼叫此函式。

提示 37	用合約進行設計

在正交性小節中，我們建議撰寫「害羞」程式碼。這裡，重點是要寫「懶惰」程式碼：在開始一項工作之前，嚴格要求您能接受的東西，並且盡可能少地承諾回報。請記住，如果合約表明您可以接受任何東西並且一定會回報，那麼您就有很多程式碼要撰寫！

在任何程式設計語言中，無論是函式型的、物件導向型的還是程序型的語言，合約式設計都會強迫您進行思考。

類別不變量和函式語言

這是一個命名上的問題，由於 Eiffel 是一種物件導向的語言，因此 Meyer 將這種思維命名為「類別不變量」。但是，實際上它概念更為簡單。這個思維實際上指的是狀態（*state*）。在物件導向語言中，狀態與類別的實例相關，而其他語言也有屬於自己的狀態。

在函式語言中，通常會將狀態傳遞給函式並接收其更新後的狀態。不變量的概念在這種情況下同樣適用。

合約式設計和測試驅動開發

在開發人員實作的是單元測試、測試驅動開發（TDD）、基於屬性的測試或防禦性程式設計的世界中，合約式設計是必須的嗎？

簡短的回答是「是的」。

同在程式正確性這個更大的話題之下，合約式設計和測試是不同的方法論。它們都有各自的價值，有著不同的適用用途。與特定的測試方法相比，合約式設計提供了幾個優勢：

- 合約式設計不需要任何事前設定或模擬

- 合約式設計為所有情況的成功或失敗都定義了參數，而測試一次只能針對一個特定的目標

- 測試驅動開發和其他測試只在建構週期中的「測試」階段進行。但是合約式設計和 assertion 不論何時都可用：在設計、開發、部署和維護階段都適用

- 測試驅動開發不重視檢查受測程式碼中的內部不變量，它更像是以黑箱風格去檢查公共介面

- 合約式設計比防禦性程式設計更高效（也更 DRY），在防禦性程式設計中，每個人都必須驗證資料，以避免別人沒做驗證資料

測試驅動開發是一項偉大的技術，但是與許多技術一樣，它可能會讓您集中注意力在一條「愉快的路徑」上，而不是充滿壞資料、壞參與者、壞版本和壞規格的現實世界。

實作合約式設計

在撰寫程式碼之前，簡單地列舉輸入的範圍是什麼、邊界條件是什麼、函式承諾要交付什麼，或者更重要的是，不承諾要交付什麼，這些是撰寫更好的軟體的巨大躍進。如果不宣告這些內容，就會回到靠巧合寫程式（參見第 232 頁的討論），這是許多專案開始、結束和失敗的原因。

在不支援合約式設計的語言中，您能做的極限也許就只能做到這些，但其實這也不是太糟糕，因為合約式設計畢竟是一種設計技術。即使無法執行自動地檢查，您也可以將合約作為註解或單元測試放入程式碼中，仍然可以獲得非常實際的好處。

Assertion

雖然將這些假設寫下來是一個很好的開始，但是若能讓編譯器檢查您的合約，可以獲得更大的好處。您可以在某些語言中使用 *assertion*（斷言）執行類似的檢查：在執行時期檢查邏輯條件（參見主題 25，*assertion* 式程式設計，第 133 頁）。為什麼說是「類似」的檢查？難道不能使用 assertion 來完成合約式設計能做的所有事情嗎？

不幸的是，答案是不能。首先，在物件導向的語言中，可能不支援將 assertion 向下傳播到繼承層次結構中。這代表著，如果覆蓋了具有合約的基本類別方法，則不會正確呼叫實現該合約的 assertion（除非您手動複製它們到新程式碼中）。而且在退出每個方法之前，必須記住手動呼叫類別不變量（以及所有基本類別不變量）。但，最基本的問題是合約不能自動執行。

在其他環境中，合約式設計風格 assertion 生成的例外可能被全域統一關閉，或者在程式碼中被忽略。

此外，也沒有內建「舊」值的概念；舊值指的是在方法入口處的值。如果使用 assertion 來執行合約，則必須在前置條件中添加額外的程式碼，以保存希望之後在後置條件中使用的任何資訊（如果該語言允許的話）。在合約式設計發源地 Eiffel 語言中，您可以直接使用 old 運算式。

最後，傳統的執行時期系統和函式庫之間並不支援合約，因此這些呼叫不會被檢查。這是一個很大的損失，因為通常會在您的程式碼和它所使用的函式庫的交界處檢測到最多的問題（參見主題 24，死程式不說謊，第 130 頁）。

合約式設計和早期崩潰

合約式設計很符合我們關於早期崩潰的概念（參見主題 24，死程式不說謊，第 130 頁）。透過使用 assertion 或合約式設計機制來驗證前置條件、後置條件和不變量，可以儘早使程式崩潰並回報更準確的問題資訊。

例如，假設您有一個計算平方根的方法。它需要一個合約式設計前置條件，將輸入值的範圍限制為正數。在支援合約式設計的語言中，如果向該方法傳遞一個負參數，就會得到一個像是 sqrt_arg_must_be_positive 這樣帶有資訊的錯誤，以及一個堆疊追蹤。

這比其他語言（如 Java、C 和 C++）中的解決方法更好，在這些語言中，將負數傳遞給計算平方根的方法，將回傳特殊值 NaN（代表 Not a Number（非數字））。若您在後面的程式中，嘗試對 NaN 做一些數學運算，將會得到令人驚嚇的結果。

誰該負責任？

誰該負責檢查前置條件，是呼叫者還是被呼叫的函式？當一種語言把檢查前置條件實作為本身的一部分時，答案是呼叫者還是被呼叫者都不該負責：在呼叫者呼叫函式之後，但是在進入該函式之前，前置條件會在背景被測試。因此，如果要執行任何手動的參數檢查，則必須在呼叫者端做，因為被呼叫函式本身永遠不會看到違反其前置條件的參數（對於沒有內建支援的語言，需要在被呼叫的函式中加上一組前綴和 / 或後綴來做這個 assertion 的檢查）。

假設有一支程式，它可從 console 讀取一個數字，然後計算它的平方根（藉由呼叫 sqrt），然後印出結果。sqrt 函式有一個前置條件，而且這個參數不能是負數。如果使用者在 console 中輸入一個負數，呼叫端程式碼要確保這個負數不會傳給 sqrt，它有幾種選項：它可以中斷程式、它可以發出警告並讀取另一個數字，或者它可以使這個數字轉為正數，並將 sqrt 回傳的結果中加上一個 i。無論如何，這絕對不是 sqrt 要處理的事情。

sqrt 函式的前置條件中表達了平方根函式的可接受的值域，您將正確性的負擔轉移到呼叫程式，也就是這個負擔該在的地方。然後，您就可以放心的設計 sqrt 函式，因為它拿到的輸入將在範圍內。

藉由在問題發生處產生早期崩潰，可以更容易找到並診斷問題。

語意不變量

您可以使用語意不變量（*semantic invariant*）來表達不可違背的需求，這是一種「哲學合約」（philosophical contract）。

我們以前曾經寫過一個提款卡交易切換程式。這個程式的其中一個主要的要求是，提款卡的使用者不應該將同一筆交易重複套用到他們的帳戶兩次。換句話說，不管發生哪種類型的故障模式，錯誤都應該導致交易不執行，而不是重複處理交易。

這個簡單的法則，直接從需求出發，已被證明對整理複雜的錯誤恢復場景非常有幫助，並引領了許多功能的詳細設計和實作。

確保不要將固定的、不可違反的需求與那些僅僅是可能隨著新的管理制度而改變的政策相混淆。這就是為什麼我們要使用術語語意（*semantic*）不變量的原因，它必須是一個東西的重要意義，而且不會受政策的影響（這種更像是動態的業務規則）。

當您發現一個符合這種條件的需求時，請確保它清楚地列示在任何您產出的文件中，這個條件必須是眾所周知的，不管它是被列在一份需要簽署的正式需求文件的專案需求清單上，還是每個人都能看到的公共白板上的一個大註記。盡量把這種需求說得清楚明白。例如，在提款卡的例子中，我們可以這樣寫

> 要為消費者著想。

這是一個清晰、簡約、明確的述句，適用於系統的許多不同領域。它是我們與系統所有使用者的合約，是我們行為的保證。

動態合約和代理

到目前為止，我們一直將合約視為固定的、不可變的規範。但在自治代理（autonomous agent）的情況下，情況卻不一定如此。如「自治」的定義一樣，代理可以自由地拒絕他們不想執行的請求。他們可以自由地重新協商合約——「我不能提供那個，但如果您給我這個，我可能會提供其他東西。」

當然，任何依賴於代理技術的系統都對合約有著嚴重的依賴——即使它們是動態生成的也一樣。

請想像一下：如果有足夠多的元件和代理能夠協商它們之間的合約來實現一個目標，那麼我們就可以透過讓軟體為我們解決軟體生產力危機。

但是如果我們不能手動使用合約，就代表我們無法自動化地使用它們。所以下次您設計一個軟體的時候，也要一併設計它的合約。

相關章節包括

- 主題 24，死程式不說謊，第 130 頁
- 主題 25，*assertion* 式程式設計，第 133 頁
- 主題 38，靠巧合寫程式，第 232 頁
- 主題 42，以屬性為基礎的測試，第 264 頁
- 主題 43，待在安全的地方，第 272 頁
- 主題 45，需求坑，第 288 頁

挑戰題

- 思考要點：如果合約式設計如此強大，為什麼它沒有得到更廣泛的應用？是因為制訂合約很難嗎？是因為它會讓您思考那些您現在寧願忽略的問題嗎？是因為它會強迫您「思考！」嗎？顯然，這是一個危險的工具！

練習題

練習 14（答案在第 351 頁）

請為廚房攪拌機設計一個介面。它最終將是一個基於 web 的、支援 IoT 的攪拌機，但是現在我們只需要有一個介面來控制它。它有 10 段速度設定（0 表示關閉）。您不能讓它空機運轉，而且一次只能改變一個單位的速度（也就是說，從 0 到 1、從 1 到 2，不能從 0 到 2）。

以下是介面的方法。請為它添加適當的前置條件、後置條件和不變式。

```
int getSpeed()
void setSpeed(int x)
boolean isFull()
void fill()
void empty()
```

練習 15（答案在第 352 頁）

請問數列 0、5、10、15、…、100 有多少個數字？

24 死程式不說謊

您有沒有注意到，有時候在您自己意識到問題之前，別人就已經察覺到您的問題了？這和其他人的程式碼是一樣的。如果我們的某個程式開始出現問題，有時是函式庫或 framework 函式先發現問題。可能我們傳入了一個 nil 值，或者一個空 list，也許 hash 中缺少一個鍵，或者我們原認為某一個值是位於 hash 中，但它實際是在一個 list 中，或我們可能沒有抓到一個網路錯誤或檔案系統錯誤，或我們得到了空的或損壞的資料，又或是幾百萬條指令之前存在一個邏輯錯誤，該錯誤是 case 述句想要的值不再是 1、2 或 3，所以我們將意外地跑到 default case 執行。這也是為什麼每個 case/switch 述句都需要有一個預設子句的原因之一：我們想知道什麼時候「不可能」發生了。

人們很容易陷入「不可能發生」的心態。我們大多數人撰寫的程式碼都沒有檢查檔案是否成功關閉，或者 trace 述句是否按預期撰寫。在所有條件相同的情況下，在任何正常情況下我們可能不需要去討論的那一段程式碼都不會失敗。但我們要依循防禦性程式設計原則，所以我們需確認資料要如同我們所想的那樣，要確認已發佈的程式碼就是我們認為的程式碼。我們要檢查相依項目是否載入正確的版本。

所有的錯誤都會提供您一些資訊。當然您可以說服自己錯誤不會發生，並選擇忽略它。相反地，務實的程式設計師則會告訴自己，如果出現錯誤，就會發生非常非常糟糕的事情，而且不要忘記閱讀該死的錯誤資訊（參見身處陌生之地的程式設計師，第 107 頁）。

捕撈和釋放都是為了魚

一些開發人員認為捕捉並拯救所有例外，在撰寫某種訊息後重新拋出例外是一種很好的方式。他們的程式碼中充滿了如下面這樣的事情（用一個 raise 述句重新拋出當前的例外）：

```
try do
    add_score_to_board(score);
rescue InvalidScore
    Logger.error("Can't add invalid score. Exiting");
    raise
rescue BoardServerDown
    Logger.error("Can't add score: board is down. Exiting");
    raise
rescue StaleTransaction
    Logger.error("Can't add score: stale transaction. Exiting");
    raise
end
```

但務實的程式設計師會這樣寫：

```
add_score_to_board(score);
```

我們偏好這樣寫有兩個原因。首先，應用程式程式碼不會因為錯誤處理而黯然失色。其次，也許更重要的是，程式碼的耦合性更低。在上面比較囉嗦的那個範例中，我們必須列出 `add_score_to_board` 方法可能引發的每個例外。如果該方法的撰寫者新加了另一個例外時，那麼我們的程式碼就會馬上過時。在更務實的第二個版本中，新的例外則會自動傳播。

提示 38　　早期崩潰

崩潰，不拖泥帶水

一個您儘快檢測到問題的好處之一是可以更早地崩潰，而崩潰通常是您能做的最好的事情。其他的方案可能會繼續執行程式，將損壞的資料寫到一些重要的資料庫，或命令洗衣機進入第二十次脫水。

Erlang 和 Elixir 語言擁抱這種哲學。Erlang 的發明者和 *Programming Erlang: Software for a Concurrent World [Arm07]* 的作者 Joe Armstrong 的一句話經常被引用：「防禦性程式設計是浪費時間，直接讓它崩潰！」在這些環境中，程式被設計成會失敗的，但是失敗是由管理器（*supervisor*）管理的。管理器負責執行程式碼，並知道在程式碼失敗時該做什麼，這可能包括在程式碼失敗後進行清理、重新開機等等。當管理器本身失敗時會發生什麼呢？它自己的管理器會管理這個事件，形成一個由管理器樹組成的設計。該技術非常有效率，有助於這些語言在高可用性、容錯系統中的使用。

在其他環境中，直接退出正在執行的程式可能是不合適的舉動，因為您可能已經要求使用未被釋放的資源，或者您可能需要撰寫 log 訊息、整理一筆正在進行的交易，或與其他程序互動。

但是，基本原理是一樣的——當程式碼發現本來不可能發生的事情發生了，程式就不再可行了。從這一點開始，它所做的任何事情都是可疑的，所以要儘快終止它。

通常一個死的程式造成的損害，比一個半殘廢的程式要小得多。

相關章節包括

25 assertion 式程式設計

自我責備是一種奢侈。當我們責備自己時，我們覺得沒有人有權利責備我們。

> *Oscar Wilde, The Picture of Dorian Gray*

似乎每個程式設計師在他或她的職業生涯早期都必須記住一個咒語。它是電腦運算的基本原則，是我們學習應用於需求、設計、程式碼、註解以及我們所做的任何事情的核心信念。這句話是

這不會發生…

「這個應用程式永遠不會在國外使用，所以為什麼要國際化呢？」
「計數不會是負數。」
「寫 log 不會失敗。」

請不要做這種自我欺騙，尤其是在撰寫程式碼的時候。

| 提示 39 | 請使用 assertion 避免不可能發生的事 |

每當您發現自己在想「當然這是不可能發生的」時，請加入程式碼來檢查它。最簡單的方法是使用 assertion。在許多語言實作中，您會看到它們使用一種檢查布林條件的 assert 形式[註2]。這些檢查是無價的，如果一個參數或結果永遠不應該為 null，就該讓它現形：

```
assert (result != null);
```

在 Java 實作中，您可以（並且應該）添加一個描述性字串：

```
assert result != null && result.size() > 0 : "Empty result from XYZ";
```

對演算法操作來說，assertion 也當作一種實用的檢查。假設您已經撰寫了一個聰明的排序演算法，名為 my_sort，以下程式碼用 assertion 檢查它的工作成果：

```
books = my_sort(find("scifi"))
assert(is_sorted?(books))
```

不要使用 assertion 來代替真正的錯誤處理。只用 assertion 檢查不應該發生的事情：建議您不要撰寫如下程式碼：

```
puts("Enter 'Y' or 'N': ")
ans = gets[0]    # 抓取第一個回應字元
assert((ch == 'Y') || (ch == 'N'))    # 這樣寫非常糟糕！
```

大多數 assert 函式實作在 assertion 失敗時都會直接終止執行中的程序，但不代表您撰寫的版本也應該如此。如果您需要釋放資源，請捕捉 assertion 的例外或捕捉退出，並執行自己的錯誤處理函式。只要確保在死前的那幾毫秒中，執行的程式碼不會依賴於最初觸發 assertion 失敗的資訊即可。

註 2　在 C 和 C++ 中，這些通常以巨集（marco）實作。在 Java 中，assertion 預設是被關閉的，您需要帶著 -enableassertions 旗標啟動 Java VM，才能啟動 assertion，並保持一直開啟的狀態。

assertion 和副作用

當我們為檢測錯誤而添加的程式碼，導致另一個新的錯誤時，還蠻令人尷尬的。如果在 assertion 執行評估條件帶有副作用時，這可能就會發生。舉例來說，撰寫諸如下面此類的程式碼是一個糟糕的主意：

```
while (iter.hasMoreElements()) {
  assert(iter.nextElement() != null);
  Object obj = iter.nextElement();
  // ....
}
```

assertion 中的 .nextElement() 呼叫，帶有一個副作用是將迭代器移動到發生問題的下一個元素，因此該迴圈只處理集合中一半的元素。最好改為這樣寫：

```
while (iter.hasMoreElements()) {
  Object obj = iter.nextElement();
  assert(obj != null);
  // ....
}
```

這個問題是一個海森堡（Heisenbug）問題[3]，即除錯本身改變了被除錯系統的行為。

（我們還認為，如今，當大多數語言都支援集合迭代功能時，撰寫這種迴圈是不必要又糟糕的一件事。）

保持 assertion 功能開啟

對於 assertion 有一個常見的誤解。大概是這樣的：

> *assertion 給程式碼增加了一些負擔，因為它們的目的是去檢查一些不應該會發生的事情，只有在程式碼發生 bug 時才會觸發。一旦程式碼通過測試，也順利發佈出去，就不再需要它們了，所以應該關閉它們以使程式碼執行得更快。assertion 只是一種除錯工具。*

註 3　*http://www.eps.mcgill.ca/jargon/jargon.html#heisenbug*

這一段描述中有兩個明顯錯誤的假設。首先,他們假設測試可以發現所有的 bug。實際上,對於任何複雜的程式來說,您無法完整測試您程式碼將會遇到的所有情況。其次,樂觀主義者總是會忘記自己的程式是在一個危險的世界中執行的。在測試期間,老鼠不會咬穿通訊電纜,玩遊戲的人也不會耗盡記憶體,log 檔案也不會塞滿硬碟分割。當您的程式在實際環境中執行時,卻可能會發生這些事情。所以,您的第一道防線是自行找出任何可能的錯誤,第二道防線是使用 assertion 來嘗試找出您未能找到的錯誤。

若是您在程式發佈到實際環境時關閉 assertion,就像在沒有保護網的情況下走鋼索,只因為您曾經在練習時成功走完,雖然練習擁有巨大的價值,但很難保障您的生命安全。

即使您真的有效能上的考量,也請您只關閉那些真正會影響您的 assertion。上面的排序範例可能是應用程式的關鍵區段,並且可能需要執行得很快。加入檢查代表再次瀏覽過資料一輪,這可能是不可接受的。請將那個特定的檢查設定為可選的,但保留其餘的檢查。

量產環境中使用 assertion,幫您賺大錢

本書作者 Andy 的前鄰居帶領著一家小型的網路設備新創公司。他們成功的祕訣之一是決定在量產版本中保留 assertion。這些 assertion 經過精心設計,可以報告導致失敗的所有相關資料,並透過美觀的 UI 呈現給最終使用者。在實際情況中來自真實使用者的這種層級的問題回饋,讓開發人員能防堵漏洞並修復這些模糊的、難以複製的 bug,獲得非常穩定、堅實的軟體。

因為這個不知名的小公司有一個如此可靠的產品,後來它很快就被以數億美元的價格收購了。

練習 16（答案在第 352 頁）

我們來做一個快速的可信度檢查。以下哪些「不可能」的事情其實是會發生的？

- 存在少於 28 天的月份

- 出現一個由系統呼叫產生的錯誤代碼：表示無法存取目前的目錄

- 在 C++ 中：a = 2；b = 3；但是 (a + b) 不等於 5

- 內角和 ≠ 180° 的三角形

- 短於 60 秒的一分鐘

- (a + 1) <= a

相關章節包括

- 主題 23，合約式設計，第 120 頁

- 主題 24，死程式不說謊，第 130 頁

- 主題 42，以屬性為基礎的測試，第 264 頁

- 主題 43，待在安全的地方，第 281 頁

---

26 如何平衡資源

點燃一根蠟燭，就會造出一個黑影…

> ➤ *Ursula K. Le Guin, A Wizard of Earthsea*

當撰寫程式碼時，我們都要管理資源：記憶體、交易、執行緒、網路連接、檔案、計時器，所有的東西都是有限的資源。大多數情況下，資源的使用都遵循一個可預測的模式：先取得資源、使用它、然後釋放它。

然而，許多開發人員對於資源的取得和釋放沒有一致的計畫。所以讓我們提出一個簡單的建議：

| 提示 40 | 由取得資源的人負責釋放資源 |

這個提示在大多數情況下都很容易應用。它的意思只是取得資源的函式或物件應該負責釋放資源。讓我們透過一個不好的程式碼範例來看看要如何套用這個提示，以下是一段 Ruby 程式，它將會打開一個檔案，從檔案中讀取客戶資訊，更新一個欄位，然後將結果寫回檔案。我們已把錯誤處理先行去除，使例子更清楚：

```ruby
def read_customer
  @customer_file = File.open(@name + ".rec", "r+")
  @balance       = BigDecimal(@customer_file.gets)
end

def write_customer
  @customer_file.rewind
  @customer_file.puts @balance.to_s
  @customer_file.close
end

def update_customer(transaction_amount)
  read_customer
  @balance = @balance.add(transaction_amount,2)
  write_customer
end
```

乍一看，update_customer 函式做的事情似乎是合理的，它實作了我們想要的程式邏輯，也就是讀取一條紀錄，更新餘額，然後將紀錄寫回檔案。然而，這個整潔的程式碼卻掩蓋了一個主要問題。read_customer 和 write_customer 函式是緊密耦合的[註4]，它們共用一個實例變數 customer_file。read_customer 打開檔案並將檔案參照儲存在 customer_file 中，然後在結束前 write_customer 使用儲存的檔案參照關閉檔案。這個共用變數甚至沒有出現在 update_customer 函式中。

註4　關於更多討論緊密耦合程式碼的風險，請見主題 28，**去耦合**，第 150 頁。

為什麼這很糟糕？假設我們有一些不幸的維護程式設計師，他們被告知規格被修改了，改成只有在新值不為負時才能更新餘額，所以他們進入原始程式碼中並修改 update_customer：

```
def update_customer(transaction_amount)
  read_customer
  if (transaction_amount >= 0.00)
    @balance = @balance.add(transaction_amount,2)
    write_customer
  end
end
```

在測試期間一切看起來都很好。然而，當程式碼進入量產環境時，它會在幾個小時後崩潰，錯誤訊息抱怨著打開的檔案太多。事實證明，write_customer 在某些情況下不會被呼叫。當這種情況發生時，檔案不會被關閉。

一個非常糟糕的解決方案是在 update_customer 中，進行特殊情況處理。

```
def update_customer(transaction_amount)
  read_customer
  if (transaction_amount >= 0.00)
    @balance += BigDecimal(transaction_amount, 2)
    write_customer
  else
    @customer_file.close # 壞主意！
  end
end
```

雖然改成這樣可以修復問題，不管新的餘額值是多少，檔案現在都將會被關閉，但現在的修復造成有三個函式將因為共用變數 customer_file 耦合，而且檔案何時打開或不打開將開始變得混亂。我們現在正在掉入一個陷阱，如果我們繼續走這條路，情況將開始迅速惡化。這是一種不平衡的程式碼！

由取得資源的人負責釋放資源的提示告訴我們，理論上，取得資源的函式也應該負責釋放資源。藉由重構程式碼，我們可以將這個提示套用上去：

```
def read_customer(file)
  @balance=BigDecimal(file.gets)
end

def write_customer(file)
```

```
      file.rewind
      file.puts @balance.to_s
  end

  def update_customer(transaction_amount)
      file=File.open(@name + ".rec", "r+")        # >--
      read_customer(file)                         #     |
      @balance = @balance.add(transaction_amount,2) #   |
      file.close                                  # <--
  end
```

我們沒有保留檔案參照，而是修改了程式碼，將其作為參數傳遞[註5]。現在，檔案的所有動作都歸 update_customer 函式負責，它打開檔案並在回傳之前關閉它。這個函式讓檔案的使用平衡了：打開和關閉在同一個函式中，很明顯地，每打開一個檔案，就會有一個相應的關閉。這次重構還讓我們得以刪除醜陋的共用變數。

我們還可以做另一個小而重要的改進。在許多現代語言中，您可以將資源的生命週期限定為某種一個封閉的程式碼區塊。在 Ruby 中，有一個檔案 open 的變體，它將打開的檔案參照傳遞給一個程式碼區塊，如下範例 do 和 end 中間的程式碼：

```
  def update_customer(transaction_amount)
      File.open(@name + ".rec", "r+") do |file|     # >--
          read_customer(file)                       #     |
          @balance = @balance.add(transaction_amount,2) #  |
          write_customer(file)                      #     |
      end                                           # <--
  end
```

在本範例中，在程式碼區塊的尾端，在 file 變數超出 scope 時，外部檔案被關閉。結束。您不需要記得關閉檔案釋放資源，因為它一定會發生。

當有疑問時，縮小範圍總是有好處的。

提示 41   在小區域進行動作

註5   這個提示在第 179 頁。

巢式取得資源

對於這種取得資源的基本模式，可以擴展成一次取得多個資源的型式。只要再另外注意兩件事即可：

- 釋放資源的順序與您取得資源的順序相反。這樣，在一個資源包含對另一個資源的參照的情況下，就不會產生資源孤兒。

- 當在程式碼的不同位置取得同一組資源時，請始終以相同的順序取得它們。這將減少鎖死的可能性（如果程序 A 要求 resource1 並準備釋放 resource2，而程序 B 要求 resource2 並試圖釋放 resource1，那麼這兩個程序將永遠處於等待的情況）。

不管我們使用什麼類型的資源，例如：交易、網路連接、記憶體、檔案、執行緒、視窗，都適用這個基本模式：取得資源的人應該負責釋放它。然而，在一些語言中，我們可以進一步發揚這個概念。

時間推移下的平衡問題

在這個主題中，我們主要看的是您正在執行的程序中，短暫性資源的使用。但您可能要考慮一下還有哪些爛攤子沒有被考慮到。

例如，您的 log 檔案是如何處理的？您正在建立資料並耗盡儲存空間，有沒有循環使用 log 或清除 log 的動作？您要刪除的非正式的除錯檔案呢？如果要在資料庫中添加 log 紀錄，是否有類似的程序來廢止它們呢？任何會用完有限資源的東西，都請您思考如何平衡它。

還有沒有漏掉什麼呢？

物件和例外

取得和釋放資源的平衡問題，讓人想起物件導向類別的建構函式和解構函式。類別代表資源，建構函式讓您取得該資源類別的物件，而解構函式將其從您的 scope 中刪除。

如果您使用物件導向的語言進行程式設計，您可能會發現將資源封裝到類別中非常實用。每次需要特定的資源類型時，都要實體化該類別的物件。當物件超出範圍或被垃圾回收器回收時，物件的解構函式將釋放在裡面的資源。

當您所使用的語言中的例外可能干擾資源釋放時，這種方法更是特別好用。

平衡和例外

支援例外的語言會使資源釋放變得棘手。如果拋出例外，如何保證在例外之前已取得的所有內容都已清理乾淨？在一定程度上這個答案要取決於語言支援。您通常有兩個選擇：

1. 利用變數 scope（例如，C++ 或 Rust 中的堆疊變數）

2. 在 try…catch 區塊中使用 finally 子句

使用的語言若具備 scope 的概念，如 C++ 或 Rust 等語言，當回傳、退出程式碼區塊或例外發生時，變數將會超過 scope，所以記憶體將被回收。但是您也可以 hook 這個變數的解構函式來清除任何外部資源。在下面的範例中，名為 accounts 的 Rust 變數將在超出 scope 時自動關閉相關檔案：

```
{
  let mut accounts = File::open("mydata.txt")?; // >--
  // 使用 'accounts'                            //    |
  …                                            //    |
}                                              // <--
// 現在 'accounts' 已超出 scope，所以檔案會自動地被關閉
```

另一個選項（如果語言有支援的話）是 finally 子句。一個 finally 子句將確保指定的程式碼將執行，不管在 try...catch 區塊中是否引發例外：

```
try
   // 做些有疑慮的事
catch
   // 例外被產生時做這裡
finally
   // 不管有沒有例外產生都會做
```

不過這裡仍存在一個陷阱。

一個例外處理的反例

我們經常看到人們這樣寫：

```
begin
    thing = allocate_resource()
    process(thing)
finally
    deallocate(thing)
end
```

您知道哪裡有問題嗎？

如果資源取得失敗並引發例外，會發生什麼事呢？finally 子句將捕捉到例外，並嘗試釋放從未取得過的東西。

在有例外的環境中處理資源釋放的正確模式是

```
thing = allocate_resource()
begin
    process(thing)
finally
    deallocate(thing)
end
```

當您不能平衡資源時

有時，基本的資源取得與釋放模式並不合用，通常在使用動態資料結構的程式中會出現這種情況。比方說一個函式取得一塊記憶體區域並將它連結到某個更大的結構中，它可能會在那裡停留一段時間。

此時要用的技巧是為記憶體分配建立一個語意不變量。您需要確定誰要為該資料結構中的資料負責。以及當您釋放頂級結構時會發生什麼？您有三個主要的選擇：

- 頂層結構也負責釋放它所包含的任何子結構，這些結構遞迴地刪除它們包含的資料等資源。

- 直接釋放頂級結構，它所指向的任何結構（在其他地方也沒有參照）都是孤兒。

- 如果包含任何子結構，則頂級結構拒絕釋放自己。

請依每個獨立資料結構的情況進行選擇。但是，您需要明確的選擇一種，並始終如一地執行您的決策。在 C 之類的程序型語言中實作這些選項可能會出現問題：因為資料結構本身不能執行動作。在這種情況下，我們傾向於為每個主要結構撰寫一個模組，為該結構提供標準的取得和釋放流程（此模組還可以提供除錯列印、序列化、反序列化和遍歷 hook 等功能）。

檢查平衡

因為務實的程式設計師不相信任何人，包括自己，所以我們認為撰寫實際會去檢查資源是否被適當釋放的程式碼是一個好主意。對於大多數應用程式來說，這通常代表著為每種類型的資源生成包裝器，並使用這些包裝器追蹤所有取得和釋放。在程式碼中的某些地方，程式邏輯將指示資源處於某種狀態：您可使用包裝器來檢查這一點。例如，長時間回應服務請求的程式可能在其主處理迴圈的頂部有一個點，程式會在此點等待下一個請求的到來。這是確保自最後一次執行迴圈以來資源使用沒有增加的好地方。

技術層級較低但同樣有用的方法，是您可以投資一些工具來檢查正在執行的程式是否存在記憶體洩漏。

相關章節包括

- 主題 24，死程式不說謊，第 130 頁

- 主題 30，轉換式程式設計，第 171 頁

- 主題 33，打破時間耦合，第 201 頁

挑戰題

- 儘管不能保證您總是能成功釋放資源，但如果能始終如一地套用某些設計技巧，將會有所幫助。在本節中，我們討論了如何為主要資料建立語意不變量來規範記憶體取得決策。也請一併參見第 120 頁的主題 23，合約式設計，，有助於完善這個想法。

練習 17（答案在第 352 頁）

一些 C 和 C++ 開發人員在釋放一個指標所參照的記憶體之後，會將該指標設定為 Null。請說明為什麼這是一個好主意呢？

練習 18（答案在第 353 頁）

一些 Java 開發人員會在使用完物件之後將物件變數設定為 Null。為什麼這是一個好主意？

---

27 不要跑得比您得車頭燈還快

> 要做出預測是很困難的，尤其是對未來的預測。
>
> ➤ *Lawrence "Yogi" Berra, after a Danish Proverb*

夜深了，天很黑，下著傾盆大雨。一台汽車在彎彎曲曲的小山路上急轉彎，幾乎停不下來。突然出現了一個髮夾彎，汽車失控撞上稀疏的護欄，掉下山谷引發一場大火。州警趕到現場，該名資深警官悲傷地搖了搖頭說：「肯定跑得比他們的車頭燈還快」。

難道超速行駛的汽車跑得比光速還快？不，光速是最快的。這名警官的意思是指，司機在車頭燈照射範圍內有及時停車或控制方向的能力。

車頭燈有一定的限制投射範圍，稱為投射距離。過了這一點，光的擴散就太分散，效果就不好了。此外，車頭燈只投射在一條直線上，不會照亮任何偏離該直線的東西，比如曲線、山丘或道路上的斜坡。據美國國家公路交通安全管理局（National Highway Traffic Safety Administration）稱，低光束車頭燈照射的平均距離約為 160 英尺。不幸的是，時速每小時 40 英里的停車距離是 189 英尺，時速每小時 70 英里的停車距離是 464 英尺[註6]。所以事實上，您很容易就跑得比車頭燈快。

在軟體發展中，我們的「車頭燈」能照亮的範圍同樣是有限的。我們無法看到遙遠的未來，離照射軸線越遠，就越黑暗。所以務實的程式設計師有一個堅定的原則：

提示 42	每次總是只走一小步

請永遠都走著小步小步、深思熟慮的步伐，在繼續下去之前檢查回饋和調整。請將回饋的速度當作是您的速限。永遠不要採取「太大」的步驟或任務。

回饋到底是什麼意思？它是任何能獨立證實或否定您行為的事情。例如：

■ REPL 中的結果是一種您對 API 和演算法的理解的回饋

■ 單元測試是一種最後一次程式碼修改的回饋

■ 使用者 demo 和對話是一種關於功能和可用性的回饋

怎麼樣的任務算是太大的任務？任何需要「算命」的任務都算。「就像汽車頭燈的投射有限一樣，我們只能看到未來的一兩步，也許最多幾個小時或幾天。超過這個範圍的部分，您可以很快地從有根據的猜測進入到胡亂的猜測。當您發現自己不得不做以下的事情時，就進入了算命的範圍了：

註6　據美國國家公路交通安全管理局資料，停止距離 = 反應距離 + 剎車距離，假設平均反應時間為 1.5 秒，減速度為 17.02 ft/s²。

- 估計幾個月後的完成日期

- 為未來的維護或可擴充性進行規劃

- 猜測使用者未來的需求

- 猜測未來的技術可用性

但是，我們聽到您的哀嚎了，我們不是應該為以後的維護預先做設計嗎？是的，但重點只有一個：只為您能看見的未來做設計。您越是需要預測未來，就越有可能犯錯。與其浪費精力為不確定的未來進行設計，還不如將程式碼設計成很容易替換。讓您容易扔掉程式碼，改用更合適的程式碼取代。使程式碼變得可替換還有助於提高內聚性、耦合性和 DRY，從而實現更好的總體設計。

即使您對未來充滿信心，但總有機會遇到黑天鵝的襲擊。

黑天鵝

Nassim Nicholas Taleb 在他的書《黑天鵝效應》（*The Black Swan: The Impact of the Highly Improbable [Tal10]*）中提出，歷史上所有重大事件都來自高受注目的、難以預測的、罕見的、超出正常預期的事件引發。這些例外值雖然在統計上很少見，但卻造成不成比例的影響。此外，我們自己的認知偏見往往使我們對悄悄出現在我們工作周邊的變化視而不見（參見石頭湯與煮青蛙）。

大約在第一版 *The Pragmatic Programmer* 出版的時候，當時在電腦雜誌和線上論壇上，人們圍繞著一個問題展開了激烈的辯論：「誰將贏得桌面 GUI 戰爭，Motif 還是 OpenLook ？[註7]」這根本不該是一個問題，您可能從來沒有聽說過這些技術，因為最後的「贏家」不是它們其中之一，而以瀏覽器為中心的 web 很快就佔據了主導地位。

註 7　Motif 和 OpenLook 都是以 X-Windows 為基礎的 Unix 工作站的 GUI 標準。

提示 43	避免猜測未來

很多時候，您會覺得明天的情況大概和今天差不多，但千萬不要這麼想。

相關章節包括

- 主題 12，曳光彈，第 58 頁

- 主題 13，原型和便利貼，第 64 頁

- 主題 40，重構，第 247 頁

- 主題 41，測試對程式碼的意義，第 252 頁

- 主題 48，敏捷的本質，第 306 頁

- 主題 50，不要切開椰子，第 319 頁

Chapter 5

彎曲或弄壞

生活不會一成不變，我們寫的程式碼也不會一成不變。為了跟上當今近乎瘋狂的變化速度，我們需要盡一切努力撰寫盡可能寬鬆、靈活的程式碼。否則，可能會發現我們的程式碼很快就會過時，或者太脆弱而無法修復，最終可能會在瘋狂奔向未來的過程中被海放在後面。

在前面的可逆性小節中，我們討論了不可逆決策的風險。在本章中，我們將告訴您如何做出可逆的決策，這樣您的程式碼在面對一個不確定的世界時，可以保持靈活性和適應性。

我們最先要看的是耦合（coupling）概念，即程式碼之間的依賴關係。在去耦合（decoupling）小節中展示如何將不同的概念分開，減少耦合。

接下來，我們將討論在行走江湖時可以使用的不同技術。我們將研究四種不同的策略來幫助管理和回應事件，這也是現代軟體應用程式的一個關鍵領域。

傳統的程序性程式碼和物件導向程式碼可能耦合地過於緊密，不適合您想達成的目的。在轉換式程式設計小節中，我們將利用函式管道（pipeline）做出更靈活、更清晰的程式風格，即使您的語言不直接支援函式管道也不成問題。

常見的物件導向風格可能會使您陷入另一個陷阱。請不要陷入那個陷阱，否則您最終會支付一大筆代價（繼承稅）。我們將探索更好的替代方法來保持程式碼的靈活性和更容易修改。

當然,保持靈活性的一個好方法是撰寫更少的程式碼。任何的程式碼修改都可能會引入新的 bug。設定小節將說明如何將細節完全移出程式碼,在那裡可以更安全、更容易地修改它們。

所有這些技術都將幫助您撰寫可彎曲且不會被弄壞的程式碼。

28 去耦合

當我們試著從自然中單獨移除某物時,我們才會知道它其實與宇宙中的萬物緊密地共生著。

> *John Muir, My First Summer in the Sierra*

在第 32 頁的主題 8。優秀設計的精髓中,我們聲稱使用好的設計原則將使您寫的程式碼容易修改。耦合是變化的敵人,因為它把同時要改變的事物連結在一起。這使得修改變得更加困難:您若不是會把時間花在追蹤所有需要修改的部分,就是會把時間花在思考為什麼當您「只修改一個東西」後,就讓一堆事情出了錯,而且出錯的東西還不是與之耦合的其他部分。

當您在設計一些堅固的東西時,比如一座橋或者一座塔,您需要把這些元件耦合在一起:

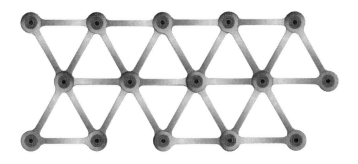

這些連結使結構更堅固。

請把它和這樣的東西比較一下：

上圖的堅固性沒有因結構加強：只要一個連結就可以改變結構，而其他會跟著改變。

在設計橋梁的時候，您想讓它們的形狀固定；您需要它們是堅固的。但是在設計一個未來想要改變的軟體時，要做的恰恰相反：您想要它是靈活的。為了更靈活，單個元件應該與盡可能少的其他元件耦合。

更糟糕的是，耦合是有遞移性的：如果 A 與 B 和 C 耦合，B 與 M 和 N 耦合，C 與 X 和 Y 耦合，那麼 A 實際上與 B、C、M、N、X 和 Y 耦合。

這代表著您應該遵循一個簡單的原則：

> **提示 44**　去耦合化的程式碼比較好改

考慮到我們不使用鋼梁和鉚釘來撰寫程式碼，那麼去耦合程式碼又代表著什麼意思呢？在本節中，我們將討論：

- 火車殘骸——方法呼叫鏈

- 全域化——靜態事物的危險性

- 繼承——為什麼子類別化是危險的

在某種程度上，這個清單有點假：因為只要兩個程式碼共用一些內容，就會發生耦合，所以當您閱讀下面的內容時，請注意其底層的模式，這樣您就可以將它們套用到您的程式碼。同時也請留意一些耦合關係的症狀：

- 不相關的模組或函式庫之間古怪的依賴關係。

- 只對一個模組進行的修改，結果該修改的影響透過系統中不相關的模組傳播，或破壞系統中的其他東西。

- 害怕修改程式碼的開發人員，因為他們不確定會受到什麼影響。

- 每個人都必須參加的會議，因為沒有人確定誰會受到變化的影響。

火車殘骸

我們都見過（也可能寫過）這樣的程式碼：

```
public void applyDiscount(customer, order_id, discount) {
  totals = customer
          .orders
          .find(order_id)
          .getTotals();
  totals.grandTotal = totals.grandTotal - discount;
  totals.discount   = discount;
}
```

我們從 customer 物件取得一些 order 的參照，使用它來查找特定的訂單，然後獲取訂單中的一些小計數字。

依這些小計數字，我們從訂單總計中減去折扣，並使用折扣更新總計。

從客戶到最後總額，這段程式碼跨越了五個抽象層次。最終，我們的頂級程式碼必須知道客戶物件有哪些訂單，訂單物件有一個可傳入訂單 id 並回傳訂單的 find 方法，而 order 物件中有一個 totals 物件，這個 totals 物件包含總計和折扣的取得和設定介面函式，裡面有很多隱含的知識。但糟糕的是，如果持續使用這段程式碼，則有很多部分在未來無法被改變。火車中的所有車廂都是耦合在一起的，就像出事時所有方法和屬性都牽連在一起一樣。

讓我們假設使用程式的該企業決定，任何訂單的折扣都不能超過 40%。我們應該把執行這條規則的程式碼放在哪裡？

您可能會說應該放在我們剛剛寫的 applyDiscount 函式裡。這當然是答案的一種，但是對現有的程式碼來說，您無法知道這是否為完整的答案。任何一段程式碼，在任何地方，都可以設定 totals 物件中的欄位，如果程式碼的維護者沒有得到提醒，他就不會依新決定檢查程式碼。

看待這個問題的另一個方法，是考慮責任歸屬。理所當然，totals 物件就應該負責管理小計。但事實並非如此：現況下它實際上只是一個容器，容納了一堆任何人都可以查詢和更新的欄位。

所以，我們稱要解決這個問題的修正方法是：

提示 45	直接命令，不要詢問

這個原則說的是，您不應該根據物件的內部狀態做出決策，然後才更新該物件。這樣做完全破壞了封裝的好處，並且在撰寫這種程式碼時，還會將該種實作的知識傳播到整個程式碼中。因此，我們為這起火車殘骸做的第一個修復是將折扣物件委派給加總物件：

```
public void applyDiscount(customer, order_id, discount) {
  customer
    .orders
    .find(order_id)
    .getTotals()
    .applyDiscount(discount);
}
```

customer 物件和它的 order，也犯了相同的直接命令，不要詢問（*tell-don't-ask*，TDA）問題：我們不應該獲取 customer 的 order 清單然後才進行搜尋。我們應該直接從 customer 那裡得到我們想要的訂單：

```
public void applyDiscount(customer, order_id, discount) {
  customer
    .findOrder(order_id)
    .getTotals()
    .applyDiscount(discount);
}
```

同樣的事情也適用於 order 物件及其 totals。外部世界跟本不需要知道訂單使用了一個單獨的物件來儲存其總額吧？

```
public void applyDiscount(customer, order_id, discount) {
  customer
    .findOrder(order_id)
    .applyDiscount(discount);
}
```

做到這樣就差不多了。

此時，您可能認為 TDA 最終會讓我們在 customer 中加入 applyDiscountToOrder (order_id) 方法。是的，如果照這個邏輯下去，的確會這樣。

但 TDA 不是一種自然法則；它只是幫助我們識別問題的一種模式。在本例中，我們很輕鬆地曝露了這樣一個事實，即客戶有訂單，並且我們可以請求 customer 物件來查找其中的一個訂單，這是一個符合現實的選擇。

在每個應用程式中都有一些通用的頂層概念。在這個範例應用程式中，這些概念包括客戶和訂單。所以，將訂單完全隱藏在客戶物件中是沒有意義的：它們有自己存在的價值。因此，我們在建立 API 時可以曝露 order 物件。

迪米特原則

人們經常討論耦合的相關話題時，經常會講到迪米特定律（*the Law of Demeter*，LoD）。迪米特定律是 Ian Holland 在 80 年代末寫的一套指導方針[1]，他建立這套指導方針是為了幫助迪米特專案的開發人員保持功能的簡潔和去耦合。

假設我們有一個類別 *C*，迪米特定律說的是在類別 *C* 中定義的方法只能呼叫：

- C 中其他實例方法

- 方法本身的參數

註 1　所以它其實不算是一個真的定律，它比較像是「迪米特的好點子」。

- 方法本身所建立的其他物件的方法，物件可在堆疊或 heap 中

- 全域變數

在這本書的第一版中，我們花了一些篇幅來描述迪米特定律。但在這中間的 20 年裡，這朵玫瑰的花苞已經凋謝了。我們現在不喜歡「全域變數」那一點（原因我們將在下一節討論）。我們還發現在實作中很難使用迪米特原則：這有點像在呼叫一個方法之前，必須先解析一篇法律文件一樣。

然而，這個原則仍然是合理的。不過我們推薦另一種更簡單的表達方式：

提示 46	不要串連呼叫方法

當您存取某個東西時，盡量不要使用超過一個「.」。存取某個東西還包括使用中繼變數的情況，如下面的程式碼所示：

```
# 這樣寫蠻糟糕的
amount = customer.orders.last().totals().amount;

# 這樣也是…
orders = customer.orders;
last   = orders.last();
totals = last.totals();
amount = totals.amount;
```

一個「.」原則有一個很大的例外：如果您連結到的東西真的、真的不太可能被改變，那麼就不需使用這個原則。在實務上，應用程式中的任何內容都應該被認為是可能會被修改的，協力廠商函式庫中的任何東西都應該被認為是易變的，特別是已知該函式庫的維護者在更新版本時會修改 API 更是如此。但是，該語言附帶的函式庫有可能非常地穩定，所以我們很樂意使用以下程式碼：

```
people
.sort_by {|person| person.age }
.first(10)
.map {| person | person.name }
```

當我們在 20 年前撰寫第一個版本時，Ruby 程式碼能正常工作，現在當我們進入老程式設計師的 home 目錄時（現在每天都在做這件事…），Ruby 程式碼仍能正常工作。

鏈結、管道

在第 171 頁的主題 30，轉換式程式設計小節中，我們將討論函式呼叫合成管道。這些管道會轉換資料，將資料從一個函式傳遞到下一個函式。這與討論方法呼叫的「火車殘骸」不同，因為使用管道時不會依賴隱藏的實作細節。

這並不是說管道就不會有一些耦合的情況：它們還是會有耦合。因為一個函式在管道中回傳的資料格式必須與下一個函式所接受的格式相容。

我們的經驗是，這種形式的耦合對修改程式碼的障礙遠遠小於火車殘骸那種形式帶來的障礙。

全域的罪惡

全域可存取的資料是應用程式元件之間耦合的潛在來源。每多一塊全域資料就好像應用程式中的每個方法都突然獲得了一個額外的參數：畢竟，全域資料是每個方法都可用的。

全域變數造成程式碼耦合的原因有很多。最明顯的是，修改要不要有某個全域變數的實作可能會影響系統中的所有程式碼。當然，在實務中這種影響是相當有限的；問題會產生於您是否能找到每一個需要改變的地方。

在分解您的程式碼時，全域資料也會產生耦合的問題。

關於程式碼重用的好處已經討論了很多。我們的經驗是，在建立程式碼時，重用可能不是主要考慮的問題，但是使程式碼可重用的思考應該是您撰寫程式碼的一種習慣。當您使程式碼可重用時，同時也是給了它乾淨的介面，將其與您的其他程式碼去耦合。這讓您取出一個方法或模組，而不會同時牽動其他任何東西。如果您的程式碼使用全域資料，則很難將其與其他資料分離。

當您為使用全域資料的程式碼撰寫單元測試時,您將看到這個問題。您將發現自己撰寫了一堆初始設定程式碼來建立一個全域環境,您的測試才能夠開始執行。

提示 47	避免全域資料

全域資料包括單例

在前面的小節中,我們很小心地用了全域資料(*global data*)這個名稱,而不是全域變數(*global variable*)。那是因為人們經常告訴我們「看!沒有全域變數,我把它包裝成單例物件(singleton object)或全域模組中的實例資料。」

別再這麼做了,滑頭!如果您所擁有的只是一個帶有許多能被匯出的實體變數的單例,那麼它還是只是全域資料,只是名字比較長而已。

然後繼續使用這個單例,並將所有資料隱藏在方法後面。他們現在會改為呼叫 `Config.log_level()` 或 `Config.getLogLevel()`,而不是撰寫一個 `Config.log_level`。這樣改完以後是有比較好,因為這代表著您的全域資料背後有一些巧思。如果您決定修改日誌層級的表示方式,您可以透過將 Config API 從新的映射到舊的來保持相容性。但是您仍然保持只會有一組設定資料。

全域資料包括外部資源

任何可變的外部資源都屬於全域資料。如果您的應用程式使用資料庫、資料儲存、檔案系統、服務 API 等等,那麼它就有落入全域陷阱的風險。同樣地,解決方案是確保始終將這些資源包裝在受您控制的程式碼之後。

提示 48	如果非得當成全域資料使用,請確保將它用 API 包裝起來

繼承增加耦合

誤用子類別化（一個類別繼承另一個類別的狀態和行為）這個主題非常重要，以致於我們要用專門的章節來討論它，參見在第 185 頁的主題 31，繼承稅。

再論改變

耦合程式碼很難修改：在一個地方的修改可能會對程式碼的其他地方產生間接影響，而且通常是在一個難以找到的地方，並在發佈到量產環境後一個月才會出現。

請讓您的程式碼保持害羞：只讓它處理它直接負責的事情，將有助於保持您的應用程式去耦合，這將使它們更易於修改。

相關章節包括

■ 我們在 2003 年的 Software Construction 文章除錯的藝術（*The Art of Enbugging*）中討論了直接命令，不要詢問（*Tell, Don't Ask*）[註2]。

29　行走江湖

事情不會憑空發生；需要大家努力後才會發生。

➤ *John F. Kennedy*

在以前，當本書作者們仍然年輕帥氣時，當時電腦不太先進，我們通常會根據當時電腦限制來設計與它們的互動模式。

今天，我們期望更多：電腦必須融入我們的世界，而不是我們要去配合電腦。我們的世界是混亂的：新事情不斷發生，東西不停變化，我們想法一直在改，⋯我們所寫的應用程式也必須知道要怎麼應對。

本節主要討論如何撰寫這些回應式的應用程式。

我們將從事件（*event*）的概念開始。

事件

一個事件表示有一份可用的資訊。它可能來自外部世界：比方使用者按一下按鈕，或者股票報價更新。它可能是來自內部：例如計算的結果已經準備好了，搜尋完成了。它甚至可以是簡單到像是取得 list 中的下一個元素這樣的事情。

不管來源是什麼，如果我們撰寫回應事件的應用程式，並根據這些事件調整它們的行為，那麼這些應用程式將在現實世界中工作得更好。它們的使用者會發現它們更具互動性，應用程式本身也能更好地利用資源。

註 2　*https://media.pragprog.com/articles/jan_03_enbug.pdf*

但是我們如何撰寫這類應用程式呢？如果沒有某種策略，我們很快就會發現自己很困惑，我們的應用程式將會只是一堆緊密耦合的程式碼。

讓我們來看看四種有幫助的策略。

1. 有限狀態機（Finite State Machine）

2. 觀察者模式（Observer Pattern）

3. 發佈／訂閱（Publish/Subscribe）

4. 回應式程式設計（Reactive Programming）和串流（Stream）

有限狀態機

本書作者 Dave 發現他幾乎每週都會使用到有限狀態機（FSM）撰寫程式碼。通常情況下，FSM 的實作只需要幾行程式碼，但是這幾行程式碼可以解決很多潛在的問題。

使用 FSM 非常簡單，但是許多開發人員卻對它們敬而遠之。似乎有這樣一種誤解：它們很難，或者它們只適用於使用硬體的情況，或者您需要使用一些難以理解的函式庫。以上這些都不是真的。

剖析實用的 FSM

狀態機基本上就只是處理事件的規範。它由一組狀態（state）組成，其中之一稱為目前狀態（*current state*）。對於每個狀態，我們列出對該狀態有意義的事件。對於每個事件發生時，我們會去重新定義系統的目前狀態。

例如，我們從一個 websocket 接收多節訊息。第一個訊息是訊息標頭。接下來是任意數量的資料訊息，然後是尾隨訊息。這可以表示為一個 FSM，就像這樣：

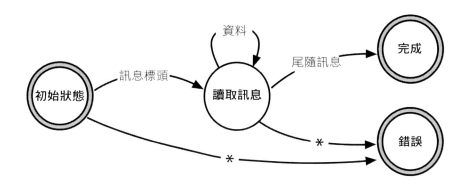

我們從「初始狀態」開始看。如果我們收到一個訊息標頭，那我們會轉換到「讀取訊息」狀態。如果我們在初始狀態接收到任何其他內容（標記星號的箭頭），我們就轉換到「錯誤」狀態，這樣就結束了。

當我們處於「讀取訊息」狀態時，我們可以接收資料訊息（在這種情況下，我們將繼續以相同的狀態讀取資料），也可以接受尾隨訊息（它將我們轉換到「完成」狀態）。其他任何操作都會導致轉換到錯誤狀態。

有限狀態機的妙處在於，我們可以將它們純粹地表示為資料。以下這個表，代表我們的訊息解析程式：

狀態	事件			
	標頭	資料	尾隨	其他
初始	讀取	錯誤	錯誤	錯誤
讀取	錯誤	讀取	完成	錯誤

表中的列表示各種狀態。若要查找事件發生時該做什麼，請查找目前狀態的列，對照表示事件的欄，對出的儲存格內容代表新的狀態。

用來處理這個表格的程式碼同樣簡單：

```
event/simple_fsm.rb
Line 1  TRANSITIONS = {
          initial: {header: :reading},
          reading: {data: :reading, trailer: :done},
        }

   5    state = :initial

        while state != :done && state != :error
          msg = get_next_message()
  10      state = TRANSITIONS[state][msg.msg_type] || :error
        end
```

實作狀態間轉換的程式碼在第 10 行。它使用目前狀態對轉換表格進行索引，然後使用訊息類型對該狀態的轉換進行索引。如果沒有匹配的新狀態，則將狀態設定為：錯誤。

加入動作

一個純粹的有限狀態機，就像我們剛才看到的，只用來解析事件串流。它唯一的輸出是最終狀態。我們可以在某些轉換發生時，加上觸發的操作來增強它的功能。

例如，我們可能需要提取原始檔案中的所有字串。字串是雙引號之間的文字，但是字串中的反斜線會使下一個字元的意義發生變化，所以 "Ignore \"quotes\"" 只代表一個字串。以下是一種有限狀態機的做法：

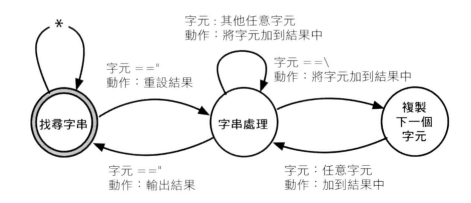

這一次，每個轉換都帶有兩個標籤。上面的是觸發它的事件，下面的是我們在狀態之間移動時要採取的行動。

我們把它表示成下面的表格，就像上一個例子一樣。但是，在這種情況下，表格中的每個項目都包含下一個狀態和動作名稱：

```ruby
event/strings_fsm.rb
TRANSITIONS = {

  # 目前狀態        新狀態          要進行的動作
  #-----------------------------------------------------

  look_for_string: {
    '"'     => [ :in_string,       :start_new_string ],
    :default => [ :look_for_string, :ignore ],
  },

  in_string: {
    '"'     => [ :look_for_string, :finish_current_string ],
    '\\'    => [ :copy_next_char,  :add_current_to_string ],
    :default => [ :in_string,       :add_current_to_string ],
  },

  copy_next_char: {
    :default => [ :in_string,       :add_current_to_string ],
  },
}
```

我們還加入了指定預設轉換的功能，如果事件與此狀態的任何其他轉換不匹配，就會執行預設轉換。

現在讓我們看看程式碼：

```ruby
event/strings_fsm.rb
state = :look_for_string
result = []

while ch = STDIN.getc
  state, action = TRANSITIONS[state][ch] || TRANSITIONS[state][:default]
  case action
  when :ignore
  when :start_new_string
    result = []
```

```
    when :add_current_to_string
      result << ch
    when :finish_current_string
      puts result.join
    end
  end
```

這個範例與前一個範例相似，在前一個範例中我們用迴圈遍歷事件（即輸入中的字元），觸發轉換。但是它比以前的程式碼做得更多。每個轉換的結果都是一個新的狀態和一個動作的名稱。在迴圈回到開頭之前，我們使用前一個動作的名稱來選擇要執行的程式碼。

這段程式碼非常簡單，但它能完成任務。還有許多其他變體：轉換表格中的動作還可以改為使用匿名函式或函式指標，您可以將實作狀態機的程式碼包裝在一個單獨的類別中，使用特定於該類別的狀態等等。

無庸置疑地，您必須處理所有狀態轉換。如果您正在做的是讓一個使用者在您的 app 上註冊的流程，在他們輸入註冊資訊時，可能會產生許多的狀態轉換，比方驗證他們的電子郵件，上架 app 必須提示的 107 個不同的法律警告等等。將狀態保存在外部儲存體中，並使用它來驅動狀態機，這是處理此類工作串流需求的好方法。

狀態機是一個開始

狀態機並未被開發人員充分利用，雖然我們鼓勵您尋找機會來應用它們，但它們並不能解決所有與事件相關的問題，所以下面我們會看一下其他處理事件的方法。

觀察者模式

在觀察者模式（*observer pattern*）中，我們有一個事件源頭，稱為可觀察物（*observable*）和一堆客戶端，而觀察者則是對這些事件感興趣的角色。

觀察者將其感興趣的事件向可觀察物註冊，註冊的方法通常是將要呼叫的函式
參照傳遞給可觀察物。隨後，當事件發生時，可觀察物迭代它的觀察者清單，
並呼叫每個觀察者傳來的函式。可觀察物會將事件當作為該呼叫的參數。

下面是一個用 Ruby 寫的簡單範例。Terminator 模組的功能是終止應用程式，
然而，在它進行終止之前，它會通知所有觀察者應用程式即將要退出[註3]。它
們可能會利用這個通知來清理臨時資源提交資料等等：

```
event/observer.rb
module Terminator
  CALLBACKS = []

  def self.register(callback)
    CALLBACKS << callback
  end

  def self.exit(exit_status)
    CALLBACKS.each { |callback| callback.(exit_status) }
    exit!(exit_status)
  end
end

Terminator.register(-> (status) { puts "callback 1 sees #{status}" })
Terminator.register(-> (status) { puts "callback 2 sees #{status}" })

Terminator.exit(99)
```

```
$ ruby event/observer.rb
callback 1 sees 99
callback 2 sees 99
```

建立一個可觀察物不需要太多的程式碼：您要做的只是將一個函式參照推入一
個 list，然後在事件發生時呼叫那些函式即可。當您不透過函式庫功能做這件
事時，上面的範例是一個很好的例子。

這種「觀察者 / 可觀察物」模式已經使用了幾十年，它幫我們做了許多好的服
務，特別是在使用者介面系統中特別受歡迎，其中的回呼（callback）用於通
知應用程式某些互動已經發生。

註 3　對，我們知道 Ruby 已經用 at_exit 函式來做到這件事了。

但是觀察者模式有一個問題：因為每個觀察者都必須與可觀察物進行註冊，所以它也引入了耦合。此外，由於在典型的實作中，回呼通常由可觀察物以「同步」方式進行處理，所以它也造成了效能上的瓶頸。

這可以透過下一個策略，發佈／訂閱來解決。

發佈／訂閱

發佈／訂閱（Publish/Subscribe，pubsub）將觀察者模式做了泛型化，同時解決了耦合和效能問題。

在發佈／訂閱模型中，我們有發佈者（*publisher*）和訂閱者（*subscriber*）兩種角色。這兩種角色透過通道（channel）連接，而通道是在獨立的程式碼中實作的：它可能是一個函式庫，可以是一個程序，也可以是分散式架構。對您的程式碼來說，所有這些實作細節都是隱藏的。

每個頻道都有一個名字。訂閱者會依感興趣的內容，註冊一個或多個具名通道，發行者則負責向具名通道寫入事件。與觀察者模式不同，發行者和訂閱者之間的通訊是在您程式碼之外處理的，並且可能是非同步的設計。

雖然您可以自己實作一個非常基本的發佈／訂閱系統，但您可能不想這麼做。大多數雲端服務提供者都提供公開訂閱服務，允許您連接世界各地的應用程式。每一種流行的語言都至少有一個發佈／訂閱函式庫。

對於非同步事件處理來說，發佈／訂閱是一種很好的去耦合技術。它允許應用程式在執行時加入和替換程式碼，而無需修改現有程式碼。缺點是，對一個頻繁使用發佈／訂閱的系統來說，很難看到其中發生了什麼：您無法藉由查看一個發行者，立即看出哪些訂閱者涉及到特定的訊息。

與觀察者模式相比，發佈／訂閱是一個透過共用介面（通道）進行抽象化來減少耦合的好例子。然而，它基本上仍然只是一個訊息傳遞系統，無法用來建立回應組合事件系統，所以讓我們看看如何為事件處理加入時間維度。

回應式程式設計、串流和事件

如果您曾經使用過試算表，那麼您應對回應式程式設計（*reactive programming*）感到熟悉。如果一個儲存格包含一個引用了第二個儲存格的公式，那麼更新第二個儲存格也會導致第一個儲存格更新。也就是，當一個值使用到的其他值發生變化時，該值會對變化進行回應。

有許多 framework 可以幫助實作這種資料層級的回應：例如在瀏覽器領域中，React 和 Vue.js 是當前的當紅炸子雞（但是，由於它們是 JavaScript，所以這些資訊在本書出版之前可能就過時了）。

很明顯地，事件也可以用於程式碼中觸發回應，但是要將它們組裝好並不一定很容易，這時就要依靠串流（*stream*）的功能了。

串流讓我們把事件視為一個資料集合來對待。這就好像我們有一個事件 list，當新事件到達時，list 會變長。它的美妙之處在於，我們可以像對待任何其他集合一樣對待串流：我們可以操作、合併、過濾和執行我們所熟知的所有其他類似資料的事情。我們甚至可以合併事件串流和一般的集合物件。串流可以是非同步，這代表著您的程式碼有機會在事件到達時，就馬上回應它們。

目前回應性事件處理的實際準則定義在網站 *http://reactivex.io* 上。它定義了一組與語言無關的原則，並記錄了一些常見的實作。在本書中，我們將使用適用於 JavaScript 的 RxJs 函式庫。

我們的第一個範例會取得兩個串流並將它們整併在一起：產出一個新串流，其中每個元素包含來自第一個輸入串流的一個項目，以及來自另一個輸入串流的一個項目。在本例中，第一個串流只是五個動物名稱的 list。第二個串流比較有趣：它是一個間隔計時器，每 500ms 生成一個事件。因為資料串流程會被整併在一起，所以只有在資料同時可用時才會生成結果，所以我們產出的串流每半秒發出一個值：

```
event/rx0/index.js
import * as Observable from 'rxjs'
import { logValues }   from "../rxcommon/logger.js"

let animals  = Observable.of("ant", "bee", "cat", "dog", "elk")
let ticker   = Observable.interval(500)

let combined = Observable.zip(animals, ticker)

combined.subscribe(next => logValues(JSON.stringify(next)))
```

這段程式碼使用了一個簡單的 log 函式[註4]，它將項目加入到瀏覽器視窗中的一個清單裡。從程式開始執行起算，每個清單中的項目都帶有時間戳記（以毫秒為單位）。下面是我們執行程式碼後的顯示結果：

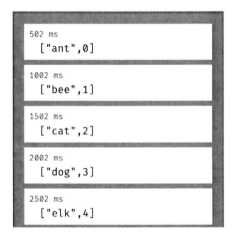

請注意顯示出來的時間戳記：我們每 500ms 從串流中獲取一個事件。每個事件包含一個序號（由 observable 物件的 interval 方法建立）和 list 中下一個動物的名字。您可以在瀏覽器中即時觀察到，日誌行每半秒出現一次。

通常在事件發生時進行填充事件串流，這也代表著可觀察物的填充動作具有平行執行的能力。下面是一個從遠端站台獲取使用者資訊的範例，在此範例中，我們將使用 *https://reqres.in*，它是一個提供開放 REST 介面的公共網站。我們

註 4　*https://media.pragprog.com/titles/tpp20/code/event/rxcommon/logger.js*

可以使用它提供的 API users/«id» 執行 GET 請求，以獲取特定（假）使用者的
資料。例如我們的範例程式碼會取得使用者 ID 為 3、2 和 1 的使用者資料：

```
event/rx1/index.js
import * as Observable from 'rxjs'
import { mergeMap }     from 'rxjs/operators'
import { ajax }         from 'rxjs/ajax'
import { logValues }    from "../rxcommon/logger.js"

let users = Observable.of(3, 2, 1)

let result = users.pipe(
  mergeMap((user) => ajax.getJSON(`https://reqres.in/api/users/${user}`))
)

result.subscribe(
  resp => logValues(JSON.stringify(resp.data)),
  err  => console.error(JSON.stringify(err))
)
```

程式碼的內部細節不是很重要。令人興奮的是結果，如下面畫面截圖所示：

```
82 ms
  {"id":2,"first_name":"Janet","last_name":"Weaver","avatar":"ht

132 ms
  {"id":1,"first_name":"George","last_name":"Bluth","avatar":"ht

133 ms
  {"id":3,"first_name":"Emma","last_name":"Wong","avatar":"https
```

看看時間戳記：可以看出這三個請求（或稱三個單獨的串流）是平行處理的，
第一個回傳的 id 2 用了 82ms，後面兩個回傳用了 50 和 51ms。

事件串流是非同步集合

在前面的例子中，我們的使用者 ID list（儲存在可觀察物 users 中）是靜態
的。但它不一定非得是靜態的。也許我們想要只要有人登錄我們的網站時就收
集這些資訊。我們所要做的就是在建立 session 時生成一個包含使用者 ID 的

可觀察物事件，並使用這樣動態的可觀察物，而不只使用靜態的可觀察物。然後，我們將在收到這些 ID 時取得使用者的詳細資訊，並可能將它們儲存在某個地方。

這是一個非常強大的抽象概念：我們不再需要認為時間是我們必須管理的東西。事件串流將同步和非同步處理統一到一個通用的、方便的 API 的後面。

事件無處不在

到處都是事件，其中有些是顯而易見的：例如點擊一個按鈕、一個計時器到期。其他的就沒那麼容易看見了：例如有人在登錄，檔案中的一行與一個樣式成功匹配。但是，無論它們的原始程式碼是什麼，圍繞事件撰寫的程式碼都比對應的線性程式碼回應更快、去耦合效果更好。

相關章節包括

- 主題 28，去耦合，第 150 頁
- 主題 36，黑板，第 220 頁

練習題

練習 19（答案在第 353 頁）

在講述有限狀態機的小節中，我們提到您可以將實作通用狀態機的程式碼，移動到您自己的類別中。建議您在進行該類別的初始化時，傳入轉換表格和初始狀態。

請嘗試以這種方式實作取得字串程式。

練習 20（答案在第 353 頁）

本節中的哪項技術（或是合併使用）適合以下情況：

- 如果您在 5 分鐘內收到 3 個網路介面失效事件，就通知網管人員。

- 如果在日落之後，先在樓梯底部檢測到運動，接著在樓梯頂部檢測到運動，那麼就打開樓上的燈。

- 您想通知各種報告系統一筆訂單已經完成。

- 為了確定客戶是否有資格申請汽車貸款，應用程式需要向三個後端服務發送請求並等待回應。

30　轉換式程式設計

如果您不能把您正在做的事情描述成一個處理流程，那表示您不知道自己在做什麼。

> *W. Edwards Deming, (attr)*

所有程式都會做資料轉換，將輸入轉換成輸出。然而，當我們考慮要怎麼做設計時，我們很少去考慮建立轉換動作。相反地，我們往往關注的是類別和模組、資料結構和演算法、語言和 framework。

我們認為從這種角度去看待程式碼，往往會忽略了一點：我們需要重新考慮程式，將它看作是一種把輸入轉換成輸出的東西。當我們這樣做的時候，許多我們以前擔心的細節就消失了。結構變得更清晰、錯誤處理更加一致、耦合也下降了很多。

為了讓我們對這件事展開調查，讓我們乘坐時光機器回到 1970 年代，要求一個 Unix 程式設計師為我們撰寫一個程式，功能是列出目錄樹中最長的 5 個檔案，這裡「最長」的意思是「擁有最多的行數」。

您可能以為他們接著會打開編輯器並開始輸入 C 程式碼，但是他們不會這樣做，因為他們在想的是我們現有的（目錄樹）和我們想要的（檔案清單），接著他們會打開終端機，輸入如下內容：

```
$ find . -type f | xargs wc -l | sort -n | tail -5
```

這個命令執行一系列的轉換：

find .-type f

將目前的目錄（.）中或以下的所有檔案（-type f）寫入標準輸出。

xargs wc -l

從標準輸入中讀取多行，並將它們全部作為參數傳遞給命令 wc -l。帶有 -l 選項的 wc 程式會計算每個參數中的行數，並將每個結果以「行數檔案名稱」的格式，寫入標準輸出。

sort -n

假設標準輸入每行都以數字（-n）開頭，進行排序並將結果寫入標準輸出。

tail -5

讀取標準輸入並將最後五行寫入標準輸出。

在本書的目錄中執行這個，我們可得到

```
 470 ./test_to_build.pml
 487 ./dbc.pml
 719 ./domain_languages.pml
 727 ./dry.pml
9561 total
```

最後一行是所有檔案中的行數（不只是顯示出來的那些檔案），因為這就是 wc 所產生的結果。所以向 tail 請求多一行，然後捨棄最後一行：

```
$ find . -type f | xargs wc -l | sort -n | tail -6 | head -5
    470 ./debug.pml
    470 ./test_to_build.pml
    487 ./dbc.pml
    719 ./domain_languages.pml
    727 ./dry.pml
```

讓我們切換到以各個步驟之間流動的資料的角度來看這個範例。我們最初的需求是「行數最多的 5 個檔案」，這個需求被轉變成一系列的轉換（這些轉換也顯示在第 173 頁的圖中）。

目錄名稱

→ 檔案清單

→ 帶行號的檔案清單

→ 排序清單

→ 最高 5 + 總數

→ 最高 5

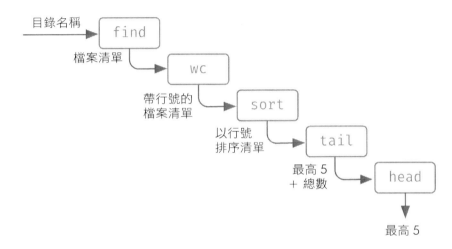

▲ 圖 1 以一系列的轉換來看 find 命令的管道

這幾乎就像一條工廠生產線：從一端輸入原始資料，另一端輸出成品（資訊）。

我們喜歡以這樣的轉換流程去思考所有的程式碼。

提示 49	撰寫程式的重點在程式碼，但程式本身的重點卻是資料

找出轉換

有時候，找出有哪些轉換的最簡單方法是從需求開始，並確定它的輸入和輸出是什麼。現在您已經定義好整個程式要做什麼功能，然後您可以找出能帶領您從輸入走到輸出的步驟。這是一個從上往下建構方法。

例如，您想要為那些玩字謎遊戲的人建立一個網站，該網站可以找到由一組字母組成的所有單詞。您的輸入是一組字母，而輸出是由三個字母、四個字母等組成的單字清單：

"lvyin" 會轉換成　→

3 => ivy, lin, nil, yin

4 => inly, liny, viny

5 => vinyl

（是的，這些都是單詞，至少根據 macOS 字典是這樣。）

整個應用程式背後的技巧很簡單：我們有一個字典，這個字典根據單詞的特徵分組，所有包含相同字母的單詞將具有相同的特徵。其中，最簡單的特徵是，取出單詞中字母，並將那些字母排序後得到清單。然後，我們可以透過查看輸入字串，為輸入字串建立特徵，然後查看字典中的哪些單詞具有相同的特徵（如果有的話）。

因此，這個字謎查找機程式，就可以被分解成四個獨立的轉換：

步驟	轉換	示範資料
步驟 0：	原始輸入	"ylvin"
步驟 1：	由三個以上字母組成的組合	vin，viy，vil，vny，vnl，vyl，iny，inl，iyl，nyl，viny，vinl，viyl，vnyl，inyl，vinyl
步驟 2：	前面找出的組合的特徵	inv，ivy，ilv，nvy，Inv，lvy，iny，iln，ily，lny，invy，ilnv，ilvy，lnvy，ilny，ilnvy
步驟 3：	列出字典中所有符合前面找出特徵的字	ivy，yin，nil，lin，viny，liny，inly，vinyl
步驟 4：	以長度排分群組	3 => ivy，lin，nil，yin 4 => inly，liny，viny 5 => vinyl

執行轉換

讓我們從步驟 1 開始，步驟 1 接收一個單詞，並輸出一個包含三個以上字母的所有組合的清單。這一步本身也可以表示為一個轉換步驟清單：

步驟	轉換	示範資料
步驟 1.0：	原始輸入	"vinyl"
步驟 1.1：	轉換為字元	v，i，n，y，l
步驟 1.2：	找出所有子集合	[]，[v]，[i]，…[v,i]，[v,n]，[v,y]，…[v,i,n]，[v,i,y]，…[v,n,y,l]，[i,n,y,l]，[v,i,n,y,l]
步驟 1.3：	只留下長度超過三個字元的子集合	[v,i,n]，[v,i,y]，…[i,n,y,l]，[v,i,n,y,l]
步驟 1.4：	轉換回字串	[vin,viy,…inyl,vinyl]

我們現在已經可以很容易地在程式碼中實作每個轉換步驟（在本例中使用 Elixir）：

```
function-pipelines/anagrams/lib/anagrams.ex
  defp all_subsets_longer_than_three_characters(word) do
    word
    |> String.codepoints()
    |> Comb.subsets()
    |> Stream.filter(fn subset -> length(subset) >= 3 end)
    |> Stream.map(&List.to_string(&1))
  end
```

運算子是什麼？

Elixir 和許多其他函式語言一樣，都有一個管道運算子，有時稱為向前管道（*forward pipe*）或只稱為管道（*pipe*）[註5]。它所做的就是將左側的值作為右側函式的第一個引數。所以這樣寫：

註5　首次將 |> 字元組合當作管道運算子使用，是出現在 1994 年的時候，在一篇討論 Isobelle/ML 語言的討論中（*https://blogs.msdn.microsoft.com/dsyme/2011/05/17/archeological-semiotics-the-birth-of-the-pipeline-symbol-1994/*）。

```
"vinyl" |> String.codepoints |> Comb.subsets()
```

等同於這樣寫：

```
Comb.subsets(String.codepoints("vinyl"))
```

（其他語言可能會將這個由管道取得的值，作為下一個函式的最後一個引數，這取決於內建函式庫的風格。）

您可能認為這只是語法上的甜頭。但實際上，管道運算子是一個讓我們能以不同方式思考的革命性機遇遇。使用管道代表著您自動地考慮資料是如何做轉換的；每次您看到 |> 時，您實際上看到的是資料在一個地方流動到下一個地方中間的轉換。

許多語言都有類似的東西：Elm、F# 和 Swift 都有 |>，Clojure 有 -> 和 ->>（它們的工作方式稍有不同），R 有 %>%。Haskell 有多個管道運算子，而且很容易可再宣告新的運算子。在我們寫這篇文章的時候，有人提出說要在 JavaScript 中加入 |>。

如果您現在的語言支援類似的東西，那麼您很幸運。如果沒有，則參見第 178 頁的 *Language X 沒有管道可用*。

總之，現在讓我們回到程式碼。

繼續轉換⋯

現在看看主程式的步驟 2，在這一步中我們將子集合轉換為特徵。同樣地，這是一個簡單的轉換，將一堆子集合轉換成一串特徵：

步驟	轉換	示範資料
步驟 2.0：	原始輸入	vin，viy，⋯inyl，vinyl
步驟 2.1：	轉換為特徵	inv，ivy ⋯ilny，inlvy

以下的 Elixir 程式碼同樣很簡單：

function-pipelines/anagrams/lib/anagrams.ex

```
defp as_unique_signatures(subsets) do
  subsets
  |> Stream.map(&Dictionary.signature_of/1)
end
```

現在我們要將前面得到的 list 轉換為特徵 list：每個特徵都映射到具有相同特徵的已知單字 list，如果沒有此類單詞，則映射為 nil。然後，我們必須刪除所有的 nil，並把多層的 list 變成一個單一的 list：

function-pipelines/anagrams/lib/anagrams.ex

```
defp find_in_dictionary(signatures) do
  signatures
  |> Stream.map(&Dictionary.lookup_by_signature/1)
  |> Stream.reject(&is_nil/1)
  |> Stream.concat(&(&1))
end
```

步驟 4，是依長度分組單詞，這是另一個簡單的轉換，將我們的 list 轉換成 map 物件，其中鍵是長度，值是符合該長度的所有單詞：

function-pipelines/anagrams/lib/anagrams.ex

```
defp group_by_length(words) do
  words
  |> Enum.sort()
  |> Enum.group_by(&String.length/1)
end
```

全部組合在一起

我們已經為每一個單獨的變換寫好程式了。現在是時候把它們都加入到我們的主要功能中了：

function-pipelines/anagrams/lib/anagrams.ex

```
  def anagrams_in(word) do
    word
    |> all_subsets_longer_than_three_characters()
    |> as_unique_signatures()
    |> find_in_dictionary()
    |> group_by_length()
end
```

能用嗎？讓我們試一試：

```
iex(1)> Anagrams.anagrams_in "lyvin"
%{
  3 => ["ivy", "lin", "nil", "yin"],
  4 => ["inly", "liny", "viny"],
  5 => ["vinyl"]
}
```

Language X 沒有管道可用

儘管管道已經存在很長時間了，但多數時間只存在於一些小眾語言中。管道最近才進入主流，所以許多流行的語言仍然不支援管道概念。

好消息是轉換的思維並不需依靠特定的語言語法：它更像是一種設計哲學。您仍然可以用轉換的形式建構程式碼，只要將它們寫成一系列的賦值動作即可：

```
const content = File.read(file_name);
const lines   = find_matching_lines(content, pattern)
const result  = truncate_lines(lines)
```

雖然這有點乏味，但它能達成任務。

為什麼好棒棒？

讓我們再來看看主要函式的內容：

```
word
|> all_subsets_longer_than_three_characters()
|> as_unique_signatures()
|> find_in_dictionary()
|> group_by_length()
```

它只是為了滿足我們的需求，而所做的一連串轉換，每個轉換都從前一個轉換獲取輸入並將輸出傳遞給下一個轉換，這樣的概念和實際寫出的程式碼很接近。

但還有更深層的原因。如果您有物件導向程式設計的背景，那麼您的直覺反射會要求您隱藏資料，並將其封裝在物件中。然後這些物體來回運動，改變彼此的狀態，這就導致引入很多耦合，這也是物件導向系統很難修改的一個重要原因。

> ### 提示 50　　不囤積狀態，逕行傳遞出去

在轉換模型中，我們將傳統的行為模式顛倒過來。與其讓系統中到處充斥著小批的資料池，不如將資料看作一條大河，一條流動的河。讓資料與功能地位相同：管道是一系列程式碼→資料→程式碼→資料…其中的資料不再像在類別定義中那樣，和特定的一群函式綁在一起。相反地，當應用程式將其輸入轉換為輸出時，它可以表示出應用程式轉換過程。這代表著我們可以極大地減少耦合：只要參數與其他函式的輸出匹配，一個函式可以在任何地方使用（和重用）。

是的，耦合還是沒有完全消失，但是根據我們的經驗，轉換模型中耦合性還是比物件導向風格的命令和控制更易於管理。而且，如果您正在使用帶有類型檢查的語言，那麼當您試圖連接兩個不相容的事物時，您將得到編譯器的警告。

那錯誤處理呢？

到目前為止，我們的轉換已經可在一個假定不會有問題的世界中開始工作了。但是，我們如何在現實世界中使用它們呢？如果我們只能建立一條線性串連鏈，那我們要如何加入錯誤檢查所要使用的條件邏輯呢？

有許多方法可以做到這一點，但是它們都依賴於一個基本的約定：我們從不在轉換之間傳遞原始值。相反地，我們將它們封裝在一個資料結構（或類型）中，該結構還告訴我們其內容值是否有效。例如，在 Haskell 中，這個包裝器被稱為 Maybe。在 F# 和 Scala 中，它是 Option。

要如何使用轉換這個概念，是要依您所選用的語言決定。但是，通常有兩種撰寫程式碼的基本方法：您可以在內部或外部做處理轉換的錯誤檢查。

我們目前使用的語言 Elixir 沒有內建這種支援。對於我們撰寫教學的目的來說，這是一件好事，因為我們要從頭開始展示一個實作，而這個實作的概念在其他大多數語言中也應該適用。

首先，選擇一種表示形式

我們需要為包裝器（攜帶值或錯誤指示的資料結構）制訂一種表示形式。您可以選用結構，但是 Elixir 已經有了一個非常強大的慣例：就是函式傾向於回傳一個包含 {:ok, value} 或 {:error, reason} 的 tuple。例如，File.open 的回傳若不是 :ok 和一個 IO 程序，就是 :error 和一個錯誤代碼：

```
iex(1)> File.open("/etc/passwd")
{:ok, #PID<0.109.0>}
iex(2)> File.open("/etc/wombat")
{:error, :enoent}
```

在接下來的內容中，當在管道傳遞資料時，我們將使用 :ok/:error tuple 作為包裝器。

然後，在每個轉換中都處理該種表示形式

讓我們撰寫一個函式，該函式回傳檔案中包含指定字串的所有行，並將這些行截斷只取前 20 個字元。我們想把它寫成一個轉換，所以輸入將是一個檔案名稱和一個要匹配的目標字串，輸出將是一個 :ok 和一個行清單的 tuple，或者是一個 :error 錯誤原因的 tuple。頂層函式應該長得像這樣：

```
function-pipelines/anagrams/lib/grep.ex
def find_all(file_name, pattern) do
  File.read(file_name)
  |> find_matching_lines(pattern)
  |> truncate_lines()
end
```

這裡沒有明顯的錯誤檢查，但是如果管道中的任何步驟回傳一個代表錯誤的 tuple，那麼管道將回傳該錯誤，不會再執行隨後的函式[註6]。我們靠使用 Elixir 的模式匹配來做到這個功能：

```
function-pipelines/anagrams/lib/grep.ex
defp find_matching_lines({:ok, content}, pattern) do
  content
  |> String.split(~r/\n/)
  |> Enum.filter(&String.match?(&1, pattern))
  |> ok_unless_empty()
end

defp find_matching_lines(error, _), do: error

# ----------

defp truncate_lines({ :ok, lines }) do
  lines
  |> Enum.map(&String.slice(&1, 0, 20))
  |> ok()
end

defp truncate_lines(error), do: error

# ----------

  defp ok_unless_empty([]),     do: error("nothing found")
  defp ok_unless_empty(result), do: ok(result)

  defp ok(result),    do: { :ok,    result }
  defp error(reason), do: { :error, reason }
```

請查看函式 find_matching_lines，如果它的第一個參數是 :ok tuple，那麼它將使用該 tuple 中的內容來查找與模式匹配的行。但是，如果第一個參數不是 :ok tuple，則執行第二個版本的函式，它只回傳該參數。透過這種方式，函式只是簡單地沿著管道傳遞一個錯誤。這同樣適用於 truncate_lines。

註6　我們這樣講是草率了些，技術上來說，我們確實會執行其後的函式，只是不會去執行那些函式本體中的程式碼而已。

我們也可以在 console 這樣玩：

```
iex> Grep.find_all "/etc/passwd", ~r/www/
{:ok, ["_www:*:70:70:World W", "_wwwproxy:*:252:252:"]}
iex> Grep.find_all "/etc/passwd", ~r/wombat/
{:error, "nothing found"}
iex> Grep.find_all "/etc/koala", ~r/www/
{:error, :enoent}
```

您可以看到，管道中任何地方的錯誤立即成為管道中流通的值。

或在管道中處理

您可能正在查看 find_matching_lines 和 truncate_lines 函式，認為我們已經將錯誤處理的負擔轉移到了轉換中。您是對的。在一些能在函式呼叫中使用樣式匹配的語言（如 Elixir）中，這種效果會減弱，但仍然很難看。

如果 Elixir 擁有懂得處理 :ok/:error tuple 的管道運算子 |>，並且當發生錯誤時它也能提早結束執行就好了[註7]。但事實是，Elixir 不允許我們加入類似的東西，而且許多其他語言的方式也是這樣。

我們面臨的問題是，當錯誤發生時，我們不希望管道繼續執行下去，我們也不希望程式碼知道有錯誤發生。這代表著直到我們知道管道中前面步驟已經成功後，才會去執行下一個管道函式的執行。要做到這一點，我們需要將它們從函式呼叫修改為函式值，函式值可以在稍後才進行呼叫。以下是一個實作範例：

```
function-pipelines/anagrams/lib/grep1.ex
defmodule Grep1 do

  def and_then({ :ok, value }, func), do: func.(value)
  def and_then(anything_else, _func), do: anything_else

  def find_all(file_name, pattern) do
    File.read(file_name)
    |> and_then(&find_matching_lines(&1, pattern))
```

註 7　事實上你可以利用 Elixir 的巨集功能來加入這樣的運算子；一個範例是十六進制的 Monad 函式庫。您也可以使用 Elixir 的 with 架構，但這樣做以後，你就不太像是在撰寫管道轉換了。

```
      |> and_then(&truncate_lines(&1))
    end

    defp find_matching_lines(content, pattern) do
      content
      |> String.split(~r/\n/)
      |> Enum.filter(&String.match?(&1, pattern))
      |> ok_unless_empty()
    end

    defp truncate_lines(lines) do
      lines
      |> Enum.map(&String.slice(&1, 0, 20))
      |> ok()
    end

    defp ok_unless_empty([]),     do: error("nothing found")
    defp ok_unless_empty(result), do: ok(result)

    defp ok(result),    do: { :ok, result }
    defp error(reason), do: { :error, reason }
  end
```

and_then 函式是一個綁定函式的範例：它接收一個包裝在某物中的值，然後將該值傳遞給另一個函式使用，最後回傳一個新的包裝後的值。使用 and_then 函式的管道需要一點額外的標點符號，因為必須告訴 Elixir 將函式呼叫轉換為函式值。但由於轉換函式讓該額外工作變得簡單：每個函式只需要接收一個值（您可以加入任何額外的參數），並回傳 {:ok, new_value} 或 {:error, reason}，所以這額外的付出也被抵消了。

轉換到轉換程式設計

將程式碼看作一系列（巢式的）轉換是一種自由的程式設計方法。這需要一段時間來適應，一旦養成了這個習慣，會發現您的程式碼變得更簡潔、函式更短、設計更平順。

試試吧。

相關章節包括

- 主題 8，優秀設計的精髓，第 32 頁

- 主題 17，*shell*，第 91 頁

- 主題 26，如何平衡資源，第 137 頁

- 主題 28，去耦合，第 150 頁

- 主題 35，參與者與程序，第 213 頁

練習題

練習 21（答案在第 354 頁）

您可以將以下需求以頂層轉換表示嗎？也就是說，識別出每一種需求的輸入和輸出。

1. 運費和銷售稅被加入到訂單中

2. 讓您的應用程式從一個指名檔案載入設定資訊

3. 某人登錄到某個 web 應用程式

練習 22（答案在第 354 頁）

你已經看出了需求是要將一個字串輸入欄位，做驗證與轉換成一個介於 18 到 150 之間的整數。整個轉換可描述如下：

```
field contents as string
    → [validate & convert]
    → {:ok, value} | {:error, reason}
```

請您為驗證（*validate*）和轉換（*convert*）分別撰寫轉換程式碼。

練習 23（答案在第 355 頁）

在第 178 頁 *Language* X 沒有管道可用小節中，我們寫了：

```
const content = File.read(file_name);
const lines   = find_matching_lines(content, pattern)
const result  = truncate_lines(lines)
```

許多人透過將方法呼叫連結在一起的方式，來撰寫物件導向程式碼，他們可能
會這樣撰寫：

```
const result = content_of(file_name)
                  .find_matching_lines(pattern)
                  .truncate_lines()
```

這兩段程式碼有什麼區別？您認為我們更偏好哪一種寫法？

31 繼承稅

> 您只想要一根香蕉，但是您得到的卻是一隻拿著香蕉的大猩猩和整個
> 叢林。
>
> ➤ *Joe Armstrong*

您用物件導向的語言程式設計嗎？您使用繼承嗎？

如果是這樣，停！建議您不要這樣做。

讓我們看看是為什麼。

一些背景知識

繼承首次出現在 1969 年的 Simula 67 中，針對當時一個清單中對多種類型的
事件進行排隊的問題，這是一個很好的解決方案。Simula 的解決方案是使用
名為前置類別（*prefix classes*）的東西。您可以這樣寫：

```
link CLASS car;
   … car 的實作
link CLASS bicycle;
   … bicycle 的實作
```

範例中的 link 是一個加入了鏈結串列的功能前置類別。這樣您就可以把 car 和 bicycle 都加到（比如說）等紅綠燈的物件清單上了。在現在的術語來說，link 就是一個父類別。

Simula 程式設計師使用的心智模型是，link 類別的實例資料和實作，必須在 car 類別和 bicycle 類別的實作前預先想好。link 類別幾乎被視為一個可裝載 car 和 bicycle 的容器，為它們提供了一種多形（polymorphism）的能力：car 和 bicycle 都實作了 link 介面，因為它們都內含 link 的程式碼。

在 Simula 之後出現了 Smalltalk，Alan Kay 是 Smalltalk 的創始人之一，他在 2019 年 Quora 中回答[註8]「為什麼 Smalltalk 有繼承」時這樣描述：

> 因此，當我設計 *Smalltalk-72* 時，有一個對 *Smalltalk-71* 的有趣思考，我覺得如果它可用類似 *Lisp* 的動態功能來做「差異式程式設計」（意思是：用各種方法來達成「這跟那是一樣的，除了…」）會很有趣。

這純粹是行為上的子類別化。

這兩種類型的繼承（實際上有相當多的共同點）在接下來的幾十年裡發展起來。Simula 派認為繼承是一種組合類型的方法，這種方法在 C++ 和 Java 等語言中得到了延續。而 Smalltalk 派認為，繼承是一種對行為的動態組織動作，在 Ruby 和 JavaScript 等語言中都可以看到。

因此，現在我們面對的是物件導向開發人員的世代，他們使用繼承有兩個原因：他們不喜歡打太多字，或者他們喜歡使用型態。

那些不喜歡打太多字的人，透過使用繼承將基礎類別的共用功能加入到子類別中，來保護他們的手指：比方 class User 和 class Product 都是 ActiveRecord::Base 的子類別。

喜歡型態的人使用繼承來表達類別之間的關係：例如 Car 是一種 Vehicle。

不幸的是，這兩種繼承都有問題。

使用繼承共用程式碼的問題

繼承就是一種耦合。不僅子類別與父類別耦合、也會和父類別的父類別耦合等等，而且使用子類別的程式碼也會與該子類別的所有祖先類別產生耦合。這裡有一個例子：

```ruby
class Vehicle
  def initialize
    @speed = 0
  end
  def stop
    @speed = 0
  end
  def move_at(speed)
    @speed = speed
  end
end

class Car < Vehicle
  def info
    "I'm car driving at #{@speed}"
  end
end

# top-level code
my_ride = Car.new
my_ride.move_at(30)
```

當頂層呼叫 my_car.move_at 時，被呼叫的方法位於 Car 的父類別 Vehicle 中。

現在負責 Vehicle 的開發人員修改了 API，move_at 改成 set_velocity，實例變數 @speed 改成 @velocity。

這樣一個 API 的修改被預期會影響使用 Vehicle 類別的程式碼，但不會預期也會影響頂層程式碼：因為頂層覺得它是在使用 Car 類別，而且以實作的角度來說頂層程式碼並不需理會 Car 類別的實作，但是頂層程式碼仍然受了影響。

類似地，實例變數名稱的改變純粹是一種內部實作細節，但是當 Vehicle 類別改變時，它也會（悄悄地）破壞 Car 類別。

耦合超多。

使用繼承來建構型態的問題

有些人認為繼承是定義新型態的一種方式。他們最喜歡用的設計圖表，能顯示類別的層次結構。他們看待問題的方式與維多利亞時代的紳士科學家們看待自然的方式是一樣的，會把事物分成不同的類別。

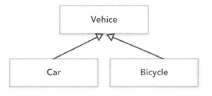

不幸的是，這些圖很快就發展成佈滿一面牆的怪物，為了表示類別之間的細微差別而一直加入新的層次。被加入了這樣的複雜性使應用程式更脆弱，因為修改可能在許多層上上下波動。

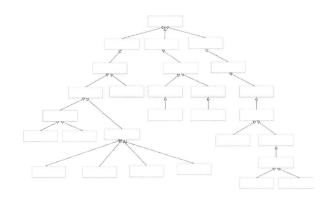

然而，更糟糕的是多重繼承問題。Car 可以是一種 Vehicle，但它也可以是一種 Asset（資產）、InsuredItem（保險標的）、LoanCollateral（擔保品）等等。若想正確地對此關係進行建模需要用到多重繼承。

由於存在一些有問題的消歧義的語意，C++ 在 1990 年代評定多重繼承不好。因此，許多當前的物件導向語言都沒有提供這種功能。因此，即使您能接受複雜類型樹，您也無法準確地將您的問題建模。

提示 51	不要付繼承稅

其他選擇更好

讓我們推薦三種技術，這些技術讓您永遠不需要再使用繼承：

- interface（介面）和 protocol（協定）
- delegation（委派）
- mixin（混合）和 trait（特性）

介面和協定

大多數物件導向語言允許您指定一個類別實作一個或多個行為集合。例如，您可以為 Car 類別實作 Drivable 和 Locatable 行為。用來做這件事情的語法依語言有所不同：例如在 Java 中，它可能是這樣的：

```java
public class Car implements Drivable, Locatable {

    // Car 類別的程式碼。這裡的程式碼必須
    // 同時包含 Drivable 和 Locatable 的功能
}
```

在 Java 中這裡的 Drivable 和 Locatable 稱為介面（*interface*）；其他語言稱它們為協定（*protocol*），還有一些稱為特性（*trait*）（ 不過這和我們稍後要講到的 trait 是不一樣的東西）。

介面定義會長得像這樣：

```java
public interface Drivable {
  double getSpeed();
  void   stop();
}

public interface Locatable() {
  Coordinate getLocation();
  boolean    locationIsValid();
}
```

這些宣告沒有任何程式碼：它們只是表示實作 Drivable 的任何類別都必須實作 getSpeed 和 stop 兩個方法，而實作 Locatable 的類別必須實作 getLocation 和 locationIsValid 兩個方法。這代表著我們前面的 Car 類別定義只有在包含所有這四個方法時才能使用。

介面和協定之所以如此強大，是因為我們可以將它們當作型態使用，而任何有實作適當介面的類別都將與該型態相容。如果 Car 和 Phone 都實作了 Locatable，我們就可以將它們儲存在一個由 Locatable 組成的 list 中：

```
List<Locatable> items = new ArrayList<>();

items.add(new Car(...));
items.add(new Phone(...));
items.add(new Car(...));
// ...
```

然後，我們可以處理這個 list，因為我們知道每個項目都有 getLocation 和 locationIsValid：

```
void printLocation(Locatable item) {
  if (item.locationIsValid()) {
    print(item.getLocation().asString());
  }

  // ...

  items.forEach(printLocation);
```

> **提示 52**　請選用介面來表達多型關係

介面和協定為我們提供了不用繼承的多型關係。

委派

繼承會促使開發人員建立出一種類別，這種類別產生的物件具有大量方法。如果一個父類別有 20 個方法，而子類別只想要使用其中的 2 個，它的物件仍然會有其他 18 個方法，而這些方法只是放在周圍可供呼叫。類別無法控制介面，這是一個常見的問題，許多現存和 UI framework 堅持應用元件必須去繼承一些基礎類別：

```
class Account < PersistenceBaseClass
end
```

Account 類別現在攜帶了 PersistenceBaseClass 類別的所有 API。相反地，假設我們改用委派這個替代方案，如下例所示：

```
class Account
  def initialize(. . .)
    @repo = Persister.for(self)
  end

  def save
    @repo.save()
  end
end
```

我們現在不會將任何 framework API 曝露給使用我們 Account 類別的客戶端程式：不僅是打破了耦合，而且現在我們不再受所使用 framework 的 API 的限制，可以自由地建立所需的 API。是的，我們之前也做得到，但是同時是冒著我們寫的介面被繞過去直接呼叫現有 API 的風險。現在我們控制了一切。

提示 53　　使用委派：擁有什麼不如身為什麼

事實上，我們可以做得更多。為什麼 Account 必須知道如何存取自己？它的職責不是瞭解並執行帳戶規則嗎？

```
class Account
  # 只撰寫與帳戶相關的東西
end

class AccountRecord
  # 用可以被取得與儲存的能力
  # 將 account 類別包裝起來
end
```

現在我們真正的去耦合了，但這是有代價的。代價是我們必須撰寫更多的程式碼，通常其中一些是樣板程式碼：例如，規定所有的記錄類別都要有 `find` 方法。

幸運的是，這就是 mixin（混合）和 trait（特性）能為我們做到的事。

mixin、trait、categorie 與 protocol extensions…

身處於一個喜歡給事物命名的行業裡，我們經常給同樣的東西取很多名字。通常越多就是越好，對吧？

這就是我們在研究 mixin 時要解決的問題，它的基本思想很簡單：我們希望能夠用新的功能擴展類別和物件，而不需要使用繼承，所以我們建立了一個函式集合，為它取一個名字，然後用它們去擴展一個類別或物件。至此，您建立出一個新的類別或物件，它組合（mixin）了原始類別及其所有混合類別的功能。在大多數情況下，即使您無法存取要擴展的類別的原始程式碼，也可以進行此擴展動作。

今日，該功能的實作和名稱因語言而異。我們在這裡傾向於稱它們為混合（*mixin*），但是我們真心希望您將其視為一個與語言無關的功能。重點是所有這些實作都具有的功能：即合併現有內容和新內容。

作為一個例子，讓我們回頭看我們的 `AccountRecord` 範例。當我們上次看到它時，`AccountRecord` 必須瞭解帳戶和我們現有的 framework。它還需要在當層委派所有想要向外部公開的方法。

mixin 為我們提供了另一種解決方案。首先，我們可以撰寫一個 mixin，這個 mixin 實作三種標準查找方法中的兩種方法。然後我們可以將它們加入到 `AccountRecord` 中。而且，當我們為帳戶往來的東西撰寫新類別時，我們也可以把 mixin 加進去：

```
mixin CommonFinders {
  def find(id) { ... }
  def findAll() { ... }
end

class AccountRecord extends BasicRecord with CommonFinders
class OrderRecord   extends BasicRecord with CommonFinders
```

我們還能做更多。例如，我們都知道我們的業務物件需要一些驗證程式碼來防止壞資料滲透到我們的計算中。但我們口中所說的驗證到底是什麼意思呢？

如果我們拿帳戶來舉例，則可能可以套用許多不同的驗證：

- 驗證 hash 過的密碼是否與使用者輸入的密碼匹配

- 驗證使用者在建立帳戶時輸入的表單資料

- 驗證由系統管理者在更新使用者資料時，所輸入的表單資料

- 驗證其他系統元件加入到帳戶的資料

- 在進行交易處理前驗證資料的一致性

一種常見的（我們認為不太理想的）方法是將所有驗證捆綁到單個類別（業務物件 / 交易留存物件）中，然後再用旗標來控制在什麼情況下觸發什麼驗證。

我們認為更好的方法是使用 mixin 為合適的情況建立專用的類別：

```
class AccountForCustomer extends Account
     with AccountValidations,AccountCustomerValidations

class AccountForAdmin extends Account
     with AccountValidations,AccountAdminValidations
```

在上面的範例中，兩個衍生類別都包含所有 account 物件通用的驗證。其中客戶使用的那個類別（AccountForCustomer）包含了適合用客戶 API 的驗證，而管理者使用的那個類別（AccountForAdmin）則包含（可能限制較少的）管理驗證。

現在，透過傳遞 AccountForCustomer 或 AccountForAdmin 的實例，我們的程式碼更能自動地 確保套用正確的驗證。

提示 54	請使用 mixin 共享功能

通常不會選用繼承

我們已經快速瞭解了替代傳統類別繼承的三個方案：

- interface（介面）和 protocol（協定）
- delegation（委派）
- mixin（混合）和 trait（特性）

在不同情境下，視您的目標是要共享型態資訊、加入功能或是共用方法，來決定哪一種方法比較適用。一如在程式設計時的其他東西一樣，請選用最能表達您意圖的技巧。

而且去兜風時盡量不要拖著整個一大包東西。

相關章節包括

- 主題 8，優秀設計的精髓，第 32 頁
- 主題 10，正交性，第 45 頁
- 主題 28，去耦合，第 150 頁

挑戰題

下次您發現自己要做子類別化時，請花點時間查看一下可行選項，看看您是否能利用 interface、delegation 和 / 或 mixin 實作出您想要的？這樣做可以減少耦合嗎？

32 設定

每樣東西應放在一定的地方,每件事物應有一定的時限。

> *Benjamin Franklin, Thirteen Virtues, autobiography*

若程式碼需要用的一些值可能會因為應用程式執行而改變的話,請讓這些值儲存在應用程式的外部。若您的應用程式將執行在不同的環境中,為不同的客戶工作的話,請保持環境與客戶專用的值儲存在應用程式之外。透過這種方式,參數化您的應用程式;讓程式碼有能力適應它所執行的環境。

提示 55	使用外部設定,以參數化您的應用程式

通常您可能想要放入設定資料的東西包括:

- 外部服務(資料庫、協力廠商 API 等)的帳號資訊

- log 層級和儲存目的地

- 應用程式使用的 port、IP 位址、機器和叢集名稱

- 適用於執行環境的驗證參數

- 由外部設定的參數,如稅率

- 特定格式的細節

- 授權金鑰

總之,要找出您知道不得不修改的東西,而且您可以在程式碼主體之外表達的東西,並將其放入外部設定中。

靜態設定

許多 framework 和相當多的客製應用程式將設定保存在一般檔案或資料庫表格中。如果資訊是在一般檔案中，目前流行使用一些現成的純文字格式。以當下來說，流行用 YAML 和 JSON 來做這件事。有時，用 script 類語言撰寫的應用程式使用專用的原始程式碼檔案，這種檔案專門用來儲存設定。如果設定資訊是具有結構、而且有可能被客戶改變的話（例如營業稅），最好將其儲存在資料庫表格中。當然，您可以同時使用文字格式或資料庫表格這兩種方法，根據使用方式拆分設定資訊。

不管您使用什麼形式，設定被讀入應用程式時都是一種資料結構，讀入時機通常是在應用程式啟動時。通常，這種資料結構是全域的，因為這樣可以更容易在程式碼的任何地方獲得它所包含的值。

但我們希望您不要那樣做。相反地，請將設定資訊包裝在一個（薄薄的／簡單的）API 後面。這將去掉您的程式碼與設定處理的細節之間的耦合。

將設定當成一種服務

雖然靜態設定很常見，但目前我們傾向於另一種做法。我們仍然希望設定資料保持在應用程式外部，但是我們希望它儲存在某個服務 API 之後，而不是在一般檔案或資料庫中。這麼做有很多好處：

- 多個應用程式可以共用設定資訊，再利用身分驗證和存取控制去限定每個應用程式分別可以看到的內容
- 全域都可以進行修改設定的動作
- 可以透過一個專門的 UI 來維護設定資料
- 可以動態設定資料

其中最後一點，可以動態設定資料，這一點在我們的目標是高可用性應用程式時非常重要。應用程式必須先停止再重新啟動，才能修改單個參數的想法是完

全不符合現代現實的。使用設定服務的話，應用程式的元件可以為它們所使用的參數註冊更新通知，在這些參數被修改時，服務可以向應用程式發送含有新值的訊息。

無論設定採用的是哪種形式，設定資料都會驅動應用程式的執行時期行為。當設定值修改時，不需要重新建構程式碼。

不要撰寫渡渡鳥程式碼

如果沒有外部設定，程式碼的適應性和靈活性就會大打折扣，這是件壞事嗎？呃，在現實世界中，不適應環境的物種會死亡。

渡渡鳥因為不適應模里西斯島上出現人類和他們的牲畜，所以很快就滅絕了[註9]。這是第一次物種在人類手中滅絕的案例。

不要讓您的專案（或事業）走上渡渡鳥的老路。

相關章節包括

Image by OpenClipart-Vectors from Pixabay

註9　滅絕這件事也不會阻止定居者拿棍棒打死這個性情溫和（也就是愚蠢）的鳥。

不要矯枉過正

在本書的第一版中,我們建議用設定取代類似功能的程式,但顯然我們應該要說的更具體一點。任何的建議都可能走向極端或使用不當,所以這裡有一些注意事項:

不要做過頭,我們一個早期的客戶決定他們的應用程式中的每個欄位都要可以被設定。結果造成即使是很小的修改,都要花上好幾週才能完成,因為您必須實作該欄位,以及所有管理、儲存、編輯該欄位相關的程式碼。他們除了擁有大約 40,000 個設定變數之外,還有的就是一個程式夢魘。

不要因為懶惰就決定要用設定,如果大家誠懇地討論一個功能要如何動作,是否該依循使用者的決定,請試著做其中一種,然後再去取得這樣做是否適合的回饋資訊。

Chapter 6

並行

為了讓大家達成共識,讓我們從一些定義開始:

並行(*concurrency*)是執行兩個或多個程式碼片段時,就好像它們同時執行一樣。平行(*parallelism*)是它們真的同時執行。

若要實作並行,您需要在一個環境中執行程式碼,該環境可以在執行您的程式碼時,在您程式碼的不同部分之間切換執行。這通常使用諸如纖程(fiber)、執行緒(thread)和程序(process)之類的東西來實作。

若要實作平行,您需要能夠同時做兩件事的硬體。可能需要一個具有多核心的 CPU,一台具有多個 CPU 的電腦,或者連接在一起的多台電腦。

所有的東西都是並行的

在一個具一定規模的系統中,撰寫完全不會並行的程式碼幾乎是不可能的。並行可能是被明確指定的,也可能被埋在函式庫裡。如果您希望您的應用程式能夠處理真實世界(真實世界中的事物總是非同步的)的事務,那麼並行的能力是必備的:例如使用者正在進行互動、正在獲取資料、正在呼叫外部服務,所有這些都是同時進行的。如果您強迫這個過程必須循序進行,也就是一件事發生,然後才接著下一件事發生等等,您的系統會讓人感覺遲鈍,而且您可能沒有充分利用它硬體的力量。

在本章中，我們將討論並行和平行。

開發人員經常討論程式碼區塊之間的耦合，他們指的是程式碼的依賴關係，以及這些依賴關係是如何讓事情變得難以改變的。但還有另一種時間上的耦合（*temporal coupling*），它發生在您的程式碼硬是要加入一個順序，然而解決手頭問題並不需要這樣的順序時。您覺得「滴答」的「滴」一定在「答」之前嗎？如果您想保持靈活性，就不要加入這種強制順序。在存取多個後端服務時，您的程式碼是否一個接著一個存取？如果您還想留住您的客戶，就不要這樣做。在打破時間耦合小節中，我們將研究如何識別這種時間耦合的方法。

為什麼撰寫並行和平行程式碼如此困難？一個原因是我們在學程式設計時，使用的是循序系統，另外就是我們的語言有一些功能，在依序使用時相對安全，一旦碰到會同時發生兩件事情的情況時，它們就變成了負擔。這裡最大的罪魁禍首之一是共用狀態（*shared state*）。這並不僅僅代表著全域變數：它代表任何時候，只要兩個或多個程式碼區塊持有對同一個可變資料的參照，您就已經共用了狀態。雖然在不要共用狀態小節中，描述了一些解決此問題的方法，但最終它們都容易出錯。

如果這讓您感到悲傷，不要絕望！還是有更好的方法來建構並行應用程式。其中一個方法是使用參與者模型（*actor model*），參與者模型不會共用資料，透過預定義、簡單的語意通過通道（channel）進行通訊。我們將在參與者與程序小節中討論這種方法的理論和實作。

最後，我們會看到黑板小節。黑板是一種系統，這些系統是合併了物件儲存和智慧發佈/訂閱代理的代理者。以它們最初的形式從未真正發展起來，但是今天我們看到越來越多的中介軟體層實作具有像黑板一樣的語意。如果使用正確，這些類型的系統提供了大量的去耦合的能力。

並行和平行程式碼曾經是很新奇的主題，對於今日來說它們已變成必備的主題了。

33 打破時間耦合

您可能會問「時間耦合到底是在講什麼？」，它的重點在於時間。

在軟體架構中，時間是經常被忽略的一個面向。我們唯一關注的時間是專案計畫中的時間，也就是我們發佈之前剩下多少時間，但專案時間不是我們要在這裡談論的時間。相反地，我們要討論的時間存在軟體裡面，它也是設計的一個環節。時間有兩個面向對我們而言很重要：並行性（同時發生的事情）和順序（事情在時間上的相對位置）。

我們通常不會在程式設計時考慮到這兩個面向。當人們第一次坐下來設計一個架構或撰寫一個程式時，通常會把事情想成線性的。大多數人都是這樣想的：做這個，然後再做那個。但是這樣思考方式會導致產生時間耦合，例如，方法 A 必須總是在方法 B 之前呼叫；一次只能回報一個報告；您必須等待螢幕重新繪製後，才會收到按鈕點擊；先有滴才有答。

這種方法不是很有彈性，也不太符合現實。

我們需要能讓並行發生，並去掉時間或順序中產生的耦合。透過這樣做，我們可以在開發的許多工作中獲得靈活性並減少任何時間上的依賴：例如工作流分析、體系結構、設計和部署。結果將是得到更合理、潛在的回應更快、更可靠的系統。

尋找並行

在許多專案中，我們需要將應用程式工作流建模和分析當作設計的一部分。我們想知道什麼可以同時發生，什麼必須嚴格按照順序發生。一種描述這類工作流的方法是使用諸如活動圖（*activity diagram*）之類的表示法[註1]。

註1　雖然 UML 已經逐漸消失，但它的許多種圖形仍然以各種形式存在，包括非常有用的活動圖。若想知道更多種 UML 圖形，請見 *UML Distilled: A Brief Guide to the Standard Object Modeling Language [Fow04]*。

提示 56   分析工作流程以提升並行

活動圖中，圓角方框代表行動。箭頭代表離開一個動作到另一個動作（第一個動作完成時啟動），或者指向一個名為同步條（*synchronization bar*）的粗線。一旦所有進入同步條的操作完成時，您就可以沿著任何箭頭離開同步條。沒有箭頭指向的動作可以在任何時候開始執行。

您可以使用活動圖來最大限度地提高平行性，方法是識別那些可以平行執行，但未平行執行的活動。

例如，我們可能正在為一個自動鳳梨可樂達（piña colada）機製造商撰寫軟體。我們被告知製作鳳梨可樂達的步驟如下：

1. 打開機器
2. 打開鳳梨可樂達混合液
3. 將混合液放入機器
4. 準備 1/2 杯白蘭姆酒
5. 倒入蘭姆酒
6. 加 2 杯冰

7. 關閉機器
8. 攪拌一分鐘
9. 打開機器
10. 拿杯子
11. 拿粉紅小雨傘
12. 上飲料給客人

然而，如果酒保真的按照這些步驟一個接一個地依順序做，他的工作就不保了。儘管在描述這些動作時是有順序的，但其中許多操作可以平行執行。我們將使用下面的活動圖來抓出和推斷潛在的並行性。

看到依賴項真正存在的地方會讓人大開眼界。在這個實例中，頂層任務（1、2、4、10 和 11）可以在一開始就並行地發生，而任務 3、5 和 6 稍後可以平行執行。如果您參加了一個鳳梨可樂達製作大賽，這些優化可能會讓您翻轉整個比賽。

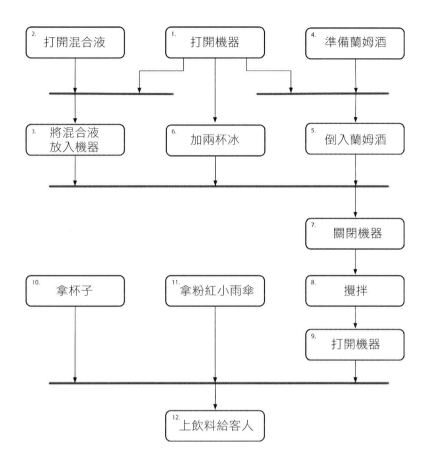

並行的機會

活動圖顯示了潛在可能並行的地方，但是並不會說明這些地方是否真的可以並行。例如，在鳳梨可樂達的例子中，一個調酒師需要 5 隻手才能同時執行所有可能的初始任務。

這就是設計要派上用場的地方了。當我們看這些活動時，我們會意識到第 8 個任務，攪拌，需要一分鐘。在這段時間裡，我們的酒保可以拿到杯子和雨傘（活動 10 和 11），可能還有時間將飲料上給其他顧客。

快速格式化

這本書是純文字寫的，目的是要建立出可紙本列印的版本，或電子書，或其他。這些文字必須透過一連串的處理。有些處理的目的在尋找特定的結構（參考書目引用、索引、技巧的特殊標記等等），也有其他處理是對整個文件進行全面動作。

管道中的許多處理必須存取外部資訊（讀取檔、寫入檔、透過外部程式進行管道傳輸）。所有這些速度相對較慢的工作，都為我們提供了利用並行的機會：實際上，管道中的每個步驟都是並行執行的，從上一個步驟讀取資料，然後寫入下一個步驟。

此外，有些處理相對來說屬於處理器密集型的，比如其中之一是轉換數學公式。由於各種歷史原因，每個方程式的轉換時間最長可達 500 毫秒。為了加快速度，我們利用了平行性。因為每個公式都是相互獨立的，所以我們將每個公式轉換放入自己的平行處理中，當得到結果時，再將結果回傳到書中。

因此，本書在多核心的機器上的建構速度要快得多。

（是的，我們確實在這樣的處理管道中發現了許多並行錯誤…）

這就是我們在設計並行性時所追求的，我們希望找出需要時間的活動，但這些時間又不是花在我們程式碼執行上。這類活動像是查詢資料庫、存取外部服務、等待使用者輸入：所有這些事情通常會使我們的程式停滯，直到活動完成。這些都是讓 CPU 做一些比玩姆指更有生產力的機會。

平行的機會

請記住兩者的區別：並行性是一種軟體機制，平行性是一種硬體機制。如果我們有多個處理器，無論是本地的還是遠端的，那麼如果我們可以為它們分配工作，我們就可以減少總工作時間。

可以拿來做平行拆分的理想工作，應該是相對獨立的工作——每個工作都可以直接進行，而不需要等待其他工作的任何資訊。一種常見的模式是將一大塊工作分解成獨立的小工作，平行處理每個小工作，然後合併結果。

在現實中，一個有趣的例子是 Elixir 語言的編譯器的工作方式。當它啟動時，它會將建構的目標專案分解成模組，然後平行地編譯每個模組。當發現一個模組依賴於另一個模組時，它將暫停編譯，直到另一個模組的建構有可用結果為止。在頂層模組完成時，代表著所有依賴項都已編譯完畢。由於利用所有可用處理器，所以得到快速編譯。

識別機會不難

回到您的應用程式，現在我們已經知道可從並行和平行中獲得什麼好處。現在是棘手的部分：我們如何安全地實作它。這就是本章接下來的主題要討論的內容。

相關章節包括

- 主題 10，正交性，第 45 頁
- 主題 26，如何平衡資源，第 137 頁
- 主題 28，去耦合，第 150 頁
- 主題 36，黑板，第 220 頁

挑戰題

- 當您早上準備工作時，您會同時執行多少任務？您可以用 UML 活動圖來表示它嗎？您能找到透過增加並行性加快準備的方法嗎？

34 不要共用狀態

假設您身處在您最喜歡的餐廳。您吃完主菜，問服務生還有沒有蘋果派。他回頭一看，看到陳列櫃裡有一件，就答應了。您點了酒，心滿意足地呼了口氣。

與此同時，在餐廳的另一邊，另一位顧客也問了服務生同樣的問題。她也看了看，確認有一件，顧客也點蘋果派。

註定其中有一個顧客要失望了。

現在讓我們把陳列櫃換成一個聯合銀行帳戶，把服務生變成銷售點設備（POS）。您和您的伴侶都決定同時買一部新手機，但帳戶裡的錢只夠買一部。有人（銀行、商店或您）將會非常不高興。

> **提示 57**   共用狀態是不行的

問題出在共用狀態。餐館裡的每一位服務生都可看到陳列櫃，不會去考慮到其他服務生。每個銷售點設備都能查看帳戶餘額，而不會去考慮其他設備。

原子性更新

讓我們用撰寫程式碼的角度看看我們的用餐者的例子：

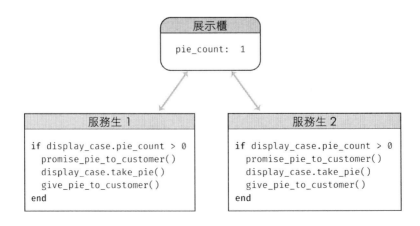

這兩個服務生並行工作（在現實生活中是平行工作），讓我們看看他們的程式碼：

```
if display_case.pie_count > 0
  promise_pie_to_customer()
  display_case.take_pie()
  give_pie_to_customer()
end
```

服務生 1 獲得當前的派數，現值是 1，所以他承諾把派送給顧客。但這時，服務生 2 開始動作了，她也看到了派數是 1，並對她的客戶做出了相同的承諾。然後，其中一個人拿起最後一塊派，而另一個服務生進入某種錯誤狀態（這可能要道歉很久）。

這裡的問題不在於兩個程序可以寫入相同的記憶體。真正的問題是，這兩個程序都不能保證它們對記憶體的看法是一致的。實際上，當一個服務生執行 display_case.pie_count() 時，他們將展示櫃中的值複製到自己的記憶體中，如果展示櫃中的值發生變化，那麼它們的記憶體（它們用來做決策的記憶體）中的資料就馬上過時了。

這都是因為取得和更新派的計數不是一個原子性操作：底層值可能在過程中改變。

那麼我們如何使它具有原子性呢？

semaphore 和其他形式的互斥

semaphore 是一個簡單的東西，這種東西一次只能被一個人擁有。您可以建立一個 semaphore，然後使用它來控制對其他資源的存取。在我們的範例中，我們可以建立一個 semaphore 來控制對派的存取，並採用這樣的約定：任何想要更新派的內容的人只有在持有該 semaphore 的情況下才能更新。

假設用餐者決定使用實體 semaphore 來解決派的問題。他們在派展示櫃上放了一個塑膠小妖精。在任何一個服務生賣派之前，他們必須先把小妖精抓在手裡。一旦他們的訂單完成（這代表著把派送到桌子上），他們就可以把小妖精送回守衛派寶藏的地方，準備下一個訂單。

讓我們在程式碼中查看一下。通常，獲取 semaphore 的操作稱為 *P*，釋放 semaphore 的操作稱為 *V* [註2]。今時今日我們用來代表的術語還有 *lock/unlock*、*claim/release* 等等。

```
case_semaphore.lock()

if display_case.pie_count > 0
  promise_pie_to_customer()
  display_case.take_pie()
  give_pie_to_customer()
end

case_semaphore.unlock()
```

這段程式碼假設已經有一個 semaphore 被建立了，並將其儲存在 case_semaphore 變數中。

讓我們假設兩個等待者同時執行程式碼。它們都試圖鎖定 semaphore，但只會有一個成功。得到 semaphore 的那個繼續正常執行。沒有獲得 semaphore 的那個將被暫停，直到該 semaphore 可用（服務生等待…）。當第一個服務生完成訂單時，他們解鎖 semaphore，第二個服務生繼續執行。此時，他們會發現櫃子裡沒有派了，於是直接向顧客表示售完。

這種方法存在一些問題。其中最重要的問題是，它只在每個存取 pie 的人都同意使用 semaphore 的約定時才有效。如果有人忘記了（也就是說，一些開發人員撰寫的程式碼不符合約定），那麼我們又會陷入混亂。

使資源可交易

當前的設計很糟糕，因為它將保護存取派展示櫃的責任委託給了使用它的人。讓我們將它改變成集中控制。要做到這一點，我們必須改寫 API，以便讓服務生可以檢查派的數量，並在同一個呼叫中取得派：

註2　P 和 V 名稱是從兩個荷蘭語文字的開頭字母而來，但是倒底是哪兩個字則存在一些爭議。這個技術的發明者 Edsger D kstra 認為 P 是由 passering 和 prolaag 而來，V 是由 vrijgave 或 verhogen 而來。

```
slice = display_case.get_pie_if_available()
if slice
  give_pie_to_customer()
end
```

要做到這一點，我們需要寫一個方法，這個方法代表展示櫃本身：

```
def get_pie_if_available()         ####
  if @slices.size > 0                 #
    update_sales_data(:pie)           #
    return @slices.shift              #
  else                                #   不正確的程式碼！
    false                             #
  end                                 #
end                                 ####
```

這段程式碼表現出一個常見的誤解。雖然我們已經把資源存取轉移到一個中心
位置，但是我們的方法仍然可以被多個並行執行緒呼叫，所以我們仍然需要用
一個 semaphore 來保護它：

```
def get_pie_if_available()
  @case_semaphore.lock()

  if @slices.size > 0
    update_sales_data(:pie)
    return @slices.shift
  else
    false
  end

  @case_semaphore.unlock()
end
```

改寫完後的程式碼也可能不正確。因為 update_sales_data 若引發一個異常，
semaphore 將永遠不會解鎖，之後就沒有辦法再存取派展示櫃。我們需要解
決這個問題：

```
def get_pie_if_available()
  @case_semaphore.lock()

  try {
    if @slices.size > 0
      update_sales_data(:pie)
      return @slices.shift
    else
      false
```

```
      end
    }
    ensure {
      @case_semaphore.unlock()
    }
  end
```

由於這是一個常見的錯誤，許多語言都提供了函式庫來處理這個問題：

```
  def get_pie_if_available()
    @case_semaphore.protect() {
      if @slices.size > 0
        update_sales_data(:pie)
        return @slices.shift
      else
        false
      end
    }
  end
```

多個資源交易

我們的餐廳剛裝好一台霜淇淋機，如果顧客點了冰淇淋派，服務生需要分別檢查還有沒有派和霜淇淋。

我們可將服務生程式碼修改為：

```
  slice = display_case.get_pie_if_available()
  scoop = freezer.get_ice_cream_if_available()

  if slice && scoop
    give_order_to_customer()
  end
```

但這樣也是行不通的。如果我們要求一塊派成功了，但當我們想要一勺霜淇淋時，卻發現根本沒有，那該怎麼辦？現在只有派，我們沒有辦法處理（因為我們顧客點的東西必須要有霜淇淋）。而現在我們手上拿著派，就代表著派不在這個箱子裡，所以這塊派也不能提供給只想要派的其他顧客（作為一個純粹主義者）。

我們可以透過向展示櫃添加一個方法來修復這個問題，該方法允許我們放回一塊派。我們需要添加異常處理，以確保在發生問題時不保留資源：

```
slice = display_case.get_pie_if_available()

if slice
  try {
      scoop = freezer.get_ice_cream_if_available()
      if scoop
      try {
        give_order_to_customer()
      }
      rescue {
        freezer.give_back(scoop)
      }
      end
  }
  rescue {
    display_case.give_back(slice)
  }
end
```

這也不是很理想，程式碼現在看起來真的醜：搞清楚它實際上做了什麼很困難：業務邏輯被整理的工作給掩埋了。

我們之前解決這種問題的方法，是靠著將資源處理程式碼移動到資源本身來解決這個問題。然而，在這裡，我們有兩個資源，那我們應該把程式碼放在展示櫃還是冰淇淋機裡？

我們要對這兩種答案的選擇說「不」。務實的做法是「冰淇淋派是獨立的資源」。我們將這段程式碼移到一個新模組中，然後當碰到用戶端說「給我拿個冰淇淋派」時，它若不是回應成功，就是回應失敗。

當然，在現實世界中可能會有許多這樣的複合餐點，您不希望為每個餐點撰寫新的模組。相反地，您可能需要某種菜單，其中說明了餐點包含哪些組成元件，然後使用通用的 `get_menu_item` 方法與每個元件進行資源處理。

非交易性更新

共用記憶體身為並行性問題的根源，自然受到了很多關注，但實際上，只要是任何應用程式程式碼可共用可變資源（檔案、資料庫、外部服務等），都可能出現問題。當程式碼的兩個或多個實例可以同時存取某些資源時，就會出現潛在的問題。

有時候，所謂的資源並不是那麼明顯。在撰寫本書的這個版本時，我們更新了工具鏈，以便使用執行緒平行地完成更多的工作。但更新了工具鏈導致了建構失敗，但這種失敗很奇怪且地點也很隨機。在所有這些錯誤中，一個常見的錯誤是找不到檔案或目錄，即使它們確實位於正確的位置。

我們追蹤到程式碼中的幾個地方，這些地方暫時地修改了目前目錄。在非平行版本中，將這些程式碼中的目錄指定回原本的就可以修復了。但在平行版本中，一個執行緒會去修改目錄，然後身處在該目錄中時，另一個執行緒開始執行。該執行緒應該位於原始目錄中，但是由於目前目錄是由執行緒之間共用，所以實際情況並非如此。

這個問題的本質引出了另一個提示：

> **提示 58**   隨機發生的錯誤，通常是個並行問題

其他類型的獨佔型存取

大多數語言都支援對共用資源的某種獨佔存取。他們可能稱它為 mutex（互斥，mutual exclusion）、monitor（監視器）或 semaphore。這些都是由函式庫實作的。

然而，有些語言本身就內建了並行支援。例如，Rust 強化了資料擁有權的概念；一次只能有一個變數或參數可以參照到任何特定可變資料。

您可能認為，函式式語言傾向於使所有資料不可變，從而簡化了並行性。然而，它們仍然面臨著同樣的挑戰，因為在某種程度上，它們也會被迫踏入真實的、多變的世界。

醫生，我痛⋯

如果您沒有從本節中學到任何東西，那麼您可以參考這條結論：在共用資源的環境中實現並行性非常困難，而且想自行管理它也充滿了挑戰。

這就是為什麼我們推這個老笑話的笑點：

> 醫生，我這樣做時很痛。

> 那就別那麼做。

接下來的幾節建議一些替代的解決方案，使得我們獲得並行帶來的好處，同時又不會帶來痛苦。

相關章節包括

- 主題 10，正交性，第 45 頁
- 主題 28，去耦合，第 150 頁
- 主題 38，靠巧合寫程式，第 232 頁

35　參與者與程序

> 沒有作家，就沒有故事；沒有演員，故事就不會充滿生氣。

> ➤ *Angie-Marie Delsante*

參與者與程序提供了有趣的方式來實作並行，而且無需同步存取共用記憶體。

然而，在我們開始之前，我們需要定義我們的意思，而且這聽起來會很學術。別擔心，我們很快就會解決的。

- 一個參與者（*actor*）是一個獨立的虛擬處理器，它有自己的本地（和私有）狀態。每個參與者都有一個郵箱。當訊息出現在郵箱中且參與者處於空閒狀態時，它將啟動並處理訊息。完成處理後，它將接著處理郵箱中的另一條訊息，如果郵箱為空，則回到休眠狀態。

  在處理訊息時，參與者可以建立其他參與者，將訊息發送給它所知道的其他參與者，並建立一個新狀態，這個狀態在處理下一條訊息時將成為目前狀態。

- 一個程序通常是一個更通用的虛擬處理器，通常由作業系統實作，目的是提昇並行性。程序可以（根據約定）被約束為像參與者一樣活動，這就是我們這裡所說的程序。

參與者只能是並行的

有幾件事是您無法在參與者的定義中找到：

- 沒有一個束西是受控的。沒有任何東西會安排接下來發生的事情，也不會編排從原始資料到最終輸出的資訊傳輸。

- 系統中的唯一狀態被保存在訊息中，並且也保存在每個參與者的本地狀態中。除了接收端可以檢查訊息之外，沒有人能檢查訊息，並且除了參與者之外都不能存取本地狀態。

- 所有資訊都是單向的，沒有回覆的概念。如果希望參與者回傳回應，您則需要在發送的訊息中包含自己的郵箱位址，並且（最終）回應會被做成另一條訊息發送到該指定郵箱。

- 參與者處理每條訊息直至完成，並且一次只處理一條訊息。

因此，參與者的執行是並行、非同步，並且不共用任何內容的。如果有足夠的物理處理器，就可以在每個處理器上執行一個參與者。如果只有一個處理器，那麼有一些執行時期函式可以處理上下文切換。無論哪種方式，參與者執行的程式碼都是相同的。

| 提示 59 | 使用參與者模型可做到不共用狀態的並行工作 |

一個簡單的參與者

讓我們使用參與者模型實作我們餐廳的例子。在餐廳的例子中，我們將有三個（顧客、服務生和派展示櫃）參與者。

整體來看訊息流將如下所示：

- 我們（扮演外部像上帝般的角色）告訴顧客他們餓了

- 顧客聽到後的回應，是向服務生要派

- 服務生會向派展示櫃要求將派拿給顧客

- 如果派展示櫃有一塊可用的派，它將把它送給顧客，並通知服務生把它加到帳單上

- 如果沒有派，派展示櫃會告訴服務生，服務生會向顧客道歉

我們選擇使用 Nact 函式庫[註3] 實作 JavaScript 程式碼。我們加入了一個小包裝器，它允許我們將參與者寫成簡單的物件，物件中的鍵是它接收到的訊息類型，值是在接收到特定訊息時要執行的函式（大多數參與者系統具有類似的結構，但是細節取決於主機語言）。

讓我們從客戶開始看，客戶可以收到三種資訊：

- 您餓了想吃派（來自外部環境）

- 派在您桌子上了（派展示櫃送來的）

- 對不起，派賣完了（服務生送來的）

註 3　*https://github.com/ncthbrt/nact*

以下程式碼：

```
concurrency/actors/index.js
const customerActor = {
  'hungry for pie': (msg, ctx, state) => {
    return dispatch(state.waiter,
                    { type: "order", customer: ctx.self, wants: 'pie' })
  },

  'put on table': (msg, ctx, _state) =>
    console.log(`${ctx.self.name} sees "${msg.food}" appear on the table`),

  'no pie left': (_msg, ctx, _state) =>
    console.log(`${ctx.self.name} sulks…`)
}
```

有趣的情況是，當我們收到一條「想要派」的訊息時，接著我們會給服務生
發送一條訊息（我們很快就會看到顧客是如何知道有「服務生」這個參與者
的）。

這是服務生的程式碼：

```
concurrency/actors/index.js
const waiterActor = {
  "order": (msg, ctx, state) => {
    if (msg.wants == "pie") {
      dispatch(state.pieCase,
               { type: "get slice", customer: msg.customer, waiter: ctx.self })
    }
    else {
      console.dir(`Don't know how to order ${msg.wants}`);
    }
  },

  "add to order": (msg, ctx) =>
    console.log(`Waiter adds ${msg.food} to ${msg.customer.name}'s order`),

  "error": (msg, ctx) => {
    dispatch(msg.customer, { type: 'no pie left', msg: msg.msg });
    console.log(`\nThe waiter apologizes to ${msg.customer.name}: ${msg.msg}`)
  }
};
```

當服務生收到來自客戶的 `'order'` 訊息時，它會檢查該請求是否是要求要派。
如果是，它將向派展示櫃發送一個請求，同時傳遞對自身和客戶的參照。

派展示櫃擁有狀態：用一個陣列保存櫃中每一片派的狀態（同樣地，我們很快就會看到如何設定這個狀態）。當它收到來自服務生的 `'get slice'`（拿一塊派）訊息時，它會查看是否還有派。如果還有，就將派傳遞給客戶，並告訴服務生更新訂單，最後回傳一個更新狀態，更新狀態中指出少了一塊派。以下是派展示櫃程式碼：

```
concurrency/actors/index.js
const pieCaseActor = {
  'get slice': (msg, context, state) => {
    if (state.slices.length == 0) {
      dispatch(msg.waiter,
              { type: 'error', msg: "no pie left", customer: msg.customer })
      return state
    }
    else {
      var slice = state.slices.shift() + " pie slice";
      dispatch(msg.customer,
              { type: 'put on table', food: slice });
      dispatch(msg.waiter,
              { type: 'add to order', food: slice, customer: msg.customer });
      return state;
    }
  }
}
```

雖然您會發現通常參與者是由其他參與者動態觸發後才進行動作，但在我們的範例中，我們將保持簡單、手動觸發參與者，同時我們也會傳入一些初始狀態：

- 派展示櫃取得它裡面的派切片的初始清單

- 我們會把一個派展示櫃參照給服務生

- 我們會把一個顧客參照給服務生

```
concurrency/actors/index.js
const actorSystem = start();

let pieCase = start_actor(
  actorSystem,
  'pie-case',
  pieCaseActor,
  { slices: ["apple", "peach", "cherry"] });
```

```
let waiter = start_actor(
  actorSystem,
  'waiter',
  waiterActor,
  { pieCase: pieCase });

let c1 = start_actor(actorSystem,   'customer1',
                       customerActor, { waiter: waiter });
let c2 = start_actor(actorSystem,   'customer2',
                       customerActor, { waiter: waiter });
```

最後我們開始執行這個程式。假設我們的顧客很貪吃，顧客 1 要了三塊派，顧客 2 要了兩塊派：

```
concurrency/actors/index.js
dispatch(c1, { type: 'hungry for pie', waiter: waiter });
dispatch(c2, { type: 'hungry for pie', waiter: waiter });
dispatch(c1, { type: 'hungry for pie', waiter: waiter });
dispatch(c2, { type: 'hungry for pie', waiter: waiter });
dispatch(c1, { type: 'hungry for pie', waiter: waiter });
sleep(500)
  .then(() => {
    stop(actorSystem);
  })
```

在我們執行程式的過程中，我們可以看到參與者們之間的通訊[4]。您自己執行時看到的順序很可能與書上的不同：

```
$ node index.js
customer1 sees "apple pie slice" appear on the table
customer2 sees "peach pie slice" appear on the table
Waiter adds apple pie slice to customer1's order
Waiter adds peach pie slice to customer2's order
customer1 sees "cherry pie slice" appear on the table
Waiter adds cherry pie slice to customer1's order

The waiter apologizes to customer1: no pie left
customer1 sulks…

The waiter apologizes to customer2: no pie left
customer2 sulks…
```

註 4　若要執行這個範例程式碼，您將會需要我們寫的一些包裝函式，這些函式並沒有列在書中，你可以在 *https://media.pragprog.com/titles/tpp20/code/concurrency/actors/ index.js* 下載它們。

不用明確指定並行

在參與者模型中，不需要撰寫任何程式碼來處理並行性，因為根本沒有共用狀態。也沒有必要手動撰寫「誰做這個，誰做那個」邏輯，因為參與者是依他們收到的訊息自行解決問題。

也不用管底層架構，這樣的一組元件在單核心、多核心或多網路機器上都可以很好地工作。

由 Erlang 奠定了基礎

Erlang 語言和執行時期函式庫是參與者模型實作的好例子（即使 Erlang 的發明者沒有閱讀參與者模型的原始論文）。Erlang 將參與者（actor）稱為程序（*process*），但它們和一般的作業系統程序不一樣，而是像我們前面討論中的參與者。Erlang 程序很輕便（您可以在一台機器上執行數百萬個程序），它們透過發送訊息進行通訊，每一個程序與其他的程序隔離，所以沒有狀態共用。

此外，Erlang 執行時期函式庫實作了一個 *supervision* 系統，該系統的功能是管理程序的生命週期，在出現故障時可重新啟動一個程序或一組程序。Erlang 還提供了動態程式碼載入（hot-code loading）的功能：您可以在不停止正在執行的系統的情況下，替換該系統中的程式碼。Erlang 系統執行一些世界上最可靠的程式碼，可靠度經常評定為 99.9999999%。

但是 Erlang（及其後代 Elixir）並不是唯一實作程序的語言，許多語言都有實作參與者模型。請考慮使用它們實作您的並行程式。

相關章節包括

- 主題 28，去耦合，第 150 頁
- 主題 30，轉換式程式設計，第 171 頁
- 主題 36，黑板，第 220 頁

挑戰題

■ 您當前是否有使用互斥來保護共用資料的程式碼，請嘗試使用參與者模型撰寫相同程式的原型吧。

■ 餐廳的參與者模型程式碼只支援購買派，請將其擴展到讓客戶可以訂購冰淇淋派，用兩個獨立的代理去管理每塊派和每勺冰淇淋，請將它們設計成能處理其中一個耗盡的情況。

---

36 黑板

牆上的字（不詳之兆）⋯

> 但以理書 5 章（*ref*）

想像警探使用一個黑板來分析和解決一個謀殺調查的場景，首席檢察官會先在會議室裡掛起一塊大黑板，然後她寫下一個問題：

蛋頭先生（*H. Dumpty*）（男性，蛋）：意外？謀殺？

蛋頭先生是真的摔倒了，還是被人推了下去？每個警探都可以透過添加事實、目擊者的陳述、任何可能出現的法醫證據等等，為這個潛在的謀殺之謎做出貢獻。隨著資料的積累，警探可能會注意到其中的關連，並公布觀察結果或推測。這個過程在所有的輪班中繼續進行，有許多不同的人和探員參與，直到案件結束。例如第 221 頁所示的黑板圖。

黑板破案法的主要特點是：

■ 沒有一個警探需要知道其他警探的存在——他們觀察黑板尋找新的資訊，並加入他們的發現。

■ 這些警探可能受過不同的訓練，可能有不同的教育水準和專業知識，甚至可能不在同一個警區工作。他們之間的共同點是他們都想破案，但也僅此而已。

- 在這個過程中，不同的警探可能來來去去，可能輪班工作。

- 黑板上的內容沒有限制，可能是圖片、一句話、物證等等。

這是自由放任（*laissez faire*）平行的一種形式。場景裡的警探可以是獨立的程序、代理或參與者等等。它們之中有些把事實儲存在黑板上，另外一些則從黑板上擷取事實，可能將其合併或處理，並向黑板上添加更多資訊，最終黑板會逐漸幫助他們得到結論。

基於電腦的黑板系統最初被用於人工智慧的應用中，在這種應用中需要解決的問題是很大和很複雜的——例如語音辨識、基於知識的推理系統等。

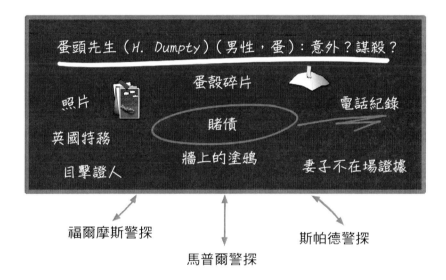

▲ 圖 2 有人發現了蛋頭先生的賭債和電話紀錄之間的關聯，
也許他曾接到恐嚇電話

最早的黑板系統之一是 David Gelernter 的 Linda，它將各種事證以各種 tuple 儲存。應用程式可以將新的 tuple 寫入 Linda，並使用樣式匹配的形式去查詢現有的 tuple。

後來出現了分散式類似黑板的系統，如 JavaSpaces 和 T Spaces。使用這些系統，您可以在黑板上儲存有效的 Java 物件（而不僅僅是資料），並透過欄位的部分匹配（透過範本和萬用字元）或子類型檢索它們。例如，假設您有一個 Author（作家）型態，它是 Person 的子類型。您可以對一個包含 Person 物件的黑板進行搜尋，搜尋時使用一個 Author 範本，並將該範本的 lastName 值設定為「Shakespeare」。您將會搜出作家 Bill Shakespeare，而不是園丁 Fred Shakespeare。

我們認為，這些系統還未真正開始發展，部分原因是對並行合作處理的需求尚未成形。

一塊實際的黑板

假設我們正在撰寫一個程式來接受和處理抵押貸款或貸款申請。管理這一領域的法律極其複雜，聯邦政府、州政府和地方政府都各有要求。貸款人必須證明他們已經揭露了某些資訊，並要求政府提供某些資訊，但又不能問某些其他問題等等。

除了法律上的「烏煙瘴氣」之外，我們還面臨以下問題：

- 回應可以以任何順序到達。例如，查詢信用檢查結果或產權調查可能會花費大量時間，而查詢名稱和位址等項目可立即完成。

- 資料收集可能由不同的人完成，分佈在不同的辦公室和不同的時區。

- 有些資料收集工作可以由其他系統自動完成，這些收集完成後的資料也可能是非同步到達的。

- 儘管如此，某些資料可能仍然依賴於其他資料。例如，在您沒有汽車擁有權或保險證明之前，您可能無法開始做汽車的產權調查。

- 新資料的到來可能會帶來新的問題和法律規定。例如，假設信用檢查得到的報告不那麼光彩；現在您需要填寫五份額外的表格，也許還需要加上一份血液採樣。

您可以嘗試使用工作流程系統來處理每一個可能的組合和環境。這樣的系統有很多，但是它們可能很複雜，而且需要大量的程式設計師。隨著規則的變化，工作流必須重新組織：人們可能不得不修改他們的流程，並且硬連接的程式碼可能不得不重寫。

將一個黑板與一個封裝了法律需求的規則引擎兩者結合在一起，是解決這些困難的一種優雅的解決方案。資料到達的順序無關緊要：當一個實事發佈時，它可以觸發適用的規則。回饋也很容易處理：任何一組規則的輸出都可以發佈到黑板上，從而觸發更多適用的規則。

提示 60	使用黑板協調工作流程

訊息傳遞系統可以像黑板一樣

在撰寫本書第二版時，許多應用程式都是使用小型的、去耦合的服務建構的，所有這些服務都透過某種形式的訊息傳遞系統進行通訊。這些訊息傳遞系統（如 Kafka 和 NATS）所做的遠不止將資料從 A 發送到 B。特別的是，它們提供交易紀錄（以事件日誌的形式）和透過樣式匹配檢索訊息的能力。這代表著您可以將它們作為一個黑板系統和／或作為一個平台，您可以在上面運作一群參與者。

但它並不是那麼簡單⋯

套用參與者模式和／或黑板和／或微服務（microservice）到架構上，可消除您應用程式中因為類別所造成的潛在並行問題。但這種好處是有代價的，這些方法比較難以推理，因為很多操作都是間接的。您會發現儲存訊息格式和／或 API 的中央儲存庫會很有幫助，特別是如果該儲存庫可以為您生成程式碼和文件更有幫助。您也將需要良好的工具，以便能夠跟蹤系統中的訊息和事實（一種實用的技巧是，在啟動特定的業務功能時先加入一個不重複的 *trace id*，然後再將其傳播給所有相關的參與者。然後，您將能夠從日誌檔中重新架構出到底發生了什麼）。

最後，這類系統的部署和管理比較麻煩，因為有更多的可活動元件。在某種程度上，這個負擔可被以下的好處抵消：系統變得更細緻，並且在更新時，可以只替換單個參與者而不是整個系統。

相關章節包括

- 主題 28，去耦合，第 150 頁

- 主題 29，行走江湖，第 159 頁

- 主題 33，打破時間耦合，第 201 頁

- 主題 35，參與者與程序，第 213 頁

練習題

練習 24（答案在第 355 頁）

黑板式的系統是否適用於以下的應用程式？為什麼適用，為什麼不適用？

影像處理。您希望有多個平行程序分別抓取圖像的區塊，處理它們，然後把處理完成的區塊放回去。

群組日曆。您的人分散在世界各地，在不同的時區，說不同的語言，而您試圖安排一個會議。

網路監視工具。這個系統收集效能統計資料和故障報告，代理商會使用這些資料在系統中找尋故障。

挑戰題

- 您在現實生活中使用黑板系統嗎？比方冰箱旁邊的留言板，還是辦公室中的大白板？是什麼讓它們產生功效？資訊是否以一致的格式發佈？格式是否一致會造成差異嗎？

Chapter 7

當您寫程式時

傳統觀點認為，一旦專案進入撰寫程式碼階段，工作就會變得機械化，將設計轉換成可執行的述句。我們認為這種態度是軟體專案失敗的一個最大的原因，許多系統以醜陋、低效、結構不良、不可維護或完全錯誤告終。

撰寫程式碼不是一個機械的行為。如果是這樣，那麼早在 1980 年代早期，人們寄予厚望的 CASE 工具早就取代掉程式設計師了。程式設計師每一分鐘都要做出決定，如果期望最終的程式是一個長壽、正確和富有效率的程式，每個決定需要仔細的思考和判斷。

並不是所有的決定都是有意識的。當您聆聽您的蜥蜴腦（*Lizard Brain*）時，您可以更好地利用直覺和潛意識的想法。在該小節中我們將看到如何更仔細地傾聽，以及如何積極地回應這些有時稍嫌瑣碎的想法。

但聽從直覺並不代表著您就能撒手不管。沒有積極思考程式碼的開發人員，可以說是靠巧合進行程式設計的，意思是程式碼可能可以正常工作，但沒有特定的原因。在靠巧合寫程式小節中，我們主張在撰寫程式碼的時期要更積極地參與。

雖然我們撰寫的大多數程式碼執行速度都很快，但我們偶爾也會開發一些演算法，這些演算法甚至有可能使速度最快的處理器也陷入停滯。在演算法速度中，我們會討論幾種估算程式碼速度的方法，並給出一些提示，幫助您在潛在問題發生之前發現它們。

務實的程式設計師會對所有程式碼進行批判性思考，包括我們自己的程式碼。我們會不斷看到我們的程式和設計上的改進空間。

在重構小節中，我們將會研究幫助我們不斷修正現有程式碼的技術。

測試的目的不是找出 bug，而是獲得對程式碼的回饋：對設計、API、耦合等方面的回饋。這代表著測試得到的主要好處，將會用在您思考和撰寫測試程式時，而不僅僅是在執行它們的時候。我們將在測試對程式碼的意義小節中探討這個概念。

當然，當您測試自己的程式碼時，您可能會將自己的偏見帶到任務中。在以屬性為基礎的測試中，我們將看到如何讓電腦為您做一些常見的測試，以及如何處理不可避免的錯誤。

撰寫易讀且易於推理的程式碼是非常重要的。外面的世界很殘酷，到處都是壞人，他們積極地試圖闖入您的系統，造成傷害。我們將討論一些非常基本的技術和方法來幫助您待在安全的地方。

最後，軟體發展中最困難的事情之一是命名。我們不得不給很多東西取名字，而我們選擇的名字在很多方面定義了我們創造的現實。在撰寫程式碼時，您需要注意任何潛在的語意偏差。

我們大多數人在駕駛汽車時，很大程度上都能做到直覺駕駛；我們並沒有明確地命令我們的腳去踩踏板，或命令我們的手臂轉動方向盤，我們只是想「慢下來，然後右轉」。然而，一位好的、安全的司機會不斷地檢查情況，檢查潛在的問題，並讓自己處於良好的位置，以防意外發生。同樣的道理也適用於撰寫程式碼，雖然可能在很大程度上只是照規則辦事，但是保持頭腦清醒可以很好地防止災難的發生。

37 聆聽您的蜥蜴腦

只有人類可以專注著看著東西，取得做出準確預測所需的所有信息，甚
至可能時不時地做出準確預測，然後轉眼又推翻自己。

➤ *Gavin de Becker*，求生之書

Gavin de Becker 畢生的工作就是幫助人們保護自己。他的書《求生之書：
危險年代裡，如何確保安全》（*The Gift of Fear: And Other Survival Signals
That Protect Us from Violence*）*[de 98]* 概括了他想傳遞的訊息。貫穿全書的
一個關鍵主題是，作為一個老練的人類，我們已經學會了忽略更多我們動物的
那一面；我們的直覺，我們的蜥蜴腦。他說，大多數在街上被襲擊的人在襲擊
前都感到不舒服或緊張。這些人只是告訴自己他們很傻，然後那個身影就從黑
暗的門口出現了⋯。

直覺僅僅是我們潛意識大腦對模式的一種反應。有些是天生的，有些是透過重
複來學習的。作為一名程式設計師，當您積累了經驗，您的大腦就會逐漸形成
一層又一層的隱性知識：包括一些有用的東西、沒用的東西、可能導致某種錯
誤的原因、所有您在日常生活中注意到的事情。當您停下來和別人聊天的時
候，即使您沒有意識到您在這麼做，您的大腦也會按下存檔鍵。

無論這些直覺來自何方，它們都有一個共同點：它們不會說話。直覺讓您感
覺，而不是思考。因此，當一種直覺被觸發時，您不會看到一個閃著光的燈
泡。相反地，您會感到緊張，或者反胃，或者覺得一件事實在是太麻煩了。

訣竅是首先注意到直覺正在發生，然後找出其發生原因。讓我們先來看看一些
常見的情況，這些情況發生時，代表您內心的蜥蜴正試圖告訴您一些事情。然
後我們將討論如何讓直覺的大腦脫離它的保護層。

恐懼空白頁

每個人都害怕空蕩蕩的螢幕，孤獨閃爍的游標周圍全是一堆虛無。開始一個新專案（甚至是一個現有專案中的一個新模組）可能是一種令人不安的經歷。我們中的許多人在要宣告開始時，會想要東摸摸西摸摸一下。

我們認為造成這種情況的原因有兩個，而且這兩個問題的解決方案是相同的。

其中一個問題是您的蜥蜴腦試圖告訴您一些事情；在感知的表面下隱藏著某種懷疑，而且是一件很重要的懷疑。

作為一名開發人員，您必定已經嘗試過很多東西，並瞭解哪些是有用的，哪些是不正確。您一直在積累經驗和智慧。當您感到一種揮之不去的懷疑，或者在面對一項任務時感到有些不情願時，那可能正是蜥蜴腦試圖和您說話，請聆聽它。您可能一下子仍無法確切地指出哪裡出了問題，但經過一段時間，您的懷疑可能會變得越來越成形，變成一種您可以分辨出的東西。請讓您的直覺幫助您提昇表現。

另一個問題則有點平淡無奇：您可能只是擔心自己會犯錯。

這是一種合理的恐懼。身為開發人員的我們在程式碼中投入了大量精力；所以我們會把程式碼中的錯誤看作是對我們能力的反映，又或許是因為冒名頂替症候群發作；我們可能認為這個專案超出了我們的能力範圍。我們看不到通往終點的路；我們會走上好一段路，然後被迫承認我們迷路了。

對抗自己

有時候，感覺程式碼只是從您的大腦飛進編輯器：似乎不用努力，想法就變成位元。

其他時候，程式設計感覺就像在泥濘中上山。每走一步都需要付出巨大的努力，每走三步您就會後退兩步。

但是，作為一名專業人士，您要堅持下去，一步一腳印：堅持您的工作。不幸的是，這可能與您應該要做的恰恰相反。

您的程式碼試圖告訴您一些事情。它說這比它該有的難度更難，也許有結構或設計上的錯誤，也許您正試圖解決的問題不是該解決的那個問題，也許您正在創造一個如螞蟻農場般的 bug。不管是什麼原因，您的蜥蜴腦感知到來自那份程式碼的回饋，它拼命地試圖讓您傾聽。

如何與蜥蜴腦交談

我們談了很多關於聆聽您的直覺、聆聽您的下意識、聆聽蜥蜴腦。總之，技巧都是一樣的。

> **提示 61**　　聆聽內在的蜥蜴腦

首先，停止您正在做的事情。給自己一點時間和空間，讓大腦自我組織。停止對程式碼的思考，做一些暫時不需要動腦筋的事情，遠離鍵盤。散步、吃午飯、和別人聊天，也許把它丟到一邊，讓想法自己滲透到您大腦的各個層面：您無法逼迫它。最終，它們可能會上升到有意識的層級，您就會得到一個說出阿哈！時刻。

如果這些發揮不了作用，請試著把問題外部化。把您正在寫的程式碼畫個塗鴉，或者向您的同事（最好不是程式設計師）解釋一下，或者向您的橡皮鴨解釋一下。讓您大腦的不同部分接觸這個問題，看看這樣做是否更能好好地解決困擾您的問題。我們已經記不清有過多少次這樣的對話，在我們之中一個人向另一個人解釋著問題，然後突然說：「哦！對厚！」，然後中斷解釋，把問題給修好了。

但也許這些方法您通通試過了，但您還是被困在原地。這就到了該採取行動的時候了。我們需要告訴您的大腦，您即將要做的事情並非是件嚴重的事情，而且我們會利用原型設計來實作。

遊戲時間到了！

本書作者 Andy 和 Dave 都花過好幾個小時，看著空白的編輯器畫面。我們會先輸入一些程式碼，然後盯著天花板看，再拿一杯飲料，再輸入一些程式碼，然後去讀一個關於有兩條尾巴的貓的有趣故事，再輸入一些程式碼，然後執行全選／刪除動作，然後再重新開始，就這樣一次又一次，一次又一次。

多年來，我們發現了一種有效的大腦破解（brain hack）方法。就是告訴您自己您需要做一些原型設計。如果您的專案尚未有任何程式碼，那麼就去探索專案中您想要探索的某些方面，比方說您正打算使用的一個新 framework，並希望瞭解它是如何進行資料繫結的。或者它是一個新的演算法，您想要探索它是如何在邊緣情況（edge case）下工作的。或者您可能想嘗試幾種不同風格的使用者互動。

如果您正在處理的，是現成的程式碼，那麼就把它藏在某個地方，並建立一個與它類似的原型。

請做以下動作。

1. 在便利貼上寫上「我正在做原型」，然後貼在螢幕的一側。

2. 提醒自己，原型註定要失敗。提醒自己，原型會被丟棄，即使它們沒有失敗。這樣做沒有壞處。

3. 在您的空白編輯器中，寫一個註解，用一句話描述您想學習或做什麼。

4. 開始撰寫程式碼。

如果您開始產生一些懷疑，就看看便利貼。

如果在撰寫程式碼的過程中，那個揮之不去的疑問突然變成了實實在在的擔憂，那麼您就找到它了。

如果您在實驗結束時仍然感到困難，那就再從散步、談話和休息開始。

但是，根據我們的經驗，在做第一個原型的某個時候，您會驚訝地發現自己隨著音樂哼唱，享受著撰寫程式碼的感覺。緊張感會消失，取而代之的是一種想要把事情快點做好的感覺：讓我們把這件事做好！

當您到了知道要做什麼的階段，請刪除所有的原型程式碼，扔掉便利貼，用明亮的新程式碼填充編輯器空白的地方。

不只是「您的」程式碼

我們的大部分工作是處理現有的程式碼，這些程式碼通常是由其他人撰寫的。這些人與您有著不同的直覺，所以他們做出的決定也會不同。不一定更糟；就只是不同。

您可以機械式地閱讀他們的程式碼，費力地閱讀程式碼，在看似重要的東西上做筆記。雖然這是一件苦差事，但卻很有用。

或者您可以做個實驗。當您發現事情以一種奇怪的方式完成時，把它記下來。繼續這樣做，並尋找出規律模式。如果您能看出是什麼驅使他們以這種方式撰寫程式碼時，您可能會發現這件理解程式碼的工作變得容易得多，您將能夠有意識地應用他們默默套用的模式。

而且這樣您可能會學到一些新的東西。

不只是程式碼

學會在撰寫程式碼時聽從直覺是一項需要培養的重要技能，但它還能適用更多的地方。有時候，一個設計讓您感覺不對，或者一些需求讓您覺得困難，請停下來並開始分析這些感覺。如果您處在一個充滿支持的環境中，請大聲地表達出來，並探索它們。很可能在那個黑暗的門口潛伏著什麼東西。聽從您的直覺，在問題跳出來之前避免它。

相關章節包括

- 主題 13，原型和便利貼，第 64 頁

- 主題 22，工程日誌，第 117 頁

- 主題 46，解開不可能的謎題，第 298 頁

挑戰題

- 有沒有什麼事情是您知道您應該去做，但因為覺得有點可怕或困難而推遲了？請應用本節中的技術，把時間限制在一個小時、或兩個小時內，並向自己保證，當鈴聲響起時，您會刪除您做過的事情。從這件事中，您學到了什麼？

---

38 靠巧合寫程式

您看過老式的黑白戰爭片嗎？疲憊的士兵小心翼翼地走出灌木叢。前面有一塊空地：那裡有地雷嗎？能夠安全通過嗎？沒有任何跡象表明這是雷區，沒有標示、沒有鐵絲網、也沒有彈坑。士兵用刺刀戳著前方的地面，畏縮著，害怕著爆炸，但沒有爆炸。於是他在田野裡辛苦地前行，一邊走一邊刺刺戳戳。最後，他相信這片土地是安全的，於是他挺直身子，昂首闊步，不料卻被炸得粉碎。

士兵最初對地雷的探測沒有發現任何東西，但這僅僅是運氣。但卻引導他得出一個錯誤的結論，而且還帶著災難性的後果。

作為開發人員，我們也在雷區工作，每天都有數百個陷阱等著捕捉我們。請記住那個士兵的故事，我們應該警惕得到的結論是錯誤的。我們應該避免依靠巧合撰寫程式，即仰賴運氣與得到意外的成功，而應該蓄意地設計程式。

如何靠巧合寫程式

假設 Fred 被指定了一個程式設計任務。Fred 輸入了一些程式碼，試了試，似乎成功了。Fred 又輸入了一些程式碼，試了試，仍然可以工作。這樣撰寫程式碼了幾週後，程式突然停止工作，經過幾個小時的修改，他仍然不知道為什麼。Fred 很可能會花大量的時間在這段程式碼上，卻始終無法修復它。不管他做什麼，似乎總是無法正常工作。

Fred 不知道為什麼程式碼會失敗，因為他一開始就不知道為什麼它能工作。仗著 Fred 所做的有限的「測試」，會以為程式是可行的，但這只是一個巧合。Fred 受到虛假自信的鼓舞，一頭衝進了夢鄉。現在，大多數聰明的人可能都認識像 Fred 這樣的人，但是我們比 Fred 更聰明。我們不依賴巧合，不是嗎？

有時我們可能也會依賴巧合，因為有時一個快樂的巧合和一個有目的的計畫很容易被混淆。讓我們看幾個例子。

實作中的偶然

實作的偶然是指事情的發生，單純只是因為程式碼當前的撰寫方式所以才會發生。您其實是錯誤地依賴於未依設計的行為或邊界條件。

假設您在呼叫一個函式，傳入有錯誤資料。該函式以特定的方式回應，然後您就逕行依該回應撰寫程式碼。但其實作者並沒有打算讓這個程式以這種方式工作，甚至從來沒有考慮過。當該函式得到「修復」時，您的程式碼可能會崩潰。在最極端的情況下，您呼叫的函式甚至可能不是按照您想像的方式設計的，但是它看起來卻可以正常工作。另外，以錯誤的順序或在錯誤的上下文中呼叫東西，也是類似的問題。

在下面的範例程式中，看起來像 Fred 拼命地嘗試在螢幕上顯示某些東西，所以使用一些特定的 GUI 渲染 framework：

```
paint();
invalidate();
validate();
revalidate();
repaint();
paintImmediately();
```

但是這些函式從來就不是設計成被這樣呼叫的；雖然這樣呼叫目前似乎能奏效，但這只是一個巧合。

更糟糕的是，當看到畫面最終被繪製出來後，Fred 不會試圖回去處理那些可疑的呼叫。他會說「現在有作用了，最好別去管它…」。

人們很容易被這種想法愚弄。您為什麼要冒著把正在工作的東西搞砸的風險呢？嗯，我們可以想到幾個原因：

■ 它可能並沒有真正發揮作用，可能只是看起來像是有作用。

■ 您所依賴的邊界條件可能只是一個意外。在不同的環境中（比如不同的螢幕解析度、環境中有更多的 CPU 處理器），它的行為可能不同。

■ 未依設計的行為可能會隨著函式庫的下一個版本而改變。

■ 額外和不必要的呼叫會使程式碼變慢。

■ 額外的呼叫增加了引入新 bug 的風險。

對於那些您寫的要讓其他人呼叫的程式碼，有一個有幫助的基本原則是：良好的模組化、將實作隱藏在小的、具有良好說明文件的介面後面。一個詳細的合約（參見主題 23，合約式設計，第 120 頁）可以幫助消除誤解。

對於您呼叫的函式，請只依賴寫在它文件上的行為。不管出於什麼原因，如果您不能的話，也請把您的假設記錄下來。

只差一點點

我們曾經做過一個大專案，任務是要把從大量的硬體資料收集單元獲得的資料給報告出去。這些資料收集單元跨越數個州和時區，由於各種後勤和歷史原因，每個單位都設定為當地時間[註1]。由於時區解讀的衝突和夏令時政策的不一致，結果幾乎總是錯誤的，但錯誤時間只會差 1 個小時。這個專案的開發人員已經養成了只加 1 或減 1 來得到正確答案的習慣，因為在這種情況下，它是只會差 1。然後下一個函式會看到值是加或減掉 1 的結果，然後把差值改回來。

但事實是，它的誤差在某些時候「只是」偏離了 1，這是一個巧合，掩蓋了一個更深、更根本的缺陷。如果沒有適當的時間處理模型，這整個程式碼就會隨著時間的推移，礙於難以維持的 +1 和 -1 述句而退化。最終，再無正確的結果，導致這個專案被廢棄。

幽靈模式

人類天生就善於發現模式和原因，即使模式和原因只是巧合。例如，俄羅斯領導人總是在禿頭和多毛之間交替：近 200 年來，俄羅斯總是由一位禿頭（或明顯禿頭）的國家領導人接替了另一位非禿頭（「多毛」）的國家領導人，然後再反過來[註2]。

當然您在寫程式碼時，不會依賴於下一任俄羅斯領導人是禿頭還是多毛，但其實在某些場域，我們的思考卻一直是這麼想的。例如賭徒們想像彩票號碼、骰子遊戲或輪盤賭的模式，但實際上這些都是統計上獨立的事件。在金融領域，股票和債券交易同樣充滿了巧合，而不是真實的、可辨別的模式。

假設有一個 log 檔顯示，每 1,000 個請求就會顯示一個間歇性錯誤，這個錯誤可能是一個難以診斷的競態條件（race condiction），或者可能是一個常見的 bug。似乎在您的機器上測試會發生，在伺服器上不發生，可能表示這兩個環境之間的差異造成 bug，也可能只是因為巧合。

不要假設，要證明。

註 1　這是一個歷劫歸來、遍體鱗傷的人的提醒：UTC 存在是有原因的，請使用它。

註 2　*https://en.wikipedia.org/wiki/Correlation_does_not_imply_causation*

環境造成的意外

也有另外一種「環境造成的意外」。假設您正在撰寫一個工具程式模組。因為您當前正在為一個 GUI 環境撰寫程式碼,所以模組是否必須依賴當前的 GUI 環境?您是否依賴著使用者必須說英語?使用者必須受過相關訓練?還有什麼是您必須依賴,但事實上不能保證必定會成立的條件?

您是否假定目前的目錄是必定可寫的?是否存在某些環境變數或設定檔?伺服器上的時間是準確的?誤差在什麼範圍內?您是否依賴網路可用性和速度?

當您從網上找到的第一個答案中複製程式碼時,您確定您的環境是相同的嗎?或者您建立的程式碼是一種「貨物崇拜」(cargo cult)的程式碼,只是在模仿其形式,但卻不是實質內容[註3]?

找到一個恰好合適的答案和找到正確答案是不一樣的兩件事。

> **提示 62** 　 不要依賴巧合寫程式

隱形假設

從需求產生開始到測試,在每一個階段都可能因巧合產生誤導。測試尤其容易得到充滿虛假的因果關係和巧合的結果。很容易就會假設是 X 導致了 Y,但是正如我們在第 104 頁的主題 20,除錯小節中所說的:不要假設它,請證明它。

在所有階段中,人們都在頭腦中使用了許多假設──但是這些假設很少被記錄下來,並且不同的開發人員之間經常有不同的假設,不以既定事實為基礎的假設是所有專案的禍根。

註 3 　參見第 319 頁的主題 50,**不要切開椰子**。

如何謹慎地設計程式

我們希望花費更少的時間來撰寫程式碼，盡可能早地捕獲並修復開發週期中的錯誤，並在開始時建立更少的錯誤。如果我們能謹慎地設計程式，就會有所幫助：

- 時刻注意自己在做什麼。在 Fred 的例子中，他讓事情慢慢失去控制，直到最後像第 10 頁的青蛙一樣被煮熟。

- 您能向一個更初級的程式設計師詳細解釋程式碼嗎？如果不能，也許您是依靠巧合在設計程式。

- 不要在黑暗中撰寫程式碼。建構一個您沒有完全掌握的應用程式，或者使用一個您不理解的技術，您很可能會被巧合咬傷。如果您不確定它為什麼能正常工作，那麼您就不會知道它為什麼失敗。

- 請從做計畫開始，不管這個計畫是在您的腦子裡、在雞尾酒餐巾紙的背面，還是在白板上。

- 只依賴可靠的東西，不要依賴假設。如果您不知道某件事是否可靠，那它就是不可靠。

- 記錄您的假設。第 120 頁的主題 23，合約式設計，可以幫助您釐清自己心中的設想，也可以幫助您與他人溝通。

- 不要只是測試您的程式碼，還要測試您的假設。不要用猜的；請實際去測試。例如寫一個 assertion 來測試您的假設（參見主題 25，*assertion 式程式設計*，第 133 頁）。如果您的 assertion 是正確的，那麼請您修改程式碼中的文件。如果發現您的假設是錯誤的，那麼您也應該感到幸運。

- 請優先考慮您力氣要花在哪，把時間花在重要的地方；更有可能的是，這些同時也會是困難的部分。如果您沒有正確建構的基礎或架構，把程式寫得再怎麼華麗也是無濟於事。

- 不要成為歷史的奴隸，不要讓現有程式碼支配未來的程式碼。如果程式碼不再合適，所有程式碼都可以替換。即使在一個程式中，也不要讓您已經做的事情限制您下一步要做的事情，請隨時有重構的準備（參見主題 40，重構，第 247 頁）。這個決定可能會影響專案進度，請在造成的影響小於不做任何改變的影響時進行重構[註 4]。

所以，下次如果有什麼事情看起來可行，但您不知道為什麼，請確保這不只是一個巧合。

相關章節包括

- 主題 4，石頭湯與煮青蛙，第 10 頁
- 主題 9，*DRY*—重複的罪惡，第 35 頁
- 主題 23，合約式設計，第 120 頁
- 主題 34，不要共用狀態，第 206 頁
- 主題 43，待在安全的地方，第 272 頁

練習題

練習 25（答案在第 356 頁）

供應商的資料提供介面（data feed）提供您以鍵 - 值對表示的 tuple 陣列。其中 `DepositAccount` 鍵對應的值是代表帳號的一個字串，如下：

```
[
  ...
  {:DepositAccount, "564-904-143-00"}
  ...
]
```

註 4　此處，你也可能矯枉過正。我們以前認識一個開發人員，他重寫了所有拿到手的程式碼，只因為他喜歡自己的命名原則。

這個程式在開發人員的 4 核心筆記型電腦以及 12 核心的建構機器上測試時，它執行得非常完美，但是在虛擬機中執行的量產伺服器上，您得到的帳號總是錯誤，請問發生什麼事了？

練習 26（答案在第 357 頁）

您正在撰寫一個語音警報的自動撥號程式，還必須管理一個連絡人資訊資料庫。國際電信聯盟（ITU）規定電話號碼不應超過 15 位數，因此您可以將連絡人的電話號碼儲存在保證裝得下 15 位數的數字欄位中。您已經在整個北美進行了全面的測試，一切似乎都很好，但突然您收到了來自世界其他地方的一連串投訴。您覺得是為什麼？

練習 27（答案在第 357 頁）

您已經寫好了一款應用程式，它號稱可以將一般份量的食譜擴展，讓一個可容納 5,000 人的郵輪餐廳使用。但有人抱怨說，食材轉換並不精確。檢查一下，程式碼使用轉換公式，是 16 杯轉換為 1 加侖。這是正確的啊，不是嗎？

39　演算法速度

在第 76 頁的主題 15，評估，我們討論了如何估算，比如步行穿過城鎮需要多久時間，或者完成一個專案需要多久時間。然而，務實的程式設計師幾乎每天都在使用另一種評估：評估演算法的使用時間、處理器、記憶體等資源。

這種評估通常是至關重要的。如果讓您在兩種做事的方法中選擇，您會選哪一種？您知道使用程式處理 1,000 條紀錄需要多少時間，但是若將其擴展到 1,000,000 條紀錄呢？程式碼的哪一部分需要優化呢？

事實證明，這些問題通常可以用常識、一些分析和一種叫做 *Big-O* 標記法來回答。

估計演算法是什麼意思？

大多數演算法都會處理某種類型的變數輸入 —— 例如排序 n 個字串，反轉 $m \times n$ 矩陣，或使用 n 位元金鑰解密訊息。通常，這個輸入的大小會影響演算法：輸入越大，執行時間越長、或使用的記憶體越多。

如果關係總是線性的（因此時間與 n 的值成正比增加），那這個小節的討論就不重要了。然而，大多數重要的演算法都不是線性的，好消息是許多是次線性的。例如，二分法搜尋在查找匹配項目時不需要去查看所有候選項目。壞消息是，其他演算法的效率都比線性演算法差很多；執行時或記憶體需求的增長速度遠遠快於 n。一個處理 10 個項目需要一分鐘的演算法，在處理 100 個項目時，可能要花上一輩子。

我們發現，每當我們撰寫任何包含迴圈或遞迴呼叫的東西時，我們都會下意識地檢查執行時期函式和記憶體需求。這不是一個很正式的過程，而是快速確認我們所做的事情在這種情況下是合理的。然而，有時我們真的需要進行更詳細的分析，這時 Big-O 標記法就派上用場了。

Big-O 標記法

Big-O 標記法（寫成 $O()$），是一種處理近似值的數學方法。若我們寫了一個特定的排序函式，此排序程式排序 n 筆紀錄時，需要花費時間 $O(n^2)$，我們想表示的是在最壞情況下，花費時間會隨 n 平方變化。若要處理的紀錄數量翻倍，時間就會增加大約四倍。請將 O 想成是大約等級的意思。

$O()$ 代表我們想要測量的東西（時間、記憶等等）的一個上限值。如果我們說一個函式花費 $O(n^2)$ 時間，那麼表示每次增長不會超過 n^2。有時我們會得到比較複雜的 $O()$ 函式，但由於隨 n 增長時，會被最高階的項次支配，所以一般慣例是去掉所有低階項，也不需要任何常數乘因數：

$$O(\frac{n^2}{2} + 3n) \text{ 和 } O(\frac{n^2}{2}) \text{ 相同，也和 } O(n^2) \text{ 相同。}$$

作為 $O()$ 的一個特性是，一個 $O(n^2)$ 的演算法可能比另外一個 $O(n^2)$ 演算法快 1,000 倍，但你無法從此 $O()$ 標記法上看出來。Big-O 不會給你執行時間或記憶體或其他東西的實際需求量：它只單純地告訴您，這些值會如何地隨輸入而改變。

在第 242 頁的圖 3 顯示了幾種常見演算法的演算法的執行時間，以及各類演算法的比較。很明顯地，如果超過了 $O(n^2)$，代表事情的增長很快就到達無法控制的程度。

舉例來說，假設您有一個函式，處理 100 筆紀錄需要花 1 秒。那讓此程式處理 1,000 筆紀錄要花多久呢？如果您寫的程式是 $O(1)$，那麼程式就仍然只需花上 1 秒。若您寫的程式是 $O(\lg n)$，那大約要花 3 秒左右。$O(n)$ 的話，則是隨 10 秒進行線性增加，而 $O(n \lg n)$ 的話，則需要大約 33 秒。如果您不幸地寫出了 $O(n^2)$ 函式的話，那等待程式執行完，您大概可以端坐 100 秒。若您寫出的程式是 $O(2^n)$ 的話，您可能需要沖杯咖啡，您的函式大約會在 10^{263} 年後才會執行完畢，屆時請您讓我們知道宇宙是怎麼毀滅的。

$O()$ 標記法不止適用於時間；您也可以用它來表示其他資源。例如，在為記憶體消耗建模時，$O()$ 標記法通常也很實用（範例請見練習題）。

$O(1)$　　　常數（存取陣列中的元素，簡單述句）

$O(\lg n)$　　對數（二分法搜尋）。基數不重要，所以此項等於 $O(\log n)$

$O(n)$　　　線性（循序搜尋）

$O(n \lg n)$　比線性差，但沒有差很多（快速排序法（quicksort）、堆積排序法（heapsort）的平均執行時間）

$O(n^2)$　　平方（選擇與插入排序法）

$O(n^3)$　　立方（將兩個 $n \times n$ 矩陣相乘）

$O(C^n)$　　指數（推銷員問題（traveling salesman problem）、集合分割問題（set partitioning））

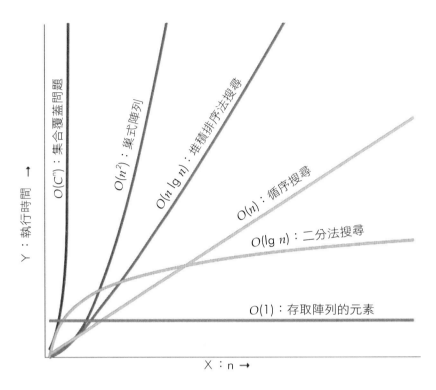

▲ 圖 3 各種演算法的執行時間

常識估計

您可以用常識來估計許多基本演算法的大約執行時間。

簡單迴圈

如果一個簡單的迴圈從 1 執行到 n，那麼演算法可能是 $O(n)$——時間隨 n 線性增加。例子包括土法煉鋼找搜尋陣列中最大的值，以及生成加總值。

巢式迴圈

如果您將一個迴圈巢式放在另一個迴圈中，那麼您的演算法將會是 $O(m \times n)$，其中的 m 和 n 是兩個迴圈的執行極限值。這種情況在排序演算法中很常見，例如氣泡排序（bubble sort），氣泡排序中外部迴圈每次都會掃描陣列中的每個元素,而內部迴圈計算出該元素的位置應該要位於排序結果中的哪裡。這樣的排序演算法通常是屬於 $O(n^2)$。

二分法

如果您的演算法在每次迴圈中會把它要考慮的東西減半,那麼它很可能是對數的 $O(\lg n)$。例如用於已排序 list 的二分法搜尋、遍歷二元樹以及查找機器語言中首次出現的 1,都可能是 $O(\lg n)$。

各個擊破法

將輸入資料分成兩半獨立工作,然後合併結果的演算法,可能是 $O(n \lg n)$。這裡的經典範例是快速排序法,它的工作原理是遞迴地將資料分成兩半進行搜尋。儘管在技術上來說,快速排序的平均執行時間是 $O(n^2)$,但若人餵入的資料是排序過的,則平均執行時間會下降為 $O(n \lg n)$。

組合情況

如果演算法關注的是事物的排列時,它們的執行時間可能會很快就爆炸失控。這是因為排列涉及階乘(即數字 1 到 5 組合數為 5! = 5 x 4 x 3 x 2 x 1 = 120 種組合)。接下來就可以用五個元素的演算法計算:例如對 6 個元素的排列,需要 6 倍的時間,對 7 個元素的排列,需要 42 倍的時間。適用於許多公認的困難問題的演算法,例如旅行推銷員問題、將東西打包到一個容器中的最佳解法、將一個數字組成集合劃分為多個分區,同時使每個分區的總數相同等等。通常,會用啟發法(heuristic)來減少這類演算法在特定問題領域的執行時間。

演算法實際執行速度

在您的職業生涯中,您不太可能花很多時間來撰寫排序程式。您可以使用函式庫中的那些排序程式可能比您花費大量努力寫出的任何東西都要好。然而,您則是會常常撰寫我們前面描述的基本類型的演算法。當您發現自己在撰寫一個簡單的迴圈時,您就知道自己有一個 $O(n)$ 演算法。如果那個簡單迴圈還包含一個內迴圈,那麼就會是 $O(m \times n)$。您應該問自己的問題是,這些值能有多大。如果這些數值是有界限的,那麼您就能知道程式碼執行需要多久時間。如果這些數字會因外部因素改變(例如,需要整晚的批次處理才能處理完的紀錄數量,或存在一個人員清單中的人名數量),那麼您可能需要停下來思考較大的值對執行時間或記憶體消耗的影響。

提示 63   估計您演算法大約的 Big-O 等級

有一些方法可以用來解決潛在的問題。如果您有一個 $O(n^2)$ 的演算法,請試著找到一個各個擊破法的解法,這可幫助您降到 $O(n \lg n)$。

如果您不確定您的程式碼將花費多久時間,或者它將使用多少記憶體,請嘗試執行它,試著改變各種輸入數量或任何可能影響執行時的內容。然後繪製結果。您很快就會對曲線的形狀有一個很好的概念。它是向上彎曲、一條直線,還是隨著輸入大小的增加仍然保持扁平?三到四個點應該就足夠讓您有概念。

同時,還要考慮您在程式碼本身中所做的工作。對於較小的 n 值,簡單的 $O(n^2)$ 迴圈有可能比複雜的 $O(n \lg n)$ 迴圈執行得更好,特別是當 $O(n \lg n)$ 演算法的內部迴圈執行成本很昂貴的時候。

在所有這些理論中,不要忘記還有一些實際的考慮。當輸入的是小的集合時,看起來時間呈現線性增加。但是,如果改為輸入數百萬條紀錄給程式時,由於系統變得不穩定,時間就會突然縮短。如果用隨機輸入值去測試一個排序函式,在它第一次遇到有序的輸入時,您可能會突然嚇一跳。考慮時請盡量涵蓋理論和實作基礎,將這些通通納入評估之後,唯一有價值的時間是讓您的程式碼在量產環境中執行,並使用真實的資料時的執行速度。這就引出了我們的下一個技巧。

提示 64   測試您的估計

如果要獲得準確的計時比較困難，可以使用程式碼側寫工具（*code profiler*）來計算演算法中不同步驟執行的次數，並根據輸入的大小繪製圖。

最快的不一定是最好的

在選擇合適的演算法時，您還需要務實一點，因為最快的演算法並不一定總是最適合這項工作的。假設輸入集合是個小集合，一個簡單的插入排序將可與快速排序執行得一樣好，而且寫程式和除錯的時間更少。您還需要小心，如果您選擇的演算法啟動成本很高，對於小的輸入集合來說，這種啟動成本可能不利於執行時間，使演算法變得不適用。

還要注意過早優化（*premature optimization*）問題。在投入寶貴的時間嘗試改進演算法之前，請確保演算法確實是目前瓶頸。

相關章節包括

- 主題 15，評估，第 76 頁

挑戰題

- 每個開發人員都應該瞭解如何設計和分析演算法。Robert Sedgewick 寫了一系列關於這個主題的書籍（*Algorithms [SW11]An Introduction to the Analysis of Algorithms [SF13]* 及其他）。我們建議您把他的其中一本書加到您的收藏中，並特別仔細地閱讀它。

- 對於那些想要得到一些比 Sedgewick 所提供的資訊更詳盡內容的人，請閱讀 Donald Knuth 的權威之作 *Art of Computer Programming books* 一書，書中分析了許多的演算法。

  - *The Art of Computer Programming, Volume 1: Fundamental Algorithms [Knu98]*

  - *The Art of Computer Programming, Volume2: Seminumerical Algorithms [Knu98a]*

- *The Art of Computer Programming, Volume 3: Sorting and Searching [Knu98b]*

- *The Art of Computer Programming, Volume 4A: Combinatorial Algorithms, Part 1 [Knu11]*

■ 在下面的第一個練習中，我們將研究長整數陣列的排序。若鍵（此題中指的是長整數）變得更複雜，並且用於比較鍵的動作開銷很高時，會有什麼影響？鍵結構是否影響排序演算法的效率，或者最快的排序法總是最快的？

練習題

練習 28（答案在第 357 頁）

我們在 Rust 中撰寫了一組簡單的排序函式[註5]。請您在各種機器上執行它們，您能畫出預計執行時間曲線嗎？基於您的機器速度，您能推斷出什麼嗎？各種編譯器優化設定的效果是什麼呢？

練習 29（答案在第 358 頁）

在第 242 頁的常識估計小節中，我們聲稱一個二分法屬於 $O(\lg n)$。您能證明嗎？

練習 30（答案在第 359 頁）

在第 242 頁的圖 3 各種演算法的執行時間中，我們聲稱 $O(\lg n)$ 與 $O(\log_{10} n)$ 相同（或者任意底數的對數）。您能解釋為什麼嗎？

註 5　*https://media-origin.pragprog.com/titles/tpp20/code/algorithm_speed/sort/src/main.rs*

40 重構

四境所見盡是變遷朽腐⋯

> *H. F. Lyte, Abide With Me*

隨著程式的發展，有必要反省早期的決策和對程式碼的部分進行再造工程。這個過程完全符合自然規律。程式碼本來需要進化；它不是一個靜態的東西。

不幸的是，軟體發展最常見的比喻是建構房子。Bertrand Meyer 的經典著作 *Object-Oriented Software Construction [Mey97]* 使用術語「軟體建構」（Software Construction），甚至本書的作者在 2000 年代初期[註6]為 IEEE 軟體撰寫軟體建構專欄。

但是，建構（construction）在建築工程上隱喻著以下步驟：

1. 建築師繪製藍圖。

2. 承包商挖地基，建造上層建築，鋪設電線和管線，並進行最後的修飾。

3. 租客們搬進來，從此過上了幸福的生活，出問題的時候把建物維護人員叫來維修。

但軟體不是這樣工作的，與其說是建構，不如說軟體比較像是園藝，它的組成更像是有機質的而不是水泥。您根據最初的計畫和條件，在花園裡種植很多東西。有些茁壯成長，有些註定要成為堆肥。您可以把植物移到相對的地方，利用光和影、風和雨的相互作用。過度生長的植物會被分裂或修剪，那些不協調的顏色可能會轉移到更美觀的地方。您拔除雜草，給需要額外幫助的植物施肥。您不斷地監測花園的健康情況，並根據需要（對土壤、植物、佈局）做出調整。

註6　是的，我們確實表達過對標題的擔憂。

商業人士對建築的比喻感到很舒服：它比園藝更科學、它是可重複的、在管理上有嚴格的報告層次結構等等。但是我們並不是在建造摩天大樓——我們也不受到物理和現實世界的限制。

園藝的比喻更接近軟體發展的現實。也許某項日常工作變得太大了，或者想要完成的事情太多了——它就需要被一分為二。不按計劃進行的事情需要被刪除或修剪。

重寫、重新工作和重新架構程式碼統稱為重建（*restructuring*）。但是這個活動有一個子集，就是重構（*refactoring*）。

重構 *[Fow19]* 被 Martin Fowler 定義為：

> 重組現有程式碼主體、改變其內部結構而不改變其外部行為的嚴格技術。

這一個定義中的關鍵是：

1. 這項活動是嚴格的，不是自由的

2. 外部行為不變；表示它不會添加新功能

重構並不是一種特殊的、隆重的、鮮少進行的活動，就像為了重新種植而在整個花園中翻耕一樣。重構它反而是一項日復一日的工作，採取低風險的小步驟進行，比較像是除草和耙地。而不是對程式碼進行自由的、大規模的重寫。重構是一種有針對性的、精準的方法，目標是保持程式碼易於修改。

為了確保外部行為不會被改變，您需要良好的、自動化的單元測試來驗證程式碼的行為。

重構的時機？

當您又學到一些東西時；當您比去年、昨天、甚至十分鐘前更瞭解某事時，您即可進行重構。

也許由於程式碼已經有點過了，所以您必須跨過一些絆腳石，或者您注意到有兩件事情需要合併，或者其他任何事情只要讓您覺得是「錯的」時候，請不要猶豫去修改。適合的時機就是現在，下列任何事情都可能讓程式碼有資格進行重構：

重複

您發現了違背 DRY 原則的地方。

非正交設計

您已經發現了一些可以把正交性做得更好的地方。

過時的知識

事情在變化，需求在變化，您對問題的瞭解也在增加，程式碼需要跟上這些變化。

使用

當系統在真實的環境下被真實的人使用時，您會意識到一些功能現在比以前認為的更重要，而當初聲稱「必須擁有」的功能可能其實並不重要。

效能

您需要將功能從系統的一個區域移動到另一個區域以提高效能。

通過測試時

是的，我是說真的。我們確實說過重構應該是一個小規模的活動，也應該有良好的測試支援。因此，當您添加了少量程式碼，並且通過了一個額外的測試之後，您現在就有了一個很好的機會來深入研究並整理剛剛撰寫的程式碼。

重構您的程式碼，即修改功能，並修改以前下的決策，這實際上是痛苦管理（*pain management*）的一個練習。讓我們面對一下，改變原始程式碼可能是相當痛苦的：它足以正常工作，也許不要去管它更好。許多開發人員不願意重新打開一段程式碼，其實正是因為它不太正確。

真實世界的複雜

當您去找您的隊友或客戶說，「雖然這段程式碼可以工作，但我需要另一個星期來完全重構它。」

他們會給您的回覆，我們不忍心在書中印出來。

時間壓力常常被當作不重構的藉口。但是這個藉口根本站不住腳：如果現在不進行重構，那麼以後解決這個問題就需要投入更多的時間，因為需要處理更多的依賴關係。到時會有更多的時間嗎？不會。

建議您用一個醫學比喻來向其他人解釋這個原則：將需要重構的程式碼看作是「一種增生組織」。移除它需要侵入性手術。您現在可以做這個手術，趁它還小的時候把它拿出來。或者，您可以等待它的增長和擴展，但屆時移除它將更加昂貴和危險。再等下去，您可能會完全失去病人。

> **提示 65**　　早期重構，更常重構

隨著時間的推移，程式碼中的附帶損害也可能是致命的（參見第 7 頁的主題 3，軟體亂度）。重構如同其他的事物一樣，應趁早在問題規模還小時就做，當作一個在撰寫程式碼時經常要的活動。您不應該需要用「一個星期來重構」一段程式碼，因為這樣算是一個大規模的重寫。如果這種程度的重寫是必要的，那麼您很可能無法有時間立即動手，然而您也要確保它有被安排在時間表上。確保受影響程式碼的使用者知道這個重寫計畫，以及這將如何影響他們。

如何重構？

重構這件事，一開始是從 Smalltalk 社群開始的，當我們撰寫本書的第一版時，它剛剛開始獲得更廣泛讀者的關注，這可能要歸功於關於重構的第一本書（*Refactoring: Improving the Design of Existing Code [Fow19]*，這本書現在出到第二版了）。

重構的核心是重新設計。您或團隊中的其他人設計的任何東西都可以根據新的事實、更深的理解、修改的需求等重新設計。但是，如果您持續地撕碎大量程式碼，您可能會發現自己的處境比剛開始時更糟糕。

顯然地，重構是一項需要慢慢地、慎重地、仔細地進行的活動。Martin Fowler 提供了以下簡單的建議，教您如何在弊不大於利的情況下進行重構[註7]：

1. 不要同時做重構和添加新功能。

2. 在開始重構之前，請先確保您有良好的測試，而且盡可能地執行測試。這樣，如果您的修改破壞了任何東西，您將很快知道。

3. 採取簡短而慎重的步驟：比方將欄位從一個類別移動到另一個類別，拆分單一個方法，重命名一個變數。重構通常涉及進行許多局部修改，從而累積變成更大範圍的修改。如果您保持做小小的步驟，並在每個步驟之後進行測試，您將避免之後冗長的除錯[註8]。

自動重構

在第一版中我們這樣說：「這項技術還沒有出現在 Smalltalk 世界之外，但是這項技術很可能會改變…」，真是說對了，因為現今許多 IDE 和大多數主流語言都支援自動重構。

這些 IDE 可以重命名變數和方法、將一個長的函式拆分成更短小的函式、自動傳播所需的修改、以拖放的方法幫助您移動程式碼等等。

我們將在第 252 頁的主題 41，測試對程式碼的意義小節中，討論更多關於測試的主題。以及在第 326 頁的無情且持續的迴歸測試小節中，討論更大規模的測試。但 Fowler 認為重點是保持良好的迴歸測試，才是安全重構的關鍵。

註 7　最早出現於 *UML Distilled: A Brief Guide to the Standard Object Modeling Language [Fow00]*。

註 8　這真的是很好的建議（參見第 145 頁的主題 27，**不要跑得比您的車頭燈還快**）

如果您不得不做的比重構更多，而且最終必須修改外部行為或介面，則故意破壞建構可能會有所幫助：由於此程式碼的舊使用端應該無法正常編譯，所以這樣一來您就知道什麼需要更新了。下次當您看到一段程式碼並不是它應該有的樣子時，請修復它。控制痛苦：如果現在很疼，但若把它放在一邊不管，以後會疼得更厲害。請記住在第 7 頁的主題 3，軟體亂度所說的：不要默許破窗的存在。

相關章節包括

---

41 測試對程式碼的意義

這本書的第一版是在更原始的時代寫的，那時大多數開發人員都不寫測試，覺得沒必要這麼麻煩，他們認為，反正世界將在 2000 年滅亡。

在第一版書中，我們有一節關於如何建構易於測試的程式碼，這是我們偷偷摸摸說服開發人員實際去撰寫測試的方法。

現在是比較開明的時代。如果有開發人員仍然不去撰寫測試，他們至少知道應該要這樣做才對。

但還是有一個問題。當我們問開發人員他們為什麼要寫測試時，他們看著我們，就好像我們是在問他們是否仍然使用穿孔卡片撰寫程式碼，他們會說

「因為要確保程式碼能正常工作」，後面接著一句沒說出來的「您是傻瓜吧」。但是，我們認為這是錯誤的。

那麼，對於測試，我們認為什麼是重要的呢？我們認為您應該怎麼做？

讓我們直接以一個大膽的聲明作為開始：

> **提示 66**　　測試的目的不是為了要找出 bug

我們相信，測試的主要好處發生在您思考和撰寫測試時，而不是執行測試的時候。

思考測試

這是一個週一的早晨，您開始著手寫一些新程式碼。您必須寫一些東西來查詢資料庫，以回傳一個名單，這些名單上的人在您的「世界上最有趣的洗碗錄影」網站上，每週觀看超過 10 個錄影。

您啟動了編輯器，首先撰寫執行查詢的函式：

```
def return_avid_viewers do
  # …嗯 …
end
```

停！您怎麼知道您要做的是一件對的事呢？

答案是您不可能知道，也沒有人可以知道，但思考測試可以您更知道答案。測試就是這樣用的。

首先假設您已經完成了函式的撰寫，現在需要測試它。您會怎麼做呢？您可能想要使用一些測試資料，而這可能代表著您想要在一個您能控制的資料庫中工作。現在一些 framework 可以為您處理資料庫的部分，配合測試資料庫進行測試，但在我們的假定情況下，這代表著我們應該傳遞資料庫實例到我們的函

式,而不是使用一些全域資料庫實例,因為這樣我們就可以在測試時改變所使用的資料庫:

```
def return_avid_users(db) do
```

然後我們必須思考如何組織測試資料,原本的需求是要求提供一份「每週觀看10 個以上錄影的人名單」。因此,我們開始在資料庫中查找了可能有幫助的欄位,於是我們在資料表中發現了兩個可能的欄位:opened_video 和 completed_video。為了要準備測試資料,我們必須知道要使用哪個欄位,但是我們不知道原本的需求確切是什麼意思,而且我們原來的業務合約也已經失效了。讓我們作弊一下將欄位的名稱傳遞進去(這表示允許我們先用手上有的東西進行測試,而且保有以後修改它的可能):

```
def return_avid_users(db, qualifying_field_name) do
```

從思考我們的測試開始,在不寫一行測試程式碼的情況下,我們已經有了兩個發現,並使用它們來修改我們方法的 API。

以測試驅動程式碼撰寫

在前面的範例中,思考測試使我們減少了程式碼中的耦合(透過傳遞資料庫連接而不是使用全域變數),並增加了靈活性(將我們要測試的欄位的名稱做成一個參數)。思考為我們的方法撰寫一個測試,促使我們從外部看待這個方法,就好像我們是使用這些程式碼的人,而不是程式碼的作者。

提示 67　測試程式是您程式碼的第一個使用者

我們認為這可能是測試提供的最大好處:測試是一種重要回饋,這種回饋引導我們撰寫程式碼。

與其他程式碼緊密耦合的函式或方法,是一種很難被測試的東西,因為您必須在執行方法之前設定好所有環境。所以讓您的東西變得可測試的同時,也減少了它的耦合。

在您測試一個東西之前，您必須先理解它，這句話聽起來很傻，但實際上我們都是對想做的事情有了一個模糊理解後，就開始撰寫一段程式碼。我們向自己保證會邊寫邊解決模糊不清部分。哦，而且稍後我們也會再補上程式碼來支援邊界條件。哦，還有補上錯誤處理。結果得到的程式碼比它應該有的長度長 5 倍，因為它塞滿了條件邏輯和特殊情況處理。但是，如果您將測試的光暉照耀在您的程式碼上，事情將會變得更清楚。如果您在開始撰寫程式之前，就先考慮測試邊界條件，那麼您很可能會在邏輯中找到簡化函式的模式。如果您事先考慮到您需要測試的錯誤條件，那麼您將能夠相應地建構您的函式。

測試驅動開發

有一個程式設計學校說，預先考慮測試有這麼多好處，為什麼不直接先寫它們呢？他們的這一套是所謂的「測試導向開發」（*test-driven development*，TDD），有些人將它稱為測試優先開發（*test-first development*）[註9]。

TDD 的基本循環為：

1. 決定要添加的一小部分功能。

2. 撰寫一個測試，在實作該功能後，該功能要能通過此測試。

3. 執行所有測試，確認唯一的失敗是您剛剛撰寫的那個。

4. 撰寫使測試通過所需的最少程式碼，並驗證剛才寫的測試現在可以成功通過。

5. 重構您的程式碼：看看是否有改進您剛剛撰寫的程式碼（測試或函式）的方法。確保當您完成時，仍然能通過測試。

註9　有些人認為測試優先開發與測試導向開發是兩種不同的東西，他們聲稱這兩種開發方法的意圖是不同的。不過，基於歷史來說，測試優先（源自於 eXtreme 程式設計），和現在人稱 TDD 的東西是完全一樣的。

這個循環應該非常短：一個週期循環大約幾分鐘的時間，這樣您就可以不斷地撰寫測試，然後讓它們工作。

我們看到 TDD 對於剛開始寫測試程式的人有一個主要好處。如果您遵循 TDD 工作流程，您將保證一直對程式碼進行測試，這也代表著您會一直想著您的測試。

然而，我們也看到人們成為 TDD 的奴隸，這顯現在許多方面上：

- 他們花費過多的時間來確保他們總是有 100% 的測試覆蓋率。

- 他們有很多冗餘的測試。例如，在第一次撰寫類別之前，許多 TDD 追隨者會首先撰寫一個失敗的測試，它只是簡單地引用類別的名稱。它失敗了，然後他們會接著寫一個空的類別定義，它通過了。但是現在您只有一個完全不做任何事的測試；您撰寫的下一個測試也將引用該類別，因此第一個測試就沒有必要存在了。而且如果以後類別名稱發生修改，還要修改更多內容。這裡只是舉一個簡單的例子。

- 他們的設計往往從底層開始，然後逐步上升（參見*自下而上 vs. 自上而下 vs. 您應該怎麼做*，第 257 頁）。

請務必練習 TDD。但是，如果您開始練習了，不要忘記隨時停下來看看大局。因為「測試通過」的綠色訊息很誘人，但撰寫大量的程式碼實際上並不能讓您更接近解決方案。

TDD：您需要知道您要去哪裡

有個老笑話問：「您怎麼吃掉一頭大象？」回答中的笑點是：「一次吃一口。」這個想法經常被吹捧為 TDD 的一個優點，當您尚不能理解整個問題時，採取小步驟，一次一個撰寫測試。然而，這種方法可能會誤導您，鼓勵您專注並不斷優化簡單的問題，而忽略撰寫程式碼的真正原因。一個有趣的例子發生在 2006 年，當時敏捷（agility）運動的領軍人物 Ron Jeffries 開始撰寫一系列的部落格文章，記錄了他對 Sudoko 解題程式的測試驅動程式碼[註 10]。在五篇文章之後，他改進了底板的表示形式，進行了多次重構，直到他對物件模型滿意為止，但後來他放棄了這個專案。按順序閱讀這些博客文章是很有趣的，看看一個聰明的人是如何沈浸在通過考試的喜悅下，被瑣事抓走注意力的。

自下而上 vs. 自上而下 vs. 您應該怎麼做

當計算機工程仍初萌發時，有兩種設計流派：自上而下和自下而上。支持自上而下的人說您應該從您試圖解決的整個問題開始，把它拆解成很多個小部分，然後再將它們分成更小的部分，以此類推，直到最後得到足夠小的可用程式碼表示為止。

而支持自下而上的人認為，建構程式碼就像您建構房子一樣。他們從底層開始建造，生成一層提供某種功能的抽象程式碼，這些抽象的意義更接近於他們試圖解決的問題。然後他們再向上添加另一層，具有更高層次的抽象意義。它們一直持續到最後一層，也就是一個解決問題的抽象。

這兩種流派實際上都失敗了，因為兩者都忽略最重要的一個軟體發展的考量面：我們不知道一開始要做什麼。自上而下的人認為他們在最前期就可以表達出整個需求：但其實他們不能。而自下向上的人假設他們在建構一系列的抽象層以後，即可達到一個單一的最上層解決方案，可是當他們不知道最後要往哪裡去時，他們又如何能決定層的功能呢？

> **提示 68**　　請用點到點的方式建構，而不是自上而下或自下而上

我們堅信建構軟體的唯一方法是逐漸補完式的。建立多個點到點功能的小部分，一邊前進一邊瞭解問題。在您繼續撰寫程式碼的過程中應用您學到的東西，每一步都讓客戶參與進來，讓他們來領導這個過程。

註 10　*https://ronjeffries.com/categories/sudoku*，特別感謝 Ron 讓我們使用這個故事。

作為對比，Peter Norvig 描述了一種感覺非常不同的替代方法[註11]：不是由測試驅動開發，而是從在傳統上如何解決這類問題（使用約束傳播（constraint propagation））的基本理解開始，然後關注於改進他的演算法。他用他對符號的討論中得出的結論，寫出幾十行程式碼，直接用來闡述棋盤表示法（board representation）。

測試絕對有助於驅動開發。但是，就像每次開車一樣，除非您心裡有個目的地，否則您可能會一直兜圈。

回到程式碼

以元件為基礎的開發一直是軟體發展的一個崇高目標[註12]。它的概念是一般軟體元件應該是直接可用的，並且可以像組合通用積體電路（IC）一樣輕鬆地互相組合。但是，只有當您使用的元件是已知可靠的，並且具有公共電壓、互連標準、時脈等情況下，這種方法才有效。

晶片被設計成一種可測試的東西，不僅是在工廠，不僅是在安裝時，同時也是在部署時的現場皆可被測試。更複雜的晶片和系統可能有一個完整的內建自測試（Built-In Self Test，BIST）功能，它在內部執行一些基本的診斷，或者一個測試存取機制（Test Access Mechanism，TAM），它提供一個測試控管介面，允許外部環境提供刺激並從晶片收集回應。

我們可以對軟體做同樣的事情。就像與做硬體的伙伴一樣，我們需要從一開始就把軟體建構得可供測試，並在嘗試將它們連接在一起之前對每個部分進行徹底的測試。

註 11　*http://norvig.com/sudoku.html*

註 12　我們從 1986 年起就開始這麼做了，起源於 Cox 和 Novobilski 在他們 Objective-C 書籍 *Object-Oriented Programming Object-Oriented Programming: An Evolutionary Approach [CN91]* 中創造了「軟體積體電路」這個名詞之時。

單元測試

對硬體的晶片級測試大致相當於在軟體測試中的單元測試，即分別對每個模組進行測試，以驗證其行為。一旦我們在受控（甚至人為的）條件下對模組進行了完整的測試，我們對於模組放在真實世界時的反應就能更有把握。

軟體單元測試是用程式碼去操練一個模組。通常，單元測試會建立某種刻意營造的環境，然後呼叫被測試模組中的函式。然後，它檢查回傳的結果，或者與已知的值比較，或者與相同測試的前一次執行的結果比較（迴歸測試）。

之後，當我們將「軟體積體電路」裝配成一個完整的系統時，就能確信各個部分均可按預期工作，然後可以使用相同的單元測試工具來測試整個系統。我們在第 326 頁的無情且持續的迴歸測試中討論了對系統的大規模檢查。

然而，在深入之前，我們需要決定在單元層級上要測試的是什麼。從過往的歷史上看，程式設計師認為是將一些隨機的資料丟到程式碼中，查看列印述句，並將其稱為測試。但是，我們可以做得更好。

依合約進行測試

我們喜歡把單元測試看作是對合約的測試（參見主題 23，合約式設計，第 120 頁）。我們想要撰寫測試案例（test case）來確保特定的單元有乖乖地遵守它的合約。這樣的動作將告訴我們兩件事：程式碼是否符合合約，以及合約的含意是否等同於我們所認為的含意。我們想要測試出，在寬廣的測試案例和邊界條件下，特定模組是否能提供它所承諾的功能。

這實際上到底代表著什麼呢？讓我們從一個簡單的數值範例開始：一個平方根函式。它的合約很簡單：

```
pre-conditions:
  argument >= 0;

post-conditions:
  ((result * result) - argument).abs <= epsilon*argument;
```

這告訴我們要測試什麼：

- 傳入一個負的引數，並確保它成功被拒絕。

- 傳入一個 0 參數，並確保它能被接受（這是邊界值）。

- 傳遞介於 0 和最大可表達參數之間的值，並驗證得到結果的平方與原始參數之間的差異小於參數的一小部分（epsilon）。

有了這個合約，並假設我們的函式會做前置和後置條件檢查，我們就可以撰寫一個基本的測試腳本來執行這個平方根函式。

然後我們可以呼叫這個函式來測試我們的平方根函式：

```
assertWithinEpsilon(my_sqrt(0), 0)
assertWithinEpsilon(my_sqrt(2.0),   1.4142135624)
assertWithinEpsilon(my_sqrt(64.0),  8.0)
assertWithinEpsilon(my_sqrt(1.0e7), 3162.2776602)
assertRaisesException fn =>  my_sqrt(-4.0) end
```

這是一個非常簡單的測試；但在現實世界中，任何模組都可能依賴於許多其他模組，那麼我們如何測試這些模組的組合呢？

假設我們有一個使用 DataFeed 和 LinearRegression 的模組 A。為了要測試模組組合，我們要測試以下項目：

1. DataFeed 的合約，完整測試

2. LinearRegression 的合約，完整測試

3. A 的合約，A 的合約依賴於其他合約，但沒有直接顯露出來

這種類型的測試要求您首先測試模組的附帶元件。一旦子元件驗證完成後，就可以測試模組本身。

如果 DataFeed 和 LinearRegression 的測試通過了，但是 A 的測試失敗了，我們可以非常確定問題出在 A 中，或者出在 A 使用了這些子元件的方法中。這種技術是減少除錯工作的好方法：我們可以快速地集中肇因於模組 A 的問題，而不浪費時間重新檢查它的子元件。

我們為什麼要費這麼大的勁呢？最重要的是，我們要避免製造一個「時間炸彈」，即某個被忽視的東西，在專案後期的緊迫時刻爆炸。透過強調針對合約的測試，我們可以儘早避免那些下游的災難。

提示 69	為測試而設計

臨時測試

不要把臨時（*ad hoc*）測試和「奇怪的破解」（*odd hack*）搞混了，臨時測試代表我們手動對我們的程式碼進行小測試。這種小測試只是像一行 `console.log()` 一樣簡單，也可能是在除錯器、IDE 環境或 REPL 中互動輸入的一段程式碼。

在除錯 seesion 結束時，您需要正式化這個臨時測試。如果程式碼曾出錯過一次，就可能再次出錯。不要只是把用過的測試扔掉；請將它添加到現有的單元測試軍火庫中。

建構一個測試通道

即使是最好的測試集也不可能找出所有的 bug；量產環境中潮濕、溫暖的條件似乎讓 bug 都跑了出來。

這代表著一旦一個軟體被部署後，您將經常需要去測試它，因為真實世界的資料流程已經正式注入它的身體。與電路板或晶片不同，我們在軟體中沒有測試腳位，但是我們可以提供模組內部狀態的各種檢視，而無需使用除錯器（在已量產應用程式中可能不方便或不可能使用除錯器）。

包含追蹤訊息的 log 檔就是這樣一種機制，log 訊息應該採用有規則的、一致的格式；因為您可能希望自動地解析這些訊息，以推斷程式所採用的處理時間或邏輯路徑。糟糕的或格式不一致的診斷訊息是如此的「令人反胃」──它們很難閱讀,進行解析也沒多大用處。

進入執行程式碼內部的另一種機制是一組「熱鍵」或魔術 URL。當按下這個特定的鍵組合或存取 URL 時,將彈出一個診斷控制視窗,其中包含狀態訊息等。這並不是您通常會向最終使用者透露的內容,但是它對於維修櫃台來說非常方便。

更常見地,您可以使用功能開關(*feature switch*)來為特定使用者或一群使用者啟用額外的診斷功能。

測試的文化

您撰寫的所有軟體都將被測試──如果不是由您和您的團隊測試,那麼將由最終的使用者測試,因此您不妨計畫對其進行徹底的測試。稍微提前考慮一下就能大大降低維護成本和維修櫃台的來電。

您其實只有幾個選擇:

- 先寫測試

- 撰寫期間測試

- 永遠不測試

在大多數情況下先寫測試這個選擇(包括測試驅動設計)可能是您的最佳選擇,因為它確保了測試必定會發生。但有時這並不是很方便或很實用,所以在撰寫程式碼期間進行測試是一個很好的後備方法,您可以撰寫一些程式碼,把它整理一下,接著為它撰寫測試,然後繼續下一個部分。最糟糕的選擇通常被稱為「以後再測試」,這是想騙誰?「以後再測試」實際上代表著「永遠不測試」。

測試文化所代表的意義,是所有的測試在任何時候都能通過。忽略那些「總是失敗」的測試,會促使人們忽略所有測試,於是惡性循環就開始了(參見主題 3,軟體亂度,第 7 頁)。

懺悔

我（Dave）四處告訴人們我不再寫測試了，我這樣做的部分原因是為了動搖那些把測試變成一種宗教信仰的人們。另外一部分我會這麼說的原因，是因為它（某種程度上）是真的。

我已經撰寫了 45 年的程式碼，其中的 30 多年都撰寫了自動化測試。考慮測試已內化為我撰寫程式碼的方式之一，而且做這件事讓我感到舒服順手。我的個性堅持認為，當某樣東西開始讓我感到舒服順手時，我就應該去追求別的東西了。

所以在這種情況下，我決定停止撰寫測試幾個月，看看它對我的程式碼的影響是什麼。令我驚訝的是，答案是「影響不是很大」，所以我花了一些時間來找出原因。

我個人相信答案是（對我來說）大部分測試的好處來自於思考測試及其對程式碼的影響。在做了多年之後，我可以在不寫測試程式碼的情況，就直接進行思考了。所以我的程式碼仍然是可經得起測試的；只是它並不會被測試。

但這也忽略了一個事實，即測試也是一種與其他開發人員交流的方式，所以當與他人共用程式碼或依賴於外部功能的程式碼時，我現在仍然會撰寫測試。

Andy 說我不應該把這個註解寫到書裡，因為他擔心這會誘使缺乏經驗的開發人員省略測試。所以，以下這是我妥協後寫出的心得：

您應該撰寫測試嗎？是的。但是，當您已經這樣做了 30 年之後，您可以嘗試一下不寫測試，看看您可以獲得什麼樣的好處。

對待測試程式碼就像對待任何產品程式碼一樣。保持它的去耦合性、簡潔性和健壯性。不要依賴不可靠的東西（參見主題 38，*靠巧合寫程式*，第 232 頁），比如 GUI 系統中小元件的絕對位置，或者伺服器 log 中的時間戳記，或者錯誤訊息的確切措辭。針對這類事情所做的測試，將導致測試變得脆弱。

> **提示 70** 請測試您的軟體，否則將由您的使用者進行測試

毫無疑問，測試是程式設計的一部分。而且，是您的工作，不該留給其他部門或員工。

測試、設計、撰寫程式碼，都是程式設計。

相關章節包括

- 主題 27，不要跑得比您的車頭燈還快，第 145 頁
- 主題 51，務實的上手工具，第 324 頁

42 以屬性為基礎的測試

Доверяй, но проверяй（信任，也要驗證）

> *Russian proverb*

我們建議您為功能撰寫單元測試。您可以藉由思考一些典型可能導致問題的東西，基於您對所測試事物的知識，來實作這單元測試。

不過，這段話裡隱藏著一個雖小但可能很重要的問題。如果您撰寫了原始程式碼並撰寫了測試，是否可能在這兩種東西中都存在錯誤的假設？畢竟程式碼之所以能通過測試，就是因為它根據您的理解完成了應該完成的工作。

一個解決這個問題的辦法，是讓不同的人分別撰寫受測試程式碼與撰寫測試，但我們不喜歡這個辦法：我們在第 252 頁的主題 41，測試對程式碼的意義小節中說過，思考測試的最大好處之一是它能幫助您撰寫程式碼。當測試工作與撰寫程式碼工作分開時，您就失去了這一個最大的好處。

相反地，我們傾向於另一種選擇，讓電腦為您做一些測試，它不會有先入之見，並且也能為您做一些的測試。

合約、不變數和屬性

在第 120 頁的主題 23，合約式設計小節中，我們討論了程式碼必須遵守合約：當您給它輸入時，它會對產生的輸出做出一定的保證。

還有程式碼不變數，當不變數通過一個函式時，一些關於它的狀態仍然要保持 true。例如，如果您想排序一個 list，結果中的元素數量將與原始 list 中的相同——即長度不變（true）。

一旦我們確定了合約和不變數（我們之後會將它們綁在一起，並將其稱為屬性），我們就可以使用它們來自動化我們的測試。最後我們要做的事情，會被稱為以屬性為基礎的測試。

> **提示 71**　　使用以屬性為基礎的測試驗證您的假設

讓我們刻意製作一個範例，這個範例為排序後的 list 建構一些測試。我們已經建立了一個屬性：已排序 list 的大小與原始 list 相同。我們還可以聲稱，結果中的任何元素都不會大於它後面的元素。

我們現在可以用程式碼來表達這個測試，大多數語言都有某種以屬性為基礎的測試 framework。這個例子是用 Python 撰寫的，使用了 Hypothesis 工具和pytest，但是這些原則基本上對其他語言也都是通用的。

以下是測試的全部程式碼：

```
proptest/sort.py
from    hypothesis import given
import hypothesis.strategies as some

@given(some.lists(some.integers()))
```

```python
def test_list_size_is_invariant_across_sorting(a_list):
    original_length = len(a_list)
    a_list.sort()
    assert len(a_list) == original_length

@given(some.lists(some.text()))
def test_sorted_result_is_ordered(a_list):
    a_list.sort()
    for i in range(len(a_list) - 1):
        assert a_list[i] <= a_list[i + 1]
```

下面是我們執行它時發生的事情：

```
$ pytest  sort.py
====================== test session starts =======================
...
plugins: hypothesis-4.14.0

sort.py ..                                            [100%]

==================== 2 passed in 0.95 seconds ====================
```

這裡看似沒有什麼誇張的劇情發生。但是，在幕後，Hypothesis 執行了我們的兩個測試 100 次，每次都傳遞一個不同的 list。list 的長度不同，內容也不同。這就好像我們用 200 個隨機 list 造出 200 次獨立的測試。

測試資料的生成

與大多數以屬性為基礎的測試庫一樣，Hypothesis 為您提供了一個描述它應該生成的資料的迷你語言，這種語言會呼叫 hypothesis.strategies 模組中的函式，我們為這個模組取了一個別名 some，讓它更好讀。

如果我們寫道：

```python
@given(some.integers())
```

我們的測試函式將執行多次。每次都會傳入一個不同的整數。如果我們改為這樣寫：

```python
@given(some.integers(min_value=5, max_value=10).map(lambda x: x * 2))
```

我們就得到 10 到 20 之間的偶數。

您還可以型態組合起來使用，像這樣

```
@given(some.lists(some.integers(min_value=1), max_size=100))
```

這樣就是由自然數組成的多個 list，每個 list 長度最多 100 個元素。

由於這個教學不限定於任何特定 framework，所以我們很遺憾地跳過一些很酷的細節以及無法使用真實世界的例子。

找出壞的假設

我們現在正在撰寫一個簡單的訂單處理和庫存控制系統（因為總有多的空閒可做一個系統）。它使用一個 Warehouse 物件對庫存水準建模。我們可以向一個倉庫進行查詢，查看是否有庫存，從庫存中刪除物品，並獲得更新後的庫存水準。

下面是程式碼：

proptest/stock.py
```python
class Warehouse:
    def __init__(self, stock):
        self.stock = stock

    def in_stock(self, item_name):
        return (item_name in self.stock) and (self.stock[item_name] > 0)

    def take_from_stock(self, item_name, quantity):
        if quantity <= self.stock[item_name]:
            self.stock[item_name] -= quantity
        else:
          raise Exception("Oversold {}".format(item_name))

    def stock_count(self, item_name):
        return self.stock[item_name]
```

我們寫了一個基本的單元測試，它能成功通過測試：

```
proptest/stock.py
def test_warehouse():
    wh = Warehouse({"shoes": 10, "hats": 2, "umbrellas": 0})
    assert wh.in_stock("shoes")
    assert wh.in_stock("hats")
    assert not wh.in_stock("umbrellas")

    wh.take_from_stock("shoes", 2)
    assert wh.in_stock("shoes")

    wh.take_from_stock("hats", 2)
    assert not wh.in_stock("hats")
```

然後，我們撰寫了一個函式來處理向倉庫訂商品的請求，它的回傳值是一個 tuple，此 tuple 中第一個元素是 "ok" 或 "not available"，後面的元素是商品項目和請求的數量。我們也寫了一些測試，它們也成功通過了：

```
proptest/stock.py
def order(warehouse, item, quantity):
    if warehouse.in_stock(item):
        warehouse.take_from_stock(item, quantity)
        return ( "ok", item, quantity )
    else:
        return ( "not available", item, quantity )
```

```
proptest/stock.py
def test_order_in_stock():
    wh = Warehouse({"shoes": 10, "hats": 2, "umbrellas": 0})
    status, item, quantity = order(wh, "hats", 1)
    assert status   == "ok"
    assert item     == "hats"
    assert quantity == 1
    assert wh.stock_count("hats") == 1

def test_order_not_in_stock():
    wh = Warehouse({"shoes": 10, "hats": 2, "umbrellas": 0})
    status, item, quantity = order(wh, "umbrellas", 1)
    assert status   == "not available"
    assert item     == "umbrellas"
    assert quantity == 1
    assert wh.stock_count("umbrellas") == 0

def test_order_unknown_item():
```

```
wh = Warehouse({"shoes": 10, "hats": 2, "umbrellas": 0})
status, item, quantity = order(wh, "bagel", 1)
assert status   == "not available"
assert item     == "bagel"
assert quantity == 1
```

從表面上看，一切都很好。但是在我們發佈程式碼之前，讓我們添加一些屬性測試。

我們知道的一件事是，存貨總數不會在我們的交易中增加或消失。這代表著如果我們從倉庫中取一些物品，我們取出的數量加上當前在倉庫中的數量應該與最初在倉庫中的數量相同。在接下來的測試中，我們會隨機選擇 "hat"（帽子）或 "shoe"（鞋）作為商品，數量則會從 1 到 4 中選擇：

proptest/stock.py

```
@given(item     = some.sampled_from(["shoes", "hats"]),
       quantity = some.integers(min_value=1, max_value=4))


def test_stock_level_plus_quantity_equals_original_stock_level(item, quantity):
    wh = Warehouse({"shoes": 10, "hats": 2, "umbrellas": 0})
    initial_stock_level = wh.stock_count(item)
    (status, item, quantity) = order(wh, item, quantity)
    if status == "ok":
        assert wh.stock_count(item) + quantity == initial_stock_level
```

接下來執行它：

```
$ pytest stock.py
. . .
stock.py:72:
_ _ _ _ _ _ _ _ _ _ _ _ _ _ _ _ _ _ _ _ _ _ _ _ _ _ _ _ _ _ _ _ _
stock.py:76: in test_stock_level_plus_quantity_equals_original_stock_level
    (status, item, quantity) = order(wh, item, quantity)
stock.py:40: in order
    warehouse.take_from_stock(item, quantity)
_ _ _ _ _ _ _ _ _ _ _ _ _ _ _ _ _ _ _ _ _ _ _ _ _ _ _ _ _ _ _ _ _

self = <stock.Warehouse object at 0x10cf97cf8>, item_name = 'hats'
quantity = 3

    def take_from_stock(self, item_name, quantity):
      if quantity <= self.stock[item_name]:
        self.stock[item_name] -= quantity
      else:
>       raise Exception("Oversold {}".format(item_name))
```

```
E          Exception: Oversold hats

stock.py:16: Exception
-------------------------- Hypothesis --------------------------
Falsifying example:
 test_stock_level_plus_quantity_equals_original_stock_level(
        item='hats', quantity=3)
```

warehouse.take_from_stock 出現失敗了：我們在那試圖從倉庫中移除三頂帽子，但是倉庫中只有兩頂。

我們的屬性測試發現了一個錯誤的假設：我們的 in_stock 函式只去檢查指定的商品項目中至少要有一個在庫存中。我們要改為需要確保我們有滿足訂單的足夠數量：

proptest/stock1.py

```
def in_stock(self, item_name, quantity):
➤       return (item_name in self.stock) and (self.stock[item_name] >= quantity)
```

我們也改變了 order 函式：

proptest/stock1.py

```
def order(warehouse, item, quantity):
➤       if warehouse.in_stock(item, quantity):
            warehouse.take_from_stock(item, quantity)
            return ( "ok", item, quantity )
        else:
            return ( "not available", item, quantity )
```

現在我們的屬性測試可以通過了。

以屬性為基礎的測試經常讓您大吃一驚

在前面的範例中，我們使用一個以屬性為基礎的測試來檢查庫存水準是否調整正確。測試發現了一個 bug，但與庫存水準調整無關。它反而是在 in_stock 函式中發現了一個 bug。

這就是以屬性為基礎的測試的力量和挫折。它的強大之處就在於，您建立了一些規則來生成輸入，建立了一些 assertion 來驗證輸出，然後任其發展。您永遠不知道會發生什麼。測試可能會通過，assertion 也有可能失敗，或者程式碼可能完全失敗，因為它無法處理它所得到的輸入。

令人沮喪的是，要確定失敗的原因可能很棘手。

我們的建議是，當以屬性為基礎的測試失敗時，請去找出它傳遞給測試函式的參數，然後使用這些值建立一個單獨的、普通的單元測試。這個單元測試能為您做到兩件事。首先，它使您可以將注意力集中在問題上，而不必透過以屬性為基礎的測試 framework，才能對程式碼進行所有額外的呼叫。其次，該單元測試充當一個迴歸測試（*regression test*）。因為以屬性為基礎的測試會生成傳遞給測試的隨機值，所以不能保證在下一次執行測試時仍使用相同的值。改為單元測試後，可以強制使用這些值，而這些值可以確保這個 bug 不會通過測試。

以屬性為基礎的測試也有助於您的設計

當我們談到單元測試時，我們說過它的主要好處之一，是有助於您思考程式碼：單元測試是您的 API 的第一個使用者。

以屬性為基礎的測試也是如此，只是方式略有不同。它們讓您從不變數和合約的角度來思考您的程式碼；您會去想什麼不能改變、什麼必須是真實的。這種額外的洞察力對您的程式碼有神奇的效果，可以刪除邊緣情況，並突顯資料產生差異的函式。

我們相信以屬性為基礎的測試可以補充單元測試的不足：它們處理不同的關注點，並且各自都帶來自己的好處。如果您現在還沒有使用它們，那就試用看看吧。

相關章節包括

練習題

練習 31（答案在第 359 頁）

回顧一下倉庫的例子，還有其他可以測試的屬性嗎？

練習 32（答案在第 359 頁）

您們公司專門負責運送機器，每台機器裝在一個大木箱裡，每個木箱都是長方形的，但大小不一。您的工作是寫一些程式碼，把盡可能多的木箱包裝在一個單層的、可以符合運輸卡車的形狀。程式碼的輸出是所有箱子的清單。在清單中會有每個木箱在卡車的什麼位置，以及寬度和高度。請問輸出哪些屬性可拿來供測試？

挑戰題

請思考一下您當前正在處理的程式碼，對它來說什麼是屬性：合約和不變數？您可以使用以屬性為基礎的測試 framework 來自動驗證這些嗎？

43 待在安全的地方

> 好籬笆造就好鄰居。
>
> ➤ *Robert Frost, Mending Wall*

在本書第一版，關於程式碼耦合的討論中，我們做了一個大膽而天真的宣告：「我們不需要像間諜或異議份子那樣偏執」。我們錯了。事實上您應該每天都那麼多疑。

在我們寫到這裡的時候，每天的新聞都充斥著毀滅性的資料洩露、被劫持的系統和網路詐欺的故事，數以億計的紀錄同時被盜，數十億美元的損失和補救方案，這些數字每年都在快速增長。而在絕大多數情況下，會發生這些事並不是因為攻擊者非常聰明，甚至不一定能力很好。

是因為開發人員太粗心了。

另外 90%

在撰寫程式碼時，您可能會經歷幾次「程式完成了！」和「為什麼不能動？」輪迴，而且伴隨著偶爾幾句「這是不可能發生的⋯」[註13]，在一路上爬了幾座山丘和顛簸之後，很容易對自己說，「呼，全部都能正常運作了！」並宣告程式碼已經完成。當然，程式碼還沒有完成。雖然您已經完成了 90% 的工作，但是您現在仍需要考慮另外 90% 的工作。

接下來要做的是分析程式碼，找出可能出錯的地方，並將這些錯誤添加到您的測試套件中。您將考慮傳遞錯誤的參數、誤用或不可用的資源；諸如此類的事情。

在以前，這種對內部錯誤的評估方法可能就已足夠了。但對於今時今日來說，這僅僅還只是開始而已，因為除了內部原因造成的錯誤外，您還需要考慮外部參與者是如何故意將系統搞砸的。但是也許您會反抗地說，「哦，沒有人會關心這些程式碼，這並不重要，甚至沒有人知道這個伺服器⋯」，外面是一個大世界，而且多數事情都是環環相扣的。無論是地球另一端的一個無聊的孩子、國家支援的恐怖主義、犯罪團夥、商業間諜，甚至是復仇心重的前任，他們都在那裡瞄準著您。未修補的、未更新的系統在開放網路上的開放時間，必須以分鐘甚至更短的時間來度量。

透過掩蓋來實作安全性是行不通的。

安全基本原則

務實的程式設計師會是健康的偏執狂，因為知道我們有缺陷和限制，而外部攻擊者會抓住我們留下的任何漏洞來破壞我們的系統。您的特定開發環境和部署環境會有它們自己的安全中心需求，但是有一些基本原則請您始終牢記：

註 13　參見除錯小節。

1. 最小化攻擊表面積

2. 最小權限原則

3. 安全預設值

4. 對敏感性資料進行加密

5. 維護安全更新

讓我們分別來看一下這些基本原則。

最小化攻擊表面積

一個系統的攻擊表面積是指攻擊者可以輸入資料、取得資料或呼叫服務執行的所有存取點的加總。以下是幾個例子：

程式碼複雜性招來攻擊

程式碼越複雜會使得攻擊表面積更大，有更多的機會出現意料之外的副作用。可以將複雜的程式碼看作是存在更多孔洞表面，更容易受到感染。同樣地，程式碼越簡單越好，更少的程式碼代表著更少的 bug，更少的出現嚴重安全性漏洞的機會。更簡單、更緊湊、不複雜的程式碼更容易推理，更容易發現潛在的弱點。

輸入的資料招來攻擊

永遠不要信任來自外部的資料，在將這些資料傳遞到資料庫、展示呈現或其他處理之前一定要對其進行消毒工作[註14]。一些語言可以在這方面提供幫助。例如，在 Ruby 中變數若包含外部輸入的話，代表變數是被污染的（*tainted*），這會限制對它們執行的操作。例如，下面這段程式碼顯然使用了 wc 工具程式來回報檔案中的字元數，目標檔案名稱會在執行時期被指定：

註14　還記得我們的好朋友，小 Bobby Tables（*https://xkcd.com/327/*）嗎？如果你正在回憶之中，可以查看 *https://bobby-tables.com/*，這個網站上列出數種對傳遞給資料庫的查詢進行消毒的方法。

```
safety/taint.rb
puts "Enter a file name to count: "
name = gets
system("wc -c #{name}")
```

一個窮凶極惡的使用者可能會這樣破壞：

```
Enter a file name to count:
test.dat; rm -rf /
```

然而，將安全層級 SAFE 設定為 1，代表外部資料會污染，這也代表著它不能被用於危險的上下文中：

```
safety/taint.rb
$SAFE = 1

puts "Enter a file name to count: "
name = gets
system("wc -c #{name}")
```

~~~ session $ ruby taint.rb Enter a file name to count: test.dat; rm -rf/ code/safety/taint.rb:5:in 'system': Insecure operation - system (SecurityError) from code/safety/taint.rb:5:in main' ~~~

未經身分驗證的服務招來攻擊

就不需身分驗證的服務而言，代表世界上任何地方的任何使用者都可以呼叫這個服務，所以若沒有任何其他處理或限制的話，您就是為拒絕服務（*denial-of-service*）攻擊立即創造機會。最近，相當多的高度公開的資料洩露，就是由於開發人員不小心將資料放入雲端中不需認證、公開可讀的資料儲存空間中造成的。

經過身分驗證的服務招來攻擊

請將授權使用者的數量保持在絕對的最小數量。淘汰不使用的、舊的或過時的使用者和服務。許多網路設備被發現竟然只用了簡單的預設密碼，或根本未使用密碼，或沒有保護的管理帳戶。如果一個擁有發佈授權的帳戶被盜用，則您的整個產品都將被破壞。

輸出資料招來攻擊

有一個（可能是虛構的）故事，說的是一個系統一字不漏地報告了 Password is used by another user（密碼已被另一個使用者使用）錯誤訊息。請您不要洩露任何資訊，請先確保您報告的資料適合該使用者的授權高度。請截斷或混淆具有潛在的危險資訊，如社會保險證號或其他政府身分證號。

除錯資訊招來攻擊

沒有什麼比在樓下 ATM、機場自助服務站或崩潰的 web 頁面上看到一個完整的堆疊追蹤更讓人感動的了。為使除錯更容易而設計的資訊，也可能更容易使程式被打斷。請確保任何「測試通道」（在第 261 頁討論）和執行時異常報告都受到保護，以防被有心人士利用[註15]。

提示 72	保持簡單，並且最小化攻擊表面積

最小權限原則

另一個關鍵的原則是使用最小的權限，並儘快在最短的時間內離開。換句話說，不要自動獲取最高權限等級，比如 root 或 Administrator。如果那個高層級是必須的，那麼就給它吧，但請做最少的工作，並且儘快放棄您的許可來降低風險。這一原則可以追溯到 1970 年代初期：

> 每個程式和系統的每個授權使用者，都應該使用完成作業所需的最少數量的授權進行操作。──*Jerome Saltzer, Communications of the ACM, 1974.*

拿 Unix 衍生系統上的 login 程式為例，它最初是使用 root 權限執行。不過，一旦完成了目前使用者的身分驗證後，它就會從高級授權下降到該使用者授權。

註 15　這個技巧在 CPU 晶片等級上被證實是成功的，大家都知道在 CPU 晶片會有的漏洞，就是來自於除錯和管理功能。一旦被破解後，整個設計就曝露了。

這不僅限於考慮作業系統授權層級，您的應用程式是否有實作不同層級的存取？它是不是一個直率的工具，比如只有「administrator」和「user」兩種層級？如果是，請考慮區分出更細微的層級內容，把您的敏感資源劃分為不同的分類，單個使用者僅對這些分類中的某些分類具有許可權。

這種技術所循的思考，和最小化表面積相同——透過減少授權時間和授權層級減少攻擊的範圍。在這種情況下，少即是多。

安全預設值

在你的應用程式或網站上的使用者的預設設定應該是最安全的值。這些值可能不是最好用或最方便的值，但是最好讓每個人自己決定安全性和方便性之間的權衡。

例如，在輸入密碼時，預設值可能是使用星號替換每個字元，以隱藏實際輸入的密碼。如果您是在一個擁擠的公共場所輸入密碼，或者是在一群觀眾面前輸入密碼，這是一個合理的預設設定。但有些使用者可能因為方便的關係，而希望能看到密碼顯示出來。如果背後有人偷看，他們就會選擇使用星號。

對敏感性資料進行加密

請不要將個人識別資訊、財務資料、密碼或其他憑據以純文字的形式保存在資料庫或其他外部檔中。如果這些資料被曝露，加密也提供了額外的安全性。

在版本控制小節中，我們強烈建議將專案所需的一切置於版本控制之下。好吧，是幾乎一切。下面是這條規則的一個主要例外：

不要提交帶有機密的、API 金鑰、SSH 金鑰、加密密碼或其他憑據的原始程式碼到您的版本控制中。

金鑰和秘密需要被分開管理，通常會在進行建構和部署時，放在設定檔或環境變數中。

維護安全更新

更新電腦系統可能造成巨大的痛苦。例如,您需要特定的安全更新,但這個更新有一個副作用,它會破壞您應用程式的某些部分。您可以決定繼續等待,將這個更新推遲到以後再做。但這是一個糟糕的想法,因為現在您的系統很容易受到已知漏洞的攻擊。

提示 73	儘早套用安全性更新

這個技巧影響到每一個連網設備,包括電話、汽車、家用電器、個人筆記型電腦、開發者機器、建構機器、生產伺服器和雲端照片庫,一切。如果您認為這並不重要,只要記住歷史上(到目前為止)最大的資料洩露都是因為系統更新滯後造成的。

別讓這種事發生在您身上。

密碼的建議

安全性的一個重要且基本問題是,好的安全性常常與常識或慣例背道而馳。例如,您可能認為嚴格的密碼要求會提高應用程式或網站的安全性,但這是錯的。

嚴格的密碼原則實際上將降低您的安全性。以下是一些非常糟糕的想法,以及 NIST 的一些建議[a]:

- 不要將密碼長度限制在 64 個字元以內,NIST 建議以 256 字元作為最佳的最大長度。

- 不要截斷使用者選擇的密碼。

註 a　在 *https://doi.org/10.6028/NIST.SP.800-63b* 有線上的 *NIST Special Publication 800-63B: Digital Identity Guidelines: Authentication and Lifecycle Management* 可供參考。

- 不要限制使用特殊字元，如 [](); &%$# 或 /。請參閱本節前面關於 Bobby 表的說明。如果密碼中的特殊字元會危害您的系統，那麼您將面臨更大的問題。NIST 建議接受所有可列印 ASCII 字元、空格和 Unicode。

- 不要向未經身分驗證的使用者提供密碼提示，或提示輸入特定類型的資訊（例如，「您的第一隻寵物叫什麼名字？」）

- 不要禁用瀏覽器中的 paste（貼上）功能。禁用瀏覽器和密碼管理器的功能並不會使您的系統更安全，實際上，它會促使使用者建立更簡單、更短、更容易破解的密碼。美國的 NIST 和英國的國家網路安全中心也是基於這個原則，都特別要求驗證者要能允許貼上功能。

- 不要去強加組合規則。例如，不要強制要求任何特定的大小寫混合、數字或特殊字元，或禁止重複字元等等。

- 不要任意要求使用者在一段時間後修改密碼，只有在有正當理由的情況下才這樣做（例如，如果出現了漏洞）。

您想要鼓勵使用者使用較長、高度亂度的隨機密碼。那就要注意人為限制將會限制資訊亂度，並且助長糟糕的密碼使用習慣，讓您的使用者的帳戶很容易被破解。

常識 vs. 加密

重要的是要記住，當談到密碼學問題時，常識可能派不上用場。加密的第一個也是最重要的規則是*不要自己做加密*[註16]。即使對於密碼這樣容易加密的東西，常見的做法也是錯誤的（參見*密碼的建議，第 278 頁*）。一旦您進入了加密的世界，即使是最小的、看起來最不起眼的錯誤也會危害到一切：您做出聰

註 16　除非您有密碼學的 PhD 學位，即使是這樣，你也必須透過大量的同行審查，進行大量的現場試驗，並且要有長期維護的預算。

明的、新的、自製的加密演算法可能會在幾分鐘內被專家破解，建議您不要自己做加密。

正如我們在其他地方所說的，請您只依賴可靠的東西：經過良好審查、徹底檢查、維護良好、經常更新、最好是開源函式庫和 framework。

除了簡單的加密任務外，還應該仔細研究網站或應用程式的其他與安全性相關的功能。舉例來說像是去研究身分驗證。

若想實作您自己的密碼登錄或生物認證，您需要瞭解 hash 和 salt 是如何工作的，破解者是如何使用 Rainbow 表（Rainbow table）之類的東西的，為什麼不應該使用 MD5 或 SHA1，以及許多其他問題。即使您正確地做了所有事，在忙完了以後，您仍然有責任保存資料並保證它的安全，無論有什麼新的法條和法律義務出現。

或者，您可以採取務實的方法，讓其他人來操心加密這件事，並使用協力廠商身分驗證提供者。這可能是您在程式內部執行的現成服務，也可能是雲端中的協力廠商。身分驗證服務通常可以從電子郵件、電話或社交媒體供應商獲得，這些服務可能適合也可能不適合您的應用程式。無論如何，這些人整天都在維護他們的系統安全，而且他們在這方面比您做得更好。

請多保重。

相關章節包括

44 命名

　　子曰：必也正名乎。

名字的意義是什麼？在我們程式設計時，這個問題的答案是「一切！」

我們為應用程式、子系統、模組、函式和變數建立名稱——我們不斷地建立新事物並給它們命名。這些名字非常非常重要，因為它們透露了很多您的意圖和信仰。

我們認為，事物應該根據它們在程式碼中扮演的角色來命名。這代表著，無論何時您創造了什麼，您都需要停下來思考「我創造這個的動機是什麼？」

這是一個強而有力的問題，因為它把您從立即解決問題的心態中帶出來，讓您看到更大的視野。當您思考一個變數或函式的功用時，您思考的是它的特別之處，它能做什麼，它與什麼相互作用。我們常常因為想不出一個合適的名字，才自己意識到我們將要做的事情毫無意義。

名字有著深刻的含意，這背後是有科學依據的。事實證明，大腦閱讀和理解單詞的速度非常快：比許多其他活動都要快。這代表著當我們試圖理解某事時，單詞有一定的優先順序。這可以用斯特魯普效應（Stroop effect）來示範[17]。

請看下面的面板，它裡面列出了一些顏色名稱或色階，每一個單位都以顏色或色階顯示。但是名字和色階不一定匹配。挑戰的第一部分——是要大聲說出每種顏色的名字[18]：

註 17　*Studies of Interference in Serial Verbal Reactions* [Str35]

註 18　這種面板我們有兩種，一個使用不同的色彩，而另外一個使用灰色色階。如果你在書中看到黑白的，而您想要彩色的版本，或是您本身在區分色彩上有困難，想要試看看灰色色階的版本，請到 *https://pragprog.com/the-pragmatic-programmer/stroop-effect*。

現在再重複做一次，但是這次要大聲說出文字實際的顏色。更困難了，是嗎？閱讀文字時比較流暢，但要識別顏色就難多了。

您的大腦很看重書面文字，所以我們需要確保我們使用的名字不辜負這一點。

讓我們來看幾個例子：

■ 我們正在對存取我們網站的人進行身分驗證，這個網站出售用舊顯卡製作的珠寶：

```
let user = authenticate(credentials)
```

變數的名字是 user，因為人們總是使用 user。但是為什麼呢？這個名稱不能代表什麼意義，若是改叫 customer 或 buyer 會不會更好呢？透過這種思考方式，當我們撰寫什麼人想要做什麼的程式碼，以及這對我們代表著什麼時，我們不斷得到提醒。

■ 我們有一個實例方法功能是進行訂單折扣：

```
public void deductPercent(double amount)
  // ...
```

這裡有兩件問題。首先，deductPercent（依百分比削減）是它做的事，而不是它為什麼做。第二個是參數 amount（數額）最容易誤導人：它是一個絕對數量還是一個百分比？

也許改成這樣會比較好：

```
public void applyDiscount(Percentage discount)
  // ...
```

現在，這個方法的名稱能直接表明了它的意圖。我們還將參數從 double 修改為 Percentage（百分比），它是一個我們自訂的類型。我們不知道您對百分比的認知是什麼，但是我們在處理百分比時，一直不清楚該值應該是 0 到 100 之間，還是 0.0 到 1.0 之間，所以改為用類型來記下函式所期望的東西。

■ 我們有一個處理斐波那契數列的有趣模組，模組其中之一個功能就是計算序列中的第 *n* 個數，請您先停下來想想這個函式該叫什麼名稱。

我們問過大多數人都會說要叫 fib，感覺蠻合理的，但是請記住，它通常會在模組的上下文中被呼叫，因此呼叫的長相將是 Fib.fib(n)。讓我們看看把它改為 of 或 nth 效果如何：

```
Fib.of(0)    # => 0
Fib.nth(20)  # => 4181
```

在做命名時，要不斷地尋找方法來闡明您的意思，而這種闡明的行為將使您在寫程式碼時能更容易理解您的程式碼。

然而，並不是所有的名字都必須取得像是文學獎的候選人。

規則的例外

我們力求在程式碼命名的清晰，但是對於品牌名稱來說，就是全然不同的另外一件事了。

有一個根深蒂固的傳統，專案與專案小組應該要有一個模糊的、「聰明」的名字，例如 Pokémon（寶可夢）、Marvel superheroes（漫威超級英雄）、cute mammals（可愛的哺乳類動物）或 *Lord of the Rings*（魔戒）裡面的角色。真的，您可以隨便取名。

尊重文化

> 在電腦科學中只有兩件難事：快取失效和命名。

大多數入門的電腦文字都會告誡您永遠不要使用單個字母變數，如 i、j 或 k[註19]。

我們認為他們錯了，在某個程度上。

事實上，這取決於特定程式設計語言或環境的文化。在 C 程式設計語言中，i、j 和 k 通常當作迴圈遞增變數、s 當作字串等等。如果您在這種環境中撰寫程式，那麼這就是您所習慣看到的，違反這種慣例令人不舒服（所以也是一種錯誤）。換句話說，把這種慣例用在另外一個不同的環境中，而這個環境並不期待您這樣做時，基本上也是一種錯誤。您永遠不該做一些令人髮指的事情，就像這個 Clojure 語言的範例一樣，它將一個字串賦值給變數 i：

```
(let [i "Hello World"]
     (println i))
```

一些語言社群偏好 camelCase（駱駝式），這種大小寫法將開頭字母大寫，而另一些人更喜歡嵌入底線的 snake_case（蛇式）來分隔單詞。語言本身當然也可以接受這樣的命名原則，但這並不代表著它就是正確的，請尊重那裡的文化。

有些語言允許在名稱中使用 Unicode 的子集，但請您在使用像 ɹəsn 或 εξέρχεται 這樣的可愛名字前，請先瞭解該社群期望看到什麼樣的名稱。

一致性

愛默生（Emerson）以一句「愚蠢的一致性是小心眼的妖怪…」而聞名，但他不是一個程式設計師團隊的成員。

註 19　您知道為何 i 這麼常被當成迴圈變數用嗎？這個答字來自於 60 年前，原始的 FORTRAN 受到代數影響，代數中從 I 到 N 都代表整數。

每個專案都有自己的詞彙表：記錄對團隊有特殊意義的術語。對於建立線上商店的團隊來說，「訂單」代表的意思，與另外一個負責宗教譜系繪圖 app 的團隊來說，則代表著完全不同的另一件事。重要的是，團隊中的每個人都要知道這些詞的意思，並始終如一地使用它們。

一種值得鼓勵的方法是大量的交流。如果每個人有自己負責的程式，並且頻繁地交換責任分工，那麼術語就會傳播開來。

另一種方法是使用專案術語表，列出對團隊有特殊意義的術語，專案術語表是一個非正式的文件，可能在 wiki 上維護，也可能只是掛在牆上的一些索引卡。

過一段時間，專案術語將會擁有自己的生命。隨著每個人漸漸熟悉這些詞彙，您將能夠利用這些術語，準確而簡潔地表達許多意思（這正是模式語言（*pattern language*）的意義）。

重新命名更困難

> 在電腦科學中有兩件更難的事：快取失效、命名和 *1* 對 *1*（*off-by-one*）錯誤。

無論您在事前投入多少努力，事情都會改變。程式碼會被重構、用法被改變、意義被微妙地改變。如果您不注意隨時更新您的名字，您很快就會陷入一場比無意義的名字更糟糕的噩夢中：也就是誤導性的名字。您是否曾經遇到過有人這樣解釋一段名實不符的程式碼，「這個叫做 getData 的函式實際上是將資料寫入檔案」？

正如我們在軟體亂度小節中所討論的，當您發現一個問題時，立即修復它。當您看到一個名稱不再能表達其意圖，或具有誤導性或令人困惑時，請修復它。鑑於您已經有了完整的迴歸測試，所以您就能找出任何可能錯過修改的實例。

> | 提示 74 | 請好好的命名；在有需要時重新命名 |

如果由於某種原因您無法修改當下有誤的名稱，那麼您就有一個更大的問題：ETC 衝突（參見優秀設計的精髓）。請先修復這個 ETC 問題，然後再修改有問題的名稱。讓重新命名變得容易，並且經常重新命名。

否則，您將不得不向團隊中的新成員解釋 `getData` 實際上是將資料寫入檔案的，而且您這麼做時臉色不會太好看。

相關章節包括

- 主題 3，軟體亂度，第 7 頁

- 主題 40，重構，第 247 頁

- 主題 45，需求坑，第 288 頁

挑戰題

- 當您發現一個函式或方法的名稱過於通用時，請嘗試對其進行重新命名，讓它表達其真正的功能。現在，它更容易成為重構時的目標。

- 在我們的範例中，我們建議使用更具體的名稱，如 *buyer*，而不是更傳統和通用的 *user*。您還習慣用什麼更好的名字？

- 您系統中的名稱是否與來自該領域的使用者術語一致？如果不是，為什麼？這會對團隊造成斯特魯普效應（Stroop-effect）認知失調嗎？

- 您系統中的名稱很難修改嗎？您能做些什麼來修理那扇壞掉的窗戶？

Chapter 8

專案啟動前

在一個專案剛開始時，您和團隊需要瞭解需求。僅僅被告知要做什麼或者聽取使用者的意見是不夠的：請閱讀需求坑小節並學習如何避免常見的陷阱和圈套。

傳統智慧和限制管理是解開不可能的謎題小節主要討論的內容。無論您是執行需求、分析、撰寫程式碼，還是測試，都會出現一些困難的問題。但大多數時候，它們不會像最初看起來那麼難。

當出現看似做不到的專案時，我們就會求助於我們的秘密武器：一起工作。我們所說的「一起工作」並不是指共用大量的需求文件、頻繁地發送抄送郵件或無休止地開會。我們指的是在撰寫程式碼時一起解決問題。我們會告訴您需要找誰以及如何開始。

儘管敏捷軟體開發宣言（Agile Manifesto）以「人和互動比流程或工具更重要」開始，但幾乎所有的「敏捷」專案在開始的時候，都諷刺地從它們將使用哪些流程和工具的討論開始。但是，無論考慮得有多好，無論它包括哪些「最佳實踐」，都沒有方法可以替代思考。您不需要任何特定的流程或工具，您所需要的是敏捷的本質。

在專案開始之前，若能解決這些關鍵問題，您就更能避免「分析癱瘓」，真的開始並成功地完成您的專案。

45 需求坑

所謂的達到完美，並不是指再也無法加入任何東西，而是無法拿走任何
東西…

> *Antoine de St. Exupery, Wind, Sand, and Stars, 1939*

許多書籍和教學將需求收集（*requirements gathering*）當作專案的早期階段。
「收集」這個詞似乎暗示著一群快樂的分析師，他們在周圍的土地上尋找智慧
的金塊，而田園交響曲則在背景音樂中輕柔地演奏著。「收集」這個動作，代
表著現成需求已經在那裡了，您只需要找到它們，把它們放在您的籃子裡，然
後愉快地上路。

但事實並非如此，需求很少會顯露於表面。通常情況下，它們被埋在層層的假
設、誤解和政治之下。更糟糕的是，它們通常根本不存在。

> 提示 75　　沒有人確切地知道自己想要什麼

需求神話

在軟體工程發展的早期，電腦的價值（按每小時的平攤成本計算）要高於與電
腦打交道的人。所以為了要省錢，我們必須第一次就試著把事情做對。這個過
程的一部分是去試圖清楚地知道我們要讓機器做什麼。我們將從獲得需求的規
格開始，將其轉化為設計文件，然後轉化為流程圖和偽程式碼，最後轉化為程
式碼。不過，在把它輸入電腦之前，我們會花時間在辦公桌上檢查它。

這整個程序要花很多錢，這種成本的存在，代表著人們只有在知道自己真正想
要什麼的時候才會嘗試自動化。由於早期的機器資源相當有限，所以它們能解
決的問題範圍也很有限：所以當時真的可能可以在開始前就理解整個問題。

但那不是真實的世界，現實世界是混亂的、矛盾的、未知的。在這樣的世界裡，任何精心撰寫規格即使不是完全不可能，也是非常罕見的。

這就是我們程式設計師的用武之地。我們的工作是人們瞭解他們想要什麼。事實上，這可能是我們最有價值的屬性。而且值得再次重申：

> **提示 76**　　程式設計師幫助人們瞭解需求

程式設計當作治療

讓我們把要求我們撰寫軟體的人稱為我們的客戶。

典型的客戶會帶著需求來找我們。這種需求可能是戰略性的，但也可能是戰術性的：比方對當前問題的反應。這種需求可能要求對現有系統進行修改，也可能需要新系統。需求有時用業務術語表示，有時用技術術語表示。

菜鳥開發人員經常犯的錯誤，是把這種需求宣告當真，並實作它的解決方案。

根據我們的經驗，這種最初的需求並不是真正的需求。客戶可能本身沒有意識到這一點，但其實這種需求是一種要我們去進一步探索的邀請。

讓我們舉一個簡單的例子。

您在一家出版紙質書和電子書的公司工作，您收到一個新的要求：

> 所有 50 美元以上的訂單都應該免費送貨。

停下來一秒鐘，把您放在那個情境想像一下。您首先想到的是什麼？

您可能產生問題的機會很大：

- 50 美元含稅嗎？
- 50 美元包括當前運費嗎？

- 50 美元是買紙質書，還是也可以買電子書？

- 提供什麼樣的運輸服務？急件？一般？

- 國際訂單呢？

- 像 50 美元這種限額在未來多久會改變一次？

這就是我們會做的事，當某些事情看起來很簡單的時候，我們會透過尋找邊緣情況並詢問他們來惹惱別人。

很可能客戶已經想到了其中的一些，並在心裡假定實作將以他們所想的方式運作。問這些問題只是把資訊沖出來而已。

但有些其他問題可能是客戶之前沒有考慮到的。這就是事情變得有趣的地方，也是一個好的開發人員學會外交的場域。

您：我們想知道關於 50 美元這個總金額，是否包括我們通常會收取的運費？

客戶：當然，這是他們付給我們的總金額。

您：這對我們的客戶來說很容易理解：我能看到它的吸引力。但是我可以預見一些不正經的老客戶會試圖占這個系統的便宜。

客戶：怎麼占？

您：嗯，讓我們假設他們買一本書 25 美元，然後選擇隔天到達，最昂貴的選擇。大概是 30 美元，那麼整個訂單就是 55 美元。然後，由於我們讓他免運費，所以他們會以 25 美元得到一本隔天到達的書，全部只要付 25 美元。

（這時有經驗的開發人員就會停下來。事實已交付，現在該讓客戶做決定。）

客戶：哎呀！這當然不是我原來期望的；這些訂單我們會賠錢的。您有哪些建議選項？

這就啟動了探索，您在其中的角色是解釋客戶所說的話，並向他們回饋其中的含意。這既是一個智慧的過程，也是一個創造性的過程：您在獨立思考，您在為一個可能比您或客戶單獨提出的解決方案更好的解決方案做出貢獻。

需求是一個流程

在前面的範例中，開發人員聽取需求並將結果回饋給客戶，開啟了探索之旅。在探索過程中，隨著客戶嘗試不同的解決方案，您可能會得到更多的回饋。以下這句話是所有需求收集的現實情況：

> **提示 77**　　需求是從回饋的循環中瞭解的

您的工作是幫助客戶理解他們所陳述的需求的後果。您透過產生回饋來做到這一點，並讓他們利用回饋來完善他們的想法。

在前面的例子中，回饋很容易用語言表達。有時情況並非如此。有時候您真的對該領域的具體情況掌握不高。

在這些情況下，務實的程式設計師依賴於「這是您的意思嗎？」來學習回饋。我們生產模型和原型，並讓客戶去使用它們。在理想情況下，若我們生產的東西足夠靈活，我們可以在與客戶討論的過程中修改它們，讓我們能在客戶說「這不是我的意思」時做出回應，說「那是不是更像這樣呢？」。

有時這些模型可以在一個小時左右的時間內完成。很明顯地，它們的功能只是讓別人瞭解自己想法。

但事實是，我們做的所有工作實際上都是某種形式的模型。即使在專案結束時，我們仍在轉譯客戶的需求。事實上，到那個時候，我們可能會出現更多的客戶：包括 QA 人員、運營人員、市場行銷人員，甚至可能是客戶端測試小組。

因此，務實的程式設計師將整個專案的一切活動都視為需求收集活動。這就是為什麼我們更喜歡更短的往來週期；每個週期以取得客戶的直接回饋結束。這使我們保持在正軌上，並確保如果我們真的方向錯誤，損失的時間也最少。

站在客戶的立場思考

有一個簡單的方法可以讓您深入客戶的腦袋，但這個方法並不常用：就是成為客戶。您正在為詢問櫃台撰寫一個系統嗎？花幾天時間和有經驗的服務人員一起監控來電。您正在把一個手動庫存控制系統自動化嗎？請在倉庫工作一週[註1]。

這除了讓您深入瞭解系統將如何真正使用之外，您還會驚訝於詢問「我可以在您工作期間旁聽一週嗎？」有助於建立信任，並為與客戶的溝通奠定基礎。只要記住不要變成絆腳石就好！

> **提示 78**　和使用者一起工作，讓您像使用者般思考

收集回饋也是開始與您的客戶建立融洽關係的時候，瞭解他們對您正在建立的系統的期望和期待。更多討論請參見第 333 頁的主題 52，取悅您的客戶，以瞭解更多資訊。

需求與政策

假設在討論人力資源系統時，客戶說「只有員工的主管和人事部門可以查看該員工的紀錄」。這句話真的代表需求嗎？對今天來說也許是，但這個絕對的宣告中隱藏商業政策。

註 1　一個星期聽起來很長嗎？其實不會，尤其是當您正在查看管理人員和工作人員各持己見的流程時。管理層會為您提供事物運作方式的一種觀點，但是當您實際坐下來時，會發現一種截然不同的事實，這需要花費時間來吸收。

是商業政策嗎？還是需求呢？它們聽起來有著相對微妙的區別，但這種區別將對開發人員產生深遠的影響。如果需求說的是「只有主管和人員可以查看員工紀錄」，那麼開發人員可能會在每次應用程式存取該資料時撰寫一個專用的測試。但是，如果需求說的是「只有授權使用者才能存取員工紀錄」，那麼開發人員可能會設計並實作某種存取控制系統。當政策修改時（而它必將修改），只需要更新該系統的描述性資料即可。實際上，以這種方式收集需求自然會將您引向一個經過良好分解可支援描述性資料的系統。

事實上，這就是通用原則：

提示 79	政策就是描述性資料

請遵循上面的通用原則，將政策資訊當作一種系統需要支援的事物的範例。

需求與現實

在 1999 年 1 月發行的 *Wired* 雜誌上有一篇文章[註2]，製作人兼音樂家 Brian Eno 描述了一項令人難以置信的技術——終極混音器，它能做出任何的聲音。然而，它並沒有讓音樂家創作出更好的音樂，或更快或更便宜地製作唱片，而是成為了一種障礙；它破壞了創造性的過程。

要瞭解失敗的原因，您必須先瞭解錄音工程師是在做什麼的。他們憑直覺平衡聲音。多年來，他們在耳朵和指尖之間形成了一種天生的回饋回路，他們會滑動增益調節器、旋轉旋鈕等等。然而，新混音器的介面並沒有這些功能。相反地，它強迫使用者在鍵盤上打字或點擊滑鼠。雖然它也提供了所有需要的功能，但是這些功能被包裝成一種讓人不熟悉的又奇異的方式。錄音工程師需要的功能有時被隱藏在晦澀的名字後面，或者必須以非直覺的基本功能組合來實作。

註 2　*https://www.wired.com/1999/01/eno/*

這個例子也說明了我們的信念，即工具的成功要歸功於使用它們的人。成功的需求收集工作，也會同時考慮到這一點。這就是為什麼需要早期的回饋，搭配原型或曳光彈，會讓您的客戶說「是的，它正是我想要的東西，而不是我想像出來的那個東西。」

記錄需求

我們相信最好的需求文件、可能您唯一需要的需求文件，是可工作的程式碼。

但這並不代表您可以不記錄您對客戶需求的理解就離開。這只是代表這些檔案不是可交付的：它們不是您交給客戶簽字的東西。相反地，它們只是幫助指導實作過程的路標。

需求文件不是給客戶看的

在過去，本書作者 Andy 和 Dave 都參與過一些專案，這些專案都產出了需求文件，都到了令人難以置信的詳細程度。客戶只要在最初說個兩分鐘他們想要什麼，這些文件就能擴展需求解釋，然後產出一英寸厚的充滿圖表和表格的大作。事情被指定到這個程度，在實作中幾乎沒有含糊的餘地。若真能得到這麼強大的工具，文件實際上等同於最終程式。

但建立這些文件是一個錯誤，原因有兩個。首先，正如我們所討論的，客戶並不真正知道他們想要什麼。所以當我們把他們所說的擴展成有如一本六法全書時，我們其實是在流沙上建造一座難以置信的複雜城堡。

您可能會說「但之後我們會把檔案交給客戶，要求客戶在上面簽字，客戶也會作出回饋。」這就引出了這些需求規格的第二個問題：客戶從不閱讀需求規格。

客戶之所以需要程式設計師是因為，儘管客戶的動機是解決一個高層次的、有些模糊的問題，但程式設計師感興趣的是所有的細節和細微差別感。需求文件是為開發人員撰寫的，其中包含的資訊和細微之處有時是讓客戶難以理解的，並且他們常常對這類文件感到乏味。

當您提交了一份 200 頁的需求文件給客戶，客戶可能會覺得它夠重所以很重要，他們可能閱讀前面幾個段落（這就是為什麼前兩個段落的標題總為管理總結（*Management Summary*）），接著他們可能快速翻過後面的內容，過程中有時會停下來看一下好漂亮的圖片。

雖然目的不是讓客戶不開心，但是給他們一份大的技術文件就像交給普通的開發者一份荷馬希臘文（Homeric Greek）寫的 *Iliad*（希臘史詩神話），還要他們寫出遊戲程式一樣。

需求檔的存在是為了計劃

因此，我們不相信龐大的、笨重到令人震驚的需求文件。然而，我們知道需求必須被寫下來，因為團隊中的開發人員需要知道他們將要做什麼。

要用什麼形式寫下來呢？我們喜歡的形式是可以放在真實（或虛擬）索引卡上的東西。這些簡短的描述通常被稱為使用者故事（*user story*）。它們從某功能使用者的角度描述了應用程式的一小部分應該做什麼事。

以這種形式寫下時，需求可以放置在一個黑板上並四處移動，顯示狀態和優先順序給大家看。

您可能認為單個索引卡無法容下實作應用程式元件所需的資訊。您是對的。這是重點的一部分。透過保持需求的簡短陳述，您鼓勵開發人員澄清問題。您正在做的即為在建立每段程式碼之前和期間，不停增強客戶和程式設計師之間的回饋過程。

過度指定規格

生成需求文件的另一個大危險是過於具體，好的需求是抽象的。就需求而言，最簡單、最能準確反映業務需求的述句是最好的。但這並不代表著可以模糊，您必須獲取背後的語意不變數當作需求,並將特定的或當前的工作實作當作政策記錄下來。

需求不是架構,需求不是設計,也不是使用者介面,需求就是需求。

只是多了一個薄薄的薄荷⋯

許多專案的失敗都歸咎於專案範圍的增加——也稱為功能膨脹(feature bloat)、特徵蔓延(creeping featurism)或範圍蔓延(requirements creep)。這是第 10 頁的主題 4,石頭湯與煮青蛙中所說的青蛙綜合症的一個面向。我們可以做些什麼來防止功能膨脹向我們逼近?

答案(還是)是回饋。如果您與客戶一起工作在一種不斷回饋的互動迭代中,那麼客戶將直接體驗到「再多加一個功能」的影響。他們將看到另一張說明卡出現在黑板上,將有助於選擇另一張卡進入下一個互動迭代以騰出空間。回饋是雙向運作的。

維護術語表

一旦您開始討論需求,使用者和領域專家就會使用對他們有特定意義的特定術語。例如,他們會區分「客戶」和「客人」之間的差別,所以在系統中隨意使用這兩個詞都是不合適的。

建立和維護一個專案術語表(*project glossary*),即一個定義專案中使用的所有特定術語和詞彙的地方。所有專案的參與者,從最終使用者到支援人員,都應該使用術語表來保持一致性。這代表著術語表需要被廣泛使用,這也是支持使用線上文件的一個很好的論點。

提示 80	請使用專案術語表

如果使用者和開發人員使用不同的名稱來稱呼相同的事物，或者更糟糕的是，使用相同的名稱來代表不同的事物，那麼專案就很難取得成功。

相關章節包括

- 主題 5，夠好的軟體，第 13 頁
- 主題 7，溝通！，第 23 頁
- 主題 11，可逆性，第 54 頁
- 主題 13，原型和便利貼，第 64 頁
- 主題 23，合約式設計，第 120 頁
- 主題 43，待在安全的地方，第 272 頁
- 主題 44，命名，第 281 頁
- 主題 46，解開不可能的謎題，第 298 頁
- 主題 52，取悅您的客戶，第 333 頁

練習題

練習 33（答案在第 359 頁）

下列哪項可能是真正的需求？請說明那些不是真正需求的項目（如果可能的話）。

1. 回應時間必須小於 ~500ms。
2. 強制回應視窗要用灰色的背景。
3. 應用程式的架構中將會有許多前端程序和後端伺服器。
4. 如果使用者在數字欄位中輸入非數字字元，系統將清掉欄位內容，並拒絕這樣的輸入。
5. 這個嵌入式應用程式的程式碼和資料的大小必須在 32Mb 內。

挑戰題

- 您有用過您正在寫的軟體嗎？若是自己沒有使用過的軟體，是否能好好感受需求？

- 請選擇一個您目前需要解決無關電腦的問題。請您生成需求，這些需求的解決方案也不能使用電腦。

---

46 解開不可能的謎題

> *Phrygia* 的國王 *Gordius* 有一次試圖去解決一個據說解不開的結，誰能解開這個難解的結，誰就能統治整個亞洲。於是亞歷山大大帝來了，他用劍把這個結劈成碎片，雖然對需要的解釋不同，但也無妨，而他最後的確統治了亞洲大部分地區。

偶爾，您會發現自己捲入一個專案時，出現了一個很艱難的問題：一些工程上的任務，您不是很有掌握的信心，或者某些程式碼是比您想像的更難寫，也許看起來不可能完成。但這真的像看起來那麼難嗎？

此時請您想想現實世界中的益智玩具，就是那些會被當作聖誕禮物或在車庫拍賣會上出現的木頭、鐵製品或塑膠碎片。您所要做的就是把上面的環取下來，或者把那個 T 形的碎片放進盒子裡，或者其他。

所以您拉了拉上面的環，或者試著把 T 放在盒子裡，很快您就會發現簡單的解決方法沒用，所以這個難題不能那樣解決。但是，即使這是顯而易見的，也不能阻止人們一再嘗試相同的動作，一遍又一遍地，同時想著一定可以解決謎題。

當然，解決辦法不會是這樣。解決這個難題的祕訣是去識別出真實的（而不是想像的）限制，並在其中找到解決方案。一些限制條件是絕對條件；而很多其他的限制條件僅僅是先入之見而已。真實的限制必須遵守，無論它們看起來多麼令人討厭或愚蠢。

另一方面，正如亞歷山大所證明的，一些表面的限制可能根本不是真正的限制，許多軟體問題也可能是不為人知的。

自由度

流行語「跳出框框思考」能幫助我們識別出可能不適用的限制，並忽略它們。但這句話並不完全準確，如果「框框」是限制和條件的邊界，那麼技巧是在於找到這個框框，它可能比您想像的要大得多。

解決謎題的關鍵是要識別您所受到的限制，並識別您實際所擁有的自由度，因為在這些自由度中您會找到您的答案。這就是為什麼有些謎題難以破解；您可能太容易忽視潛在的解決方案。

例如，您能不能把下面拼圖中的所有點只用三條直線連起來，然後回到起點，您不能把筆從紙上拿起來，也不能重複畫過的地方（*Math puzzle & Games [Hol92]*）？

您必須挑戰任何您的先入之見，並評估它們是否是真實的、硬性的限制。

問題不在於您是在框框裡思考還是在框框外思考。問題在於找到這個框框，也就是識別出真正的限制條件。

> **提示 81**　　不是跳出框框思考——而是找到框框

當面臨一個棘手的問題時，把您面前所有可選的途徑都一一列舉出來。不要忽略任何東西，無論它聽起來多麼無用或愚蠢。現在從頭到尾看過這個清單並解釋為什麼不能選擇某個路徑。您確定嗎？您能證明嗎？

試想特洛伊木馬，它是一個棘手問題的新穎解決方案。您如何才能在不被發現的情況下讓軍隊進入一個有城牆的城市？您可以確信「直接從正門進去」，會直接被認為是自殺。

對限制進行分類和排序。當木匠開始一個專案時，他們會先切割最長的木塊，然後從剩下的木頭中切割較小的木塊。以同樣的方式，我們希望首先確定最具限制最大的限制，並在其中匹配其餘的限制。

順便說一下，這四個點的益智遊戲的謎底在書的最後第 360 頁。

自由度

有時會發現自己正在解決的問題比您最初想像的要困難得多。也許您感覺走錯了路，心裡覺得一定有比這更容易的路！也許您現在的專案進度有點延遲，或者甚至覺得讓系統恢復正常工作無望了，因為這個特殊的問題是「不可能有解答」的。

這是暫時做點別的事情的好時機。做一些不同的事情，比方去遛狗。讓自己忽略這個問題。

您的意識大腦察覺到了這個問題，但您的意識大腦真的很笨（無意冒犯）。所以是時候給您真正的大腦，那個潛藏在您意識之下的驚人的關聯神經網路一些空間了。您會驚訝地發現，當您故意分散注意力的時候，答案總是會突然出現在您的腦海裡。

如果您覺得這個方法聽起來令人迷信，但它並不是迷信。在今日心理學（*Psychology Today*）[註3] 中說：

註 3　https://www.psychologytoday.com/us/blog/your-brain-work/201209/stop-trying-solve-problems

簡單地說，容易注意力分散的人在解決複雜問題時比有意識的人做得更好。

如果您仍不願意把這個問題擱置一段時間，那麼最好的辦法就是找個人來解釋給他聽。通常情況下，簡單的談論會讓您分心，從而使您得到啟發。

讓他們問您一些問題，比如：

- 您為什麼要解決這個問題？

- 解決它有什麼好處？

- 您遇到的問題是否與邊界情況有關？您能消除它們嗎？

- 若有一個更簡單但相關的問題，您能解決嗎？

這種情況其實也是一種和黃色小鴨講話的時機。

機會是留給準備好的人

Louis Pasteur 曾說過：

機會是留給準備好的人。

解決問題也是如此。為了感受那些恍然大悟！的時刻，您的無意識大腦需要大量的原料；以前的經驗，有助於得到一個答案。

餵養您大腦的好方法，是您在做日常工作的時候，不能告訴它什麼是正確的，什麼是不正確的。如我們描述過的，此時使用工程日誌是個好方法（主題22，工程日誌，第 117 頁）。

請永遠記住 *The Hitchhiker's Guide to the Galaxy*（銀河系漫遊指南）封面上的忠告：不要驚慌。

相關章節包括

- 主題 5，夠好的軟體，第 13 頁

- 主題 37，聆聽您的蜥蜴腦，第 227 頁

- 主題 45，需求坑，第 288 頁

- 本書作者 Andy 有另外一本書，寫了關於這類事情：*Pragmatic Thinking and Learning：Refactor Your Wetware [Hun08]*。

挑戰題

- 仔細看看您今天捲入的難題。您能解決這個棘手的問題嗎？您一定要這樣做嗎？您一定要做嗎？

- 當您加入到您當前的專案時，是否曾得到過一組限制條件？它們都仍然適用嗎？對它們的解釋仍然有效嗎？

---

47 一起工作

> 我從未見過一個人願意閱讀 *17,000* 頁的文件，如果有的話，我會殺了他，把他的基因消滅殆盡。
>
> ➤ *Joseph Costello, President of Cadence*

曾有一個「不可能」的專案，就是那種聽起來既令您興奮又恐懼的專案。比方一個古老的系統正在接近生命的盡頭，新的硬體漸漸都不支援，而新的系統必須確切地（通常沒有文件記錄的）完全匹配舊系統的行為。這個系統會經手屬於許多其他人的數億美元，專案從啟動到最後部署只有幾個月的時間。

因為這個專案，所以本書作者 Andy 和 Dave 才第一次認識彼此，這個專案是一個不可能完成的專案，還有一個不合理的最後期限。使這個專案獲得了巨大的成功的原因只有一件事，就是多年來管理這個系統的專家就坐在她的辦公

室裡，與我們只有打掃工具間大小的，隔著大廳相望，我們可以去問問題、澄清、決策和展示。

在本書中，我們建議與使用者密切合作；他們是您團隊的一部分。在第一個一起開發的專案中，我們一起實作了現在被稱為成對程式設計（*pair programming*）或暴民程式設計（*mob programming*）的設計方法：對一個人寫出的程式碼，由另外一個或多個團隊成員一起評論、思考和解決問題。這是一種強大的合作方式，勝過沒完沒了的會議、備忘錄和重的要命又不實用的規格檔。

這就是我們所說的「一起工作」：不僅僅是問問題、進行討論、做筆記，而是在您撰寫程式碼的過程中提出問題和進行討論。

Conway 法則

1967 年，Melvin Conway 在 *How do Committees Invent? [Con68]* 中提出了著名的 Conway 定律：

> 負責設計系統的組織設計出來的東西，會是這些組織的溝通結構的副本。

也就是說，團隊和組織的社會結構和溝通路徑將反映在正在開發的應用程式、網站或產品中。許多各種研究表明強烈支援這一觀點，我們也已經無數次地親眼目睹了這一個觀點，例如，在一個不溝通的團隊，會產出像是豎井式的「煙囪」系統。或在一個分成兩組的團隊，將產出 client/server 或是 frontend/backend 這樣的功能分配。

研究支持了該原則的反證：您可以故意按照您希望程式碼的樣子來組織您的團隊。例如，在地理上分散的團隊更趨向於開發出模組化、分散式的軟體。

但最重要的是，包含使用者的開發團隊將會開發出能夠清楚地反映使用者參與程度的軟體，而至於那些不包含使用者的團隊，他們的產出也會如實的反映。

成對程式設計

成對程式設計（*pair programming*）雖然是 eXtreme 程式設計（eXtreme Programming，XP）的一種實作，但它已經在 eXtreme 程式設計之外變得流行起來。在成對程式設計中，一個開發人員操作鍵盤，另一個不操作。他們可以一起解決問題，還可以根據需要換人執行打字任務。

成對程式設計有很多好處。不同的人有不同的背景和經驗，有不同的解決問題的技巧和方法，對任何給定的問題有不同的關注程度。充當打字員的開發人員必須專注於語法和撰寫程式碼風格的底層細節，而其他開發人員可以自由地考慮更高層次的問題和範圍。雖然這聽起來像是一個小小的區別，但請記住，我們人類的大腦頻寬有限。胡亂輸入編譯器勉強接受的深奧的單詞和符號，佔用了我們相當大的處理能力。在執行任務的過程中，如果有另一個開發人員的完整大腦可用，將會帶來更多的腦力承擔。

第二個人固有的同儕壓力有助於克服弱點和給變數取名為 foo 等的壞習慣。當有人在認真看著你寫程式，您不太可能想走捷徑，所以這也會讓軟體品質的提高。

暴民程式設計

如果兩個腦袋比一個腦袋要好，那麼讓一打不同的人同時處理同一個問題，讓一個打字員來處理，又如何呢？

暴民程式設計（*mob programming*），除了名字有點暴力外，不會用到火把或乾草叉。它是成對程式設計的擴展，會使用兩個以上的開發人員。支持這個設計方法的報告指出，使用暴民來解決困難問題的效果很好，我們可以很容易地將通常不被認為是開發團隊的一部分的人，包括使用者、專案贊助者和測試人員，加入一團暴民中。事實上，在我們的第一個「不可能的」專案中，常常會看到我們之中有一個人在打字，而另一個人與業務專家討論這個問題。這便是一個由三人組成的小暴民團體。

您可以把暴民程式設計看作是一種緊密合作的現場程式設計（*live coding*）。

我該怎麼做？

如果目前只有您一個人在做程式設計，建議嘗試成對程式設計。由於一開始會感覺很奇怪，所以請給它至少兩週的時間，一次幾個小時。若想要集思廣益想出新點子，或診斷出棘手的問題，不妨嘗試一下暴民程式設計會議。

如果您的現況已經在做成對或暴民程式設計，請檢視看看誰參與了？是只有開發人員，還是您也可讓擴展團隊的成員參與：例如使用者、測試人員、贊助者…？

與所有協作方法一樣，您需要同時管理人員方面和技術。這裡有一些開始的小技巧：

- 要建立的是程式碼，而不是您的自負。這與誰最聰明無關；每個人都有自己出頭的時刻，不管好的和壞的。

- 從一個小的只有 4-5 人的暴民團開始，或者在開始時抓出幾對工程師，並且只在短時間內協作。

- 批評程式碼，而不是人。「讓我們看看這一些程式碼」聽起來比「您錯了」好多了。

- 傾聽並試著理解他人的觀點，觀點不同不是錯。

- 進行頻繁的回顧，為下一次做好準備。

全部在同一個辦公室工作，或在遠端單獨工作，或採成對或暴民設計，都是共同工作解決問題的有效方法。如果您和您的團隊只使用過一種方法，那麼您可能想嘗試一種不同的風格。但是，請不要用一種天真的方法去實作：每種開發風格都有規則、建議和指導方針。例如，在暴民程式設計中，您每隔 5-10 分鐘就要換一次打字員。

請您做一些閱讀和研究，從教科書或別人的經驗報告中，感受一下您可能遇到的優勢和缺陷。建議您從撰寫一個簡單的練習開始，而不是直接跳到最難的量產程式碼。

但不管您怎麼做，讓我們最後提出一條建議：

> **提示 82**　不要隻身進入程式碼的世界

---

48 敏捷的本質

> 您一直使用那個詞，但我覺得它的意思和您想的不一樣。
>
> ➤ *Inigo Montoya, The Princess Bride*

敏捷（*agile*）是一個形容詞：它用來形容您做某事的方式。您可以成為一名敏捷開發人員。您可以加入一個採用敏捷實作的團隊，即一個對變化和挫折做出敏捷反應的團隊。敏捷是您的風格，不代表您本人。

> **提示 83**　敏捷不是一個名詞；敏捷是您做事的方式

在我們寫這篇文章的時候，距離敏捷軟體發展宣言（Manifesto for Agile Software Development）[註4] 誕生已經過去了將近 20 年，我們看到許多開發人員成功地應用了它的價值。我們看到很多優秀的團隊，他們找到方法，利用這些價值觀來指導他們做什麼，以及如何改變他們做的事情。

但我們也看到了敏捷的另一面。我們看到團隊和公司渴望現成的解決方案：要馬上使用敏捷方案。我們看到很多顧問和公司都過分樂於向他們推銷自己想要

註4　*https://agilemanifesto.org*

的東西。我們看到公司採用了更多層的管理、更正式的報告、更專業的開發人員和更花俏的工作頭銜,這些頭銜的意思是「拿著剪貼簿和碼錶的人」[註5]。

我們覺得很多人已經忽視了敏捷的真正含意,我們希望看到人們回歸到最基本的東西。

請記住宣言中的價值觀:

> 我們正在透過這樣做和幫助他人來找到更好的開發軟體的方法。透過這項工作,我們認識到以下價值觀:

- **個體和個體間**互動比流程和工具重要
- **能正常工作的軟體**勝過複雜完整的文件
- **客戶協作**勝過合約談判
- **回應變化**而不是遵循計畫

> 也就是說,雖然右邊的東西也有價值,但我們更看重左邊的東西。

任何向您兜售某種東西、這種東西會讓您覺得右邊的東西比左邊更重要的人,顯然在價值觀上,不會像我們和其他撰寫宣言的人一樣。

任何向您推銷「馬上可用的解決方案」的人,都沒有讀過敏捷開發的介紹宣告。這些價值觀是由不斷發現更好的軟體生產方法的行為所激發和補充的。這不是一個靜態的文件,它是一個有生產力流程的建議。

不可能有所謂的敏捷流程

事實上,無論何時當有人說「這樣做,您就會變得敏捷」,根據定義來說,他們都是錯的。

註 5　若想看這個方法論被誤用到什麼程度,可以參考 *The Tyranny of Metrics* [Mul18]。

因為敏捷，無論是在物理世界還是在軟體發展中，指的都是關於對變化的回應，對您出發後遇到的未知做出回應。奔跑的羚羊不會走直線。一名體操運動員一秒鐘要糾正數百個錯誤，因為他們要對環境的變化和腳部位置的微小錯誤做出反應。

團隊和個人開發人員也是如此。在開發軟體時，沒有單一的計畫可以遵循。四個價值觀中的三個都告訴您同一件事，它們都是講述收集和回應回饋的。

這些價值觀不會告訴您該做什麼。當您自己決定好要做什麼的時候，他們會告訴您要尋找什麼。

這些決策總是與環境相關的：它們取決於您是誰、您的團隊的性質、您的應用程式、您的工具、您的公司、您的客戶和外部世界；有很多因素，有重要的也有不重要的。沒有固定的、靜態的計畫能夠通過這種不確定性的考驗。

我們該怎麼做？

沒有人能告訴您該做什麼。但我們認為可以告訴您一些。關於做這件事的根本精神。這一切都歸結於您如何處理不確定性。敏捷宣言建議您透過收集回饋並採取行動來做到這一點。所以下面是一些我們以敏捷方式工作的祕訣：

1. 找到自己目前的處境。

2. 朝您想要的方向邁出最小最有意義的一步。

3. 評估您現在的處境，並修復您所破壞的一切。

請重複這些步驟，直到完成。請在您做的每一件事的每一層中，都遞迴地使用它們。

有時候，當您收集回饋時，即使是最不起眼的決定也會變得重要起來。

「現在我的程式碼需要獲得帳戶擁有者」

```
let user = accountOwner(accountID);
```

嗯…user 是一個無用的名字，我將它改為 owner。

```
let owner = accountOwner(accountID);
```

但改完之後感覺有點囉嗦。我實際上到底想做什麼？按需求來說我該給這個人發一封電子郵件，所以我需要找到他的電子郵件地址。也許我根本不需要整個帳戶擁有者。

```
let email = emailOfAccountOwner(accountID);
```

透過在非常細節的層次上（例如變數的命名）套用回饋迴圈，我們實際上改進了整個系統的設計，減少了此程式碼與處理帳戶的程式碼之間的耦合。

回饋迴圈也適用於專案的最高層級。我們最成功的一些工作，是在我們開始處理客戶的需求時就開始使用回饋迴圈，當我們邁出一小步時，我們意識到將要做的並不是必須的，最好的解決方案甚至不用使用軟體。

此迴圈也可以套用於專案範圍之外，團隊應該應用它來審查專案的流程以及工作情況。不持續試驗流程的團隊不是一個敏捷團隊。

驅動設計

在第 32 頁的主題 8，優秀設計的精髓小節中，我們 assertion 設計的好壞衡量標準，是取決於設計的結果是多麼容易改變：一個好的設計產生的東西比一個壞的設計更容易改變。

而此處關於敏捷性的討論，可以解釋為什麼有這種情況。

當您做了一個修改，後來卻發現您不喜歡它，照清單上的步驟 3 說，我們必須能夠修復我們破壞的東西。為了使我們的回饋迴圈更有效率，這個修復必須盡可能地簡單。如果不是，我們就會很想聳聳肩，不去管它。但我們在第 7 頁的主題 3，軟體亂度小節中說到，為了使用敏捷開發，我們需要實作好的設計，因為好的設計使事情容易改變。如果它很容易改變，我們可以馬上修正，沒有任何猶豫。

這就是敏捷開發。

相關章節包括

- 主題 27，不要跑得比您的車頭燈還快，第 145 頁
- 主題 40，重構，第 247 頁
- 主題 50，不要切開椰子，第 319 頁

挑戰題

簡單的回饋迴圈並不僅僅適用於軟體。想想您最近做的其他決定，在這些決定中，有沒有哪些可以在事情沒有朝著您想要的方向發展時，撤銷決定的呢？您能透過收集回饋並採取行動來改進您的工作方法嗎？

Chapter 9

務實的專案

隨著專案的進行，我們需要從個人的哲學和撰寫程式碼問題轉移到更大的、專案規模的問題上。我們不會討論專案管理的細節，但是我們會討論一些關鍵的領域，這些領域可以成就或毀掉任何一個專案。

一旦做一個專案的人不止一個，您就需要建立一些基本規則，並相應地分配專案的一部分工作量。在務實的團隊小節中，我們將展示如何在兼顧實用主義哲學的同時做到這一件事。

軟體發展方法論的目的是幫助人們一起工作。您是否覺得你和您的團隊所做的工作得心應手，或者您只是在瑣碎的表面工夫上進行投資，而沒有獲得您應得的實際收益？我們將會知道為何不要切開椰子，並在該小節中提供真正的成功祕訣。

當然，如果您不能一致且可靠地交付軟體，這些都不重要。這就是版本控制、測試和自動化神奇三重奏，也是您：務實的上手工具。

最後，雖然最終成功是由旁觀者認定，即專案的出資者。所以對成功的看法才是最重要的，在取悅您的客戶小節中我們將向您展示如何取悅每個專案的出資者。

書中的最後一個技巧是所有其他技巧的直接結果。在傲慢與偏見（*Pride and Prejudice*）小節中，我們將要求您們在作品上簽名，並為自己的工作感到自豪。

49 務實的團隊

> 在 *L* 小組，*Stoffel* 監管著 *6* 個第一流的程式設計師，這一管理上的挑戰
> 和養一群貓差不多。
>
> ➤ *The Washington Post Magazine, June 9, 1985*

即使在 1985 年，關於養貓的笑話也已經過時了。到本世紀初本書第一版出版時，這個笑話也已經相當古老了。然而，它依然存在，因為它帶有一個真理，程式設計師有點像貓：聰明、意志堅強、固執己見、獨立、經常被網路崇拜。

到目前為止，在這本書中，我們已經看過一些實用的技術，幫助個人成為一個更好的程式設計師。這些方法是否也適用於團隊，甚至是意志堅強、獨立的團隊？答案是一聲響亮的「是的！」作為一個務實的人有很多優勢，但是如果一個人在一個務實的團隊中工作，這些優勢會加倍增長。

在我們看來，團隊是一個小的、最穩定的實體。50 個人不是一個團隊，他們已經是一個部落了[註1]。如果一個團隊的成員經常被分配到其他任務，而且沒有人認識彼此，那麼這個團隊也不是一個團隊，他們只是在雨中暫時共用一個公車站的陌生人。

一個務實的團隊很小，只有 10-12 人左右，會員很少加入或退出。每個人都很瞭解每個人，互相信任，互相依賴。

註 1　隨著團隊的人數增長，溝通管道會以 $O(n^2)$ 的速度成長。其中 n 是團隊中的人員數量。在一個較大的團隊中，溝通開始產生障礙，而且變得沒有效率。

提示 **84**	請維護一個小型、穩定的團隊

在本節中，我們將簡要地瞭解如何將實用的技術應用到整個團隊。這些提示只是一個開始，一旦您把一組務實的開發人員放在一個可發揮的環境中工作，他們將快速地進行開發並改進他們工作的團隊動態。

讓我們從團隊的角度來重新定義前面多個小節的內容。

不容許破窗

品質是一個團隊問題，若最勤奮的開發人員被安排在一個根本沒人在乎的團隊中，他們會發現修復一些瑣碎問題很難保持熱情。如果團隊不鼓勵開發人員在這些修復上花費時間，那麼問題會進一步惡化。

團隊作為一個整體不應該容忍破掉的窗戶，也就是那些沒有人去修復的小缺陷。團隊必須對產品的品質負責，支持能理解我們在第 7 頁的主題 3，軟體亂度中描述的支持不可有破窗哲學的開發人員，並鼓勵那些還沒有發現破窗的人去找出破窗。

一些團隊合作的方法論中，有一個「品質官」的角色──團隊將交付產品品質的責任委派給這個人。這顯然是荒謬的：品質必定是來自於所有團隊成員的個人貢獻，品質內建在這些貢獻之中，不能是被硬綁上去的。

煮青蛙

還記得第 10 頁的主題 4，石頭湯與煮青蛙小節嗎？故事中的青蛙沒有注意到環境的逐漸變化，最終被煮熟了。同樣的情況也會發生在那些不警覺的人身上。在專案開發的壓力下，很難保持對整個環境的關注。

整個團隊甚至更容易被煮熟，因為人們會認為是其他人在處理問題，或者是團隊管理者已經批准了使用者請求的修改。即使是最用心的團隊也會忽略專案中的重大變化。

請試著這樣做，請您鼓勵每個人積極監控環境的變化。保持清醒、意識到專案範圍的擴大、時間尺度的縮短、額外的功能、新的環境等等，任何在最初的理解中沒有的東西。在新的需求上保持度量標準[註2]。雖然團隊不需要立即拒絕一些失控的變更，您只需要知道它們正在發生。否則，在熱水裡的就會變成是「您」。

調整您的知識組合

在第 16 頁的主題 6，您的知識資產小節中，我們說過您應該用您自己的時間投資您個人的知識組合。想要成功的團隊也需一樣的考慮他們的知識和技能投資。

如果您的團隊認真看待改進和創新，那您就應該將它排入工作。「找空檔做」的意思是永遠都不會做。不管您用什麼處理待辦事項、工作清單還是流程，都不要只在開發功能時使用，團隊的工作不僅僅只有開發新功能，以下是一些可能的工作範例：

舊系統維護

　　雖然我們喜歡在新系統上工作，但是舊系統可能需要做一些維護工作。我們遇到過這樣的團隊，他們試圖把這項工作推到角落裡。如果團隊被指定要完成這些任務，他們才會去做。

註 2　對這個目的來說，**向上燃盡圖**（*burnup chart*）比常見的**向下燃盡圖**（*burnup chart*）更為適用，你可以清楚地看到外加的功能會如何改變目標。

處理回應和改良

只有當您花時間去觀察，找出什麼是有效的，什麼是不正確，然後做出改變，持續的改進才會發生（參見第 306 頁的主題 48，敏捷的本質小節）。太多的團隊忙於把水排出去，以致於他們沒有時間修補漏洞。請安排修復工作到專案時程表中，把東西修好。

新技術實驗

不要僅僅因為「每個人都在這麼做」，或者您在會議上看到或在網上看到的東西，就決定採用新的技術、框架或函式庫。請謹慎地用原型去審查所有候選技術。請將這些嘗試新事物以及分析結果的這些任務安排在專案時程表上。

學習和技術加強

一個人獨立做學習和加強技術是一個很好的開始，但是很多技能在團隊範圍內傳播時更有效。請制定計畫去做，無論是非正式的自帶午餐討論還是正式的培訓課程。

提示 85	把工作排下去，讓它執行

團隊溝通

很明顯地，一個團隊中的開發人員必須相互溝通。我們在第 23 頁主題 7，溝通！小節中曾經給過您一些建議。然而，我們卻很容易忘記團隊本身就存在於組織中。團隊作為一個實體，也需要與其他團隊進行清楚的溝通。

在外人看來，最糟糕的專案團隊是那些看起來悶悶不樂、沉默寡言的團隊。他們舉行的會議沒有結構，沒有人願意交談。他們的電子郵件和專案文件一團糟：沒有兩個內容看起來一樣，而且每個都使用不同的術語。

優秀的專案團隊有其獨特的個性，人們期待與他們見面，因為知道他們會看到一個準備充分的表演，讓每個人都感覺良好。優秀專案團隊生成的文件是清晰、準確和一致的。團隊口徑一致[註3]，甚至可能有幽默感。

有一個簡單的行銷技巧可以幫助團隊進行整體溝通：就是為它建立一個品牌。當您開始一個專案時，為它取一個名字，最好是一些古怪的名字（在過去，我們曾以捕食綿羊的殺人鸚鵡、視錯覺、沙鼠、卡通人物和神話城市等事物來命名專案）。花 30 分鐘想出一個滑稽的標誌，然後使用它。與人交談時，要大方地使用團隊的名字。這聽起來很傻，但它能給您的團隊建立一個身分，也讓世界有機會記住您的工作。

不要讓重複發生在自己身上

在第 35 頁的主題 9，*DRY*—重複的罪惡小節中，我們討論了消除團隊成員之間重複工作所造成的困難。這種重複導致了工作的浪費，並可能導致維護的噩夢。在這些重複工作的團隊中很常出現「煙囪式」或「筒倉式」系統，它們很少共用，而且有很多重複的功能。

良好的溝通是避免這些問題的關鍵。我們所說的「好」指的是立即和無摩擦。

您應該能夠向團隊成員提出問題，並得到或多或少的即時答覆。如果團隊位於同一地點，這可能就像把您的頭探過辦公隔板或走過大廳那麼簡單。對於遠端團隊，您可能必須依賴訊息傳遞應用程式或其他電子手段。

如果您要等一個星期才能在團隊會議上提出您的問題或分享您的狀態，那會導致很多摩擦[註4]。無摩擦代表著在提問題、分享您的進展、您的問題、您的見解和學習，以及時刻注意您的隊友在做什麼，這些都很容易，也不需要什麼儀式。

註3　團隊口徑一致，是同時對外或對內都口徑一致。對內時，我們強力鼓勵活躍、有力的辯論。優秀的開發人員往往對他們的工作充滿激情。

註4　Andy 以前碰到一些固定在週五舉行每日 Scrum 站立會議的團隊。

保持清醒，保持 DRY。

團隊曳光彈

一個專案團隊必須在專案的不同領域完成許多不同的任務，涉及許多不同的技術。理解需求、設計架構、前端和伺服器的程式碼撰寫、測試，所有這些工作都必須進行。但這是一個常見的誤解，這些活動和任務可能單獨發生，完全獨立。不，它們不能。

有些方法論提倡在團隊中設立各種不同的角色和頭銜，或者完全建立單獨的專門團隊。但是這種方法的問題是它引入了閘門和交辦。現在，原本團隊有一個直接到達部署的穩定流程，變成有多個令工作暫停的閘門，必須等待批准、文書工作後才能交接。Lean 將此稱為一種「浪費」，並努力消除它。

所有這些不同的角色和活動實際上只是對同一問題的不同看法，人為地將它們分開可能會造成大量的麻煩。例如，與程式碼的實際使用者隔了兩到三層的程式設計師，不太可能知道使用者將在怎樣的上下文中使用程式，他們將無法做出明智的決定。

使用曳光彈時，我們建議開發單獨的功能，無論最初的功能有多小和多有限，都要貫穿整個系統。這代表著您會用上團隊的所有技能：不論是前端、UI/UX、伺服器、DBA、QA 等等，團隊需要適應所有這些技能，並且習慣相互協作。使用曳光彈方法，您可以非常快速地實作非常小的功能，並立即獲得關於團隊溝通和交付情況的回饋。這樣就建立了一個環境，您可以在其中快速、輕鬆地進行修改和調整您的團隊和流程。

提示 86	請組織具有完整功能的團隊

請組識您的團隊，這樣您就可以建立點到點地、遞增地、迭代式地建構程式碼。

自動化

確保一致性和準確性的一個好方法是將團隊所做的一切自動化。當您的編輯器或 IDE 可以為您自動調整程式碼格式時，為什麼還要辛辛苦苦地自己做呢？當建構伺服器可以自動測試時，為什麼要進行手工測試？當自動化可以每次都以相同的方式重複且可靠地進行部署時，為什麼還要手工部署呢？

自動化是每個專案團隊的基本組成，請確保團隊擁有工具建構的技能，以及能部署自動化專案開發和生產部署的工具的技能。

知道何時收手

記住團隊是由個人組成的。賦予每個成員以他們自己的方式發光的能力。給他們足夠的支援，並確保專案交付價值。然後，就像夠好的軟體中的畫家一樣，要抵制住想加上更多顏料的誘惑。

相關章節包括

挑戰題

- 尋找軟體發展領域之外的成功團隊。是什麼讓他們成功？他們是否使用本節中討論的任何流程？

- 下次您開始一個專案時，試著說服人們為該專案建立品牌。請給您的組織一些時間來適應這點子，然後進行一個快速的檢視，看看它在團隊內部和外部產生了什麼不同。

- 您可能曾經遇到過這樣的問題：「如果 4 個工人挖一條溝需要 6 個小時，那麼 8 個工人需要多長時間？」然而，在現實生活中，如果工人們寫的是程式碼，有什麼因素會影響答案呢？在多少種假定情況下，時間實際上減少了？

- 請閱讀 Frederick Brooks 的 *The Mythical Man Month [Bro96]*。為了要早日吸收，請買兩本，這樣您就能以兩倍的速度閱讀它。

50　不要切開椰子

天真的島民以前從未見過飛機，也沒見過陌生人。作為對他們土地使用的回報，陌生人帶來了整天在「跑道」上飛來飛去的機械鳥，給他們的島嶼家園帶來了難以置信的物質財富。陌生人一直說到關於戰爭和戰鬥的事。某天，戰爭都結束了，所以他們也帶著他們奇怪的財富離開了。

島上的居民急於恢復那些豐富的物質，所以他們用當地的材料重建了機場、控制塔和設備的複製品：使用葡萄藤、椰子殼、棕櫚葉等等。但是由於某種原因，儘管他們把一切都準備好了，飛機還是沒有來。因為他們模仿的是形式，不是內容。人類學家把這個行為稱之為貨物崇拜（*cargo cult*）。

我們也經常扮演著島民的角色。

人們很容易和被誘惑掉進貨物崇拜的陷阱：透過投資和建立容易看見的人工製品，您希望吸引冥冥之中的神秘力量。但與貨物崇拜的 Melanesia（美拉尼西亞人）註5 一樣，用椰子殼製成的假機場無法替代真實的機場。

例如，我們親眼看過聲稱自己使用 Scrum 的團隊。但是，經過更仔細的查看，結果發現他們每週做一次每日站立會議，4 週的週期經常變成 6 - 8 週的週期，他們認為這是可行的，因為他們正在使用一個流行的「敏捷」排程工具。但他們只是在膚淺的人工製品上投資，而且通常只是名稱符合所需而已，好像「站立會議」或「週期迭代」只是某種迷信的咒語。不出所料，他們也沒能吸引到真正的魔力。

環境問題

您或您的團隊掉進這樣的陷阱嗎？請問問您自己，為什麼您要使用這種特殊的開發方法？或者 framework ？或者測試技術？它真的很適合手上的工作嗎？對您有用嗎？還是僅僅因為它是網路上最新的成功案例所以被採用？

目前的趨勢是採用成功公司的政策和流程，如 Spotify、Netflix、Stripe、GitLab 等成功公司。每個成功公司在軟體發展和管理上都有自己獨特的理解。但是請考慮一下您的環境：您是否處於相同的市場，具有相同的限制和機會、相似的專業知識和組織規模、相似的管理和相似的文化？相似的使用者基礎和需求？

別上當，只仿效特定人造物、表面結構、策略、流程和方法是不夠的。

註 5   參見 *https://en.wikipedia.org/wiki/Cargo_cult*。

提示 87	用有效的開發方法，不要用流行的開發方法

您如何知道「什麼是有效的開發方法」？您得依靠最基本的實用技巧：

請試一試以下技巧。

用一個小團隊或一組團隊來試驗您的想法。保留那些看起來效果不錯的部分，把其他任何東西都當作廢物或耗材扔掉。沒有人會因為您的公司與 Spotify 或 Netflix 的運作方式不同而看輕您的公司，因為即使是 Spotify 或 Netflix，他們在當初的成長過程中也不是遵循他們目前採用的流程。而且幾年之後，隨著這些公司的成熟和轉型，並繼續蓬勃發展，他們將再次改變做法。

然而這就是他們成功的真正祕訣。

統一尺碼大家都不合身

軟體開發方法論的目的是幫助人們在一起工作。正如我們在敏捷的本質小節中所討論的，當您開發軟體時，對於您要遵循哪個計畫並沒有標準答案，尤其是另一家公司提出的計畫。

許多考試實際上比這更糟糕：能夠記住並遵守規則的學生才能通過考試。但那不是您想要的，您想要的是超越現有的規則，發掘有利的可能性的能力。而不是只會想著「但是 Scrum/Lean/Kanban/XP/agile 是這樣做的⋯」這種思維方式。

相反地，建議您從任何方法中獲得最好的部分，並對其進行調整後使用。沒有一種適合所有情況的方法，而且當前的方法還遠遠不夠完整，因此您需要參考的不僅僅是一個流行的方法。

例如，雖然 Scrum 定義了一些專案管理規則，但是 Scrum 本身並沒有在技術層面為團隊提供足夠的指導，或者在專案組合／治理層面為管理者提供足夠的指導。那麼您該從哪裡開始下手呢？

像他們一樣！

我們常會聽到軟體開發管理者告訴他的組員說「我們應該要像 Netflix 那樣做」（或任何一間其他的業界龍頭）。當然，您可以這麼做沒錯。

但前提是，您得先幫自己弄來幾百台伺服器與數千萬的使用者。

真正的目的

我們的目標當然不是「使用 Scrum」、「使用敏捷」、「使用 Lean」或諸如此類的開發方法。我們的目標是能夠交付可工作的軟體，這些軟體能夠在短時間內為使用者提供一些新的功能。不是幾週、幾個月或幾年的時間才交付，而是當下交付。對於許多團隊和組織來說，持續交付感覺像是一個崇高的、無法實作的目標，特別是當您的交付時間被限制在幾個月甚至幾週的時程時更是如此。但是和任何目標一樣，關鍵是要朝著正確的方向瞄準。

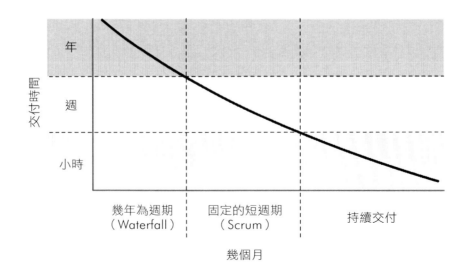

如果您的交付週期是幾年，請試著把週期縮短到幾個月，再從幾個月減少到幾週。請從四週的衝刺（sprint）開始，嘗試縮短為兩週，然後再從兩週的衝刺開始，嘗試縮短為一週，然後再變成每天，最後是依需求立即交付。請注意，能夠按需求交付的能力並不代表著您必須每天每分鐘都要交付。只有當使用者需要時，以及當這樣做在業務上有意義時，您才交付產品。

提示 88	當使用者有需求時交付

為了推動這種風格的開發，您需要一個堅實的基礎建設，我們將在下一個主題務實的上手工具中討論。請您在版本控制系統的主幹（main trunk）中進行開發，而不是在分支中進行開發，並使用諸如功能開關（feature switch）等技術來為使用者選擇性地產出測試功能。

一旦您的基礎設施就緒，您需要決定如何組織工作。初學者可以從 Scrum 專案管理方法開始，再加上極限程式設計（eXtreme Programming，XP）的技術實作。更有紀律性和經驗的團隊可能會關注 Kanban 和 Lean 技術，對管理團隊和管理更大的問題都是如此。

但是請不要相信我們說的話，請您自己調查並嘗試一下這些方法。不過要小心，不要做過頭。過度投資於任何一種特定的方法會讓您對其他方法視而不見。您會習慣特定的方法，很快就看不到其他的出路了。此時您已經僵化，而現在也不能再快速適應其他方法了。

這樣的下場還不如用椰子呢。

相關章節包括

51 務實的上手工具

增加我們不需要思考就可以執行的重要操作，這些操作推動著文明的
進步。

> *Alfred North Whitehead*

在汽車還很新奇的時候，福特 Model-T 汽車的啟動說明書就有兩頁多。當今的汽車，您只需按一個按鈕，就能自動做完啟動程序，而且是不會失誤的。若讓人按照一份啟動清單動作，可能會弄壞引擎，但自動啟動器不會。

雖然軟體發展這個產業仍然仍停留在 Model-T 階段，但是我們不能為了一些常見的操作而一遍又一遍重複地閱讀兩頁的說明書。無論是建構或是發佈過程、測試、專案文書等工作，還是專案上的任何其他重複任務，都必須是自動的，並且能複製到任何有能力執行的機器工作。

此外，我們希望確保專案的一致性和可重複性。手工操作可能還有機會保持一致性；但可重複性並不能得到保證，尤其是會有不同的人去理解程式時。

在我們寫本書的第一版時，我們想做的是寫更多可以幫助團隊進行軟體開發的書。後來我們發現應該從基本開始：最基本的東西，也是最重要的元素，也是每個不管採用哪種開發方法、語言或技術的團隊都需要的東西。於是就有了務實的上手工具小節，它涵蓋了這三個關鍵和相互關聯的主題：

- 版本控制

- 迴歸測試

- 完全自動化

這是支撐每個專案的三個支柱，以下是這些主題的討論。

版本控制

正如我們在版本控制中所說的，建議您將建構專案所需的一切都置於版本控制之下。特別是屬於整個專案範圍的東西，這個建議更是重要。

首先，它能用暫時性的機器建構。與其在辦公室角落裡放一台人人都不敢碰的、神聖的、吱吱作響的機器[註6]，不如按所需建立機器和／或機器集群，讓它們成為雲中的一個實例。部署設定也在版本控制之下，因此能夠自動發佈到量產環境中。

以下是最重要的部分：在專案層級來說，版本控制驅動建構和發佈流程。

註6　我們目擊過的次數比您想像的還多次。

> 提示 89　　請使用版本控制去驅動建構、測試和發佈

也就是說，建構、測試和部署這些動作，是透過提交或推送到版本控制來觸發的，並且在一個雲的容器中進行建構。在版本控制系統中，可使用標記指定發佈是達到交付程度或量產程度。然後發佈就變成了日常生活中比較不需要注意的一部分，藉此達成真正的持續交付，而不是綁定到任何一個建構機器或開發人員的機器上。

無情且持續的迴歸測試

許多開發人員小心翼翼地進行測試，下意識地知道程式碼將在何處中斷，並避免測試那些脆弱的地方。務實的程式設計師則不同，我們被驅動著要尋找當下的 bug，所以我們不必忍受別人在以後發現我們的 bug 的恥辱。

找 bug 有點像用網捕魚，我們使用精細的小漁網（單元測試）來捕捉小魚，使用大的粗漁網（整合測試）來捕捉殺人的鯊魚。當有魚逃脫時，我們修補任何我們找到的洞，那些缺陷正在我們的專案池中游弋，而我們期待捕捉到越來越細微的缺陷。

> 提示 90　　早期測試、更常測試、自動地測試

一旦我們有了程式碼後，我們就想要即早開始測試。這些小魚有一個壞行為，就是它們很快就會變成巨大的食人鯊魚，而捕捉鯊魚則相當困難。所以我們會撰寫單元測試，寫很多單元測試。

事實上，一個好專案的測試程式碼可能比產出的程式碼更多。生成這些測試程式碼所花費的時間是值得的。從長遠來看，這些成本最終會便宜得多，而且您實際上有機會生產出幾乎沒有缺陷的產品。

另外，知道您已經通過了測試，可以讓您高度確信一段程式碼已經「完成」。

提示 91	在所有的測試通過之後，程式碼才算完成

自動建構程式會執行所有可用的測試，重要的是請以「實際測試」當作目標，換句話說，測試環境應該與量產環境緊密匹配，它們之間任何縫隙都是 bug 滋生的地方。

自動建構程式可能包括幾種主要的軟體測試類型：它們是單元測試、整合測試、確認和驗證和效能測試。

以上清單絕不是完整的清單，一些特殊的專案也需要各種其他類型的測試。但這個清單是我們一個很好的起點。

單元測試

一個單元測試（*unit test*）是對一個模組執行的測試程式碼。我們在 214 頁的主題 41，測試對程式碼的意義小節中討論過這個主題。單元測試是我們將在本節中討論的所有其他測試的基礎。如果這些單元測試不能獨立工作，那它們就不能很好地一起工作。您使用的所有模組必須通過它們自己的單元測試。

一旦所有相關模組都通過了各自的單元測試，就可以進入下一個階段了。您需要測試所有模組在整個系統中的使用和互動。

整合測試

整合測試（*integration test*）的功能，是用於表明組成專案的主要子系統工作良好，並且彼此配合良好。若有良好的合約和良好的測試，任何的整合問題都可以很容易地被檢測出來。否則，整合這個動作將成為滋生 bug 的肥沃土壤。事實上，整合常常是系統中最大的 bug 來源。

整合測試實際上只是從我們所描述的單元測試擴展出來的，您只是在測試整個子系統如何履行它們的合約。

確認和驗證

一旦您有了一個可執行的使用者介面或原型，您就需要回答一個非常重要的問題：雖然使用者告訴了您他們想要什麼，但這真的就是他們需要的嗎？

這個東西是否能滿足系統的功能需求呢？這一點也需要檢驗。針對錯誤的問題所做的系統，縱使沒有 bug 也是無用的。要特別注意終端使用者存取系統的模式，以及這些模式與開發人員測試資料的不同之處（例如，參見第 106 頁關於筆刷的故事）。

效能測試

效能或壓力測試也是專案的重要面向。

請問問您自己，軟體是否滿足了現實世界條件下的效能要求，包括預期的每秒使用者數、連接數或交易次數，這些能力是有彈性的嗎？

對於某些應用程式，您可能需要特別去測試硬體或軟體來真實地模擬負載。

測試測試程式

因為我們不能寫出完美的軟體，所以我們也不能寫出完美的測試軟體。我們需要去測試這些測試程式。

我們的測試套件集合可以看作是一個精心設計的安全系統，它會在出現 bug 時發出警報。有什麼比試圖闖入一個安全系統，更能測試這個安全系統的呢？

在您撰寫了一個測試來檢測特定的 bug 之後，請故意製造該 bug，並確保測試回報問題。這確保了如果錯誤真的發生了，測試將會捕捉到它。

提示 92	以刻意破壞來測試你的測試程式

如果您是認真嚴肅對待測試的，請在原始碼樹上取一個單獨的分支，有目的地引入 bug，並去驗證測試將捕獲這些 bug。在更高的層次上，您可以使用像 Netflix 的 *Chaos Monkey*[註7] 這樣的東西來搗亂服務和測試應用程式的彈性。

在撰寫測試時，請確保在應該發出警報時發出警報。

徹底測試

一旦您確信您的測試是正確的，並且能找出您所刻意建立的 bug，您如何知道自己是否已經對程式碼庫進行了足夠徹底的測試？

簡單的回答是「您不知道」，您永遠也不會知道。您可以嘗試使用覆蓋率分析（*coverage analysis*）工具，它們在測試期間監視您的程式碼，並跟蹤有哪些程式碼已經執行，哪些沒有執行。這些工具能幫助您大致瞭解您的測試有多全面，但是請您也不要期望看到 100% 的覆蓋率[註8]。

即使您碰巧命中了程式碼的所有行，這也不代表全部都測試到了。重要的是您的程式可能有多少個狀態，狀態並不等同於程式碼。例如，假設您有一個函式，它接受兩個整數，每個整數可以是 0 到 999 之間的數字：

```
int test(int a, int b) {
  return a / (a + b);
}
```

理論上，這個三行的函式有 1,000,000 個邏輯狀態，其中 999,999 個可以正常工作，而另一個則不能（當 a + b = 0 時）。知道有執行到這行程式碼並不能保證測試程式測試過所有可能狀態。不幸的是，通常所有可能狀態是一個非常

註 7　*https://netflix.github.io/chaosmonkey*
註 8　*Mythical Unit Test Coverage [ADSS18]* 是一篇關於測試覆蓋率與錯誤的有趣研究。

困難的問題。就像「您若不能使太陽發光，它也只是一大塊冰冷堅硬的東西而已」般的困難。

提示 93	請測試狀態覆蓋率，而不是程式碼覆蓋率

基於屬性的測試

想知道您的程式碼能不能處理好意外狀態的一個好方法，是讓電腦生成這些意外狀態。

使用基於屬性的測試技術，根據被測程式碼的合約和不變數生成測試資料。我們將在第 264 頁的主題 42，以屬性為基礎的測試小節中詳細討論。

收網

最後，我們想要揭示測試中最重要的概念。這是顯而易見的一個概念，幾乎每一本教科書都這麼說。但由於某些原因，大多數專案仍然沒有遵守這個概念。

如果現有測試的網子漏抓了一個 bug，那麼下一次您需要添加一個新的測試來抓住它。

提示 94	不讓同樣的 bug 出現第二次

一旦一個測試人員發現了一個 bug，它應該要成為人員能找到這個 bug 的最後一次，人員找到該 bug 後，應該隨即要去修改自動化測試，之後都要自動檢查到那個特定的錯誤，沒有例外，不管多麼瑣碎，不管開發人員多麼會抱怨，或告訴您「哦，可是那個 bug 之後不會再發生了耶」都一樣。

因為它還會再發生，因為我們沒有時間去追蹤自動化測試為我們發現的 bug，反而把時間花在撰寫新的程式碼和新的 bug 上面。

完全自動化

正如我們在本節開始時所說的，現代開發依賴於 script 化的、自動的過程。不管您用的是搭配 rsync 或 ssh 的 shell script 這樣簡單的東西，或者 Ansible、Puppet、Chef 或 Salt 等全功能解決方案，請不要依賴任何的人工。

從前，我們曾到一個客戶的公司，那裡所有的開發人員都在使用同一個 IDE。他們的系統管理員向每個開發人員提供了一組在該 IDE 上安裝附加套件的說明。那些說明有許多頁，內容充滿了點擊這裡、滾動那裡、拖動這個、按兩下那個，然後再做一次。

不意外，由於每個開發人員的機器略有不同的緣故，當不同的開發人員執行相同的程式碼時，應用程式的行為會發生細微的差異。有時 bug 會出現在一台機器上，而不會出現在其他機器上，此時追查任何元件的執行差異通常會為您帶來驚喜。

提示 95	請不要使用手動流程

人類可重複性不像電腦那樣優秀，我們也不應期望人類可以做到相同程度。shell script 或程式可一次又一次地以相同的循序執行相同的指令，而且它又在版本控制之下，所以您也可以檢查不同時間下建構 / 發佈流程修改了什麼（例如當您碰到「但它之前可以正常工作的呀…」的情境時）。

請將一切都自動化。除非建構是完全自動的，否則您就無法在匿名雲伺服器上建構專案。如果過程中有手動步驟，就無法自動部署。一旦您採用了手動步驟（「只在這一部分用而已…」），等同於您打破了一個非常大的窗戶[註9]。

有了版本控制、無情的測試和完全自動化的步驟這三個支柱，您的專案就有了您所需要的堅實基礎，這樣您就可以將精力集中在困難的部分：取悅使用者。

註9　永遠都要記得**軟體亂度**這件事，永遠。

相關章節包括

- 主題 11，可逆性，第 54 頁

- 主題 12，曳光彈，第 58 頁

- 主題 17，*shell*，第 91 頁

- 主題 19，版本控制，第 98 頁

- 主題 41，測試對程式碼的意義，第 252 頁

- 主題 49，務實的團隊，第 312 頁

- 主題 50，不要切開椰子，第 319 頁

挑戰題

- 您的夜間建構或連續建構是自動的，但是部署到量產環境中卻不是自動的嗎？為什麼？這個伺服器有什麼特別之處？

- 您能自動測試您的專案嗎？許多團隊無奈地回答「不能」。為什麼？是不是因為去定義預期的結果太難了？如果無法定義預期結果，向出資者證明專案「完成」豈不是更加困難嗎？

- 要獨立測試與 GUI 相關的應用邏輯是否太難了？和 GUI 之間的關係是什麼？它們的耦合性呢？

52 取悅您的客戶

當人們為您著迷時，您的目標不是從他們身上賺錢或讓他們做您想做的
事，而是讓他們充滿快樂。

> ➤ *Guy Kawasaki*

作為開發人員，我們的目標是取悅使用者，這就是我們存在的意義。目的不
是為了要挖他們的資料，也不是要數他們有幾個眼睛，也不是要掏空他們的錢
包。撇開邪惡的目標不談，即使及時地交付工作軟體也是不夠的，交付能正常
工作軟體本身並不能取悅他們。

您的使用者要的並不是程式碼。相反地，他們是因為有一個業務問題需要在他
們的目標和預算範圍內解決。他們相信，透過與您的團隊合作，他們能夠做到
這一點。

他們的期望與軟體無關，甚至在他們提供給您的任何規格中都是隱形的（因為
在您的團隊使用規格與他們進行多次往來討論之前，該規格將是不完整的）。

那麼，您如何發掘他們的期望呢？請問他們一個簡單的問題：

您如何知道這個專案被完成一個月（或者一年，或者任意時間）之後，
我們算是成功了呢？

您很可能會對答案感到驚訝。一個改進產品推薦的專案，實際上可能是根據客
戶退貨率來判斷的；合併兩個資料庫的專案可能會根據資料品質來判斷，也可
能是根據節省的成本來判斷。但是這些對業務價值的期望才是真正重要的東
西，而不僅僅是軟體專案本身。軟體只是達到這些目的一種手段。

既然您已經發現了專案背後一些潛在的價值期望，您就可以開始考慮如何實作這些期望：

- 確保團隊中的每個人都清楚這些期望。

- 在做決定的時候，想想哪條路更接近那些期望。

- 根據期望嚴格分析使用者需求。在經歷許多專案後，我們已經發現，客戶所陳述的「需求」實際上只是對技術可以完成哪些工作的猜測：它實際上是一個偽裝成需求文件的外行實作計畫。如果您能證明他們可使專案更接近期望目標，那麼請不要害怕提出改變需求的建議。

- 在執行專案的過程中，繼續思考這些期望。

我們發現，隨著對目標領域知識的增長，我們能對其他事情提出更好的建議，從而解決潛在的業務問題。我們堅信，那些接觸過組織的許多不同面向的開發人員，經常可以看出將不同部門的業務編織在一起的方法，對各個獨立部門的人員來說，並不容易看見這些方法。

| 提示 96 | 請您取悅使用者，不要只是發佈程式碼 |

如果您想取悅您的客戶，請和他們建立一種關係，一種您可以積極地幫助他們解決問題的關係。即使您的頭銜可能是某種「軟體開發人員」或「軟體工程師」，但實際上您的頭銜應該是「問題解決者」，這就是我們要做的工作，也是一個務實的程式設計師的本質。

我們解決問題。

相關章節包括

- 主題 12，曳光彈，第 58 頁

- 主題 13，原型和便利貼，第 64 頁

- 主題 45，需求坑，第 288 頁

53 傲慢與偏見

您讓我們高興的時間已經夠長了。

> 珍奧斯汀，傲慢與偏見

務實的程式設計師不會逃避責任。相反地，我們樂於接受挑戰，並讓自己的專長廣為人知。如果我們負責一個設計，或一段程式碼，我們會讓自己為自己的工作感到自豪。

> **提示 97** 在您的產品上簽上自己的名字

早期的工匠們會很自豪地為他們的作品簽名，您也應該這樣。

然而，專案團隊畢竟是由多人組成的，所以規則可能會帶來麻煩。在一些專案中，程式碼擁有權的想法可能會導致合作問題。人們可能會變得狹隘，或者不願意在共同的基礎元素上工作，這個專案可能最後會像一群孤立的小王國一樣。您變得對您的程式碼有偏見，而且對您的同事有偏見。

這不是我們想要的，您不應該嫉妒地保護您的程式碼不被其他人干涉；同理地，您應該尊重別人的程式碼（「己所不欲，勿施於人」）這條金科玉律和開發者之間相互尊重的基礎，是實作這個技巧產生效用的關鍵。

特別是在大型專案中若存在匿名性，則會滋生粗心、錯誤、懶惰和糟糕的程式碼。人們很容易只把自己看成是車輪上的一個齒輪，在無休止的狀態報表中製造蹩腳的藉口，而不是好的程式碼。

雖然程式碼必須要有負責的人，但它不必被個人占有。事實上，Kent Beck 的 eXtreme Programming[註10] 中建議共享程式碼擁有權（但這也需要額外的實作方法，例如成對程式設計，以防止匿名性造成的危險）。

我們想看到您自豪的宣告擁有權，「這是我寫的程式碼，我為我的工作品質作擔保」。您的簽名應該被認為是品質的標誌。人們應該在一段程式碼上看到您的名字，並且覺得它是可靠的、撰寫良好的、經過測試的和文件化的。一個由專業人士撰寫的一份非常專業的工作。

一個務實的程式設計師。

謝謝您！

註 10 *http://www.extremeprogramming.org*

後記

> 從長遠來看，我們塑造了自己的生活，也塑造了自己。這個過程永遠不會結束，直到我們死去。我們做出的選擇最終還是我們自己負責。
>
> ➤ *Eleanor Roosevelt*

在本書第一版問世後的 20 年裡，我們參與了電腦技術的發展，電腦技術從一種無關緊要的新奇事物，發展為現代企業的當務之急。在這二十年的發展後，軟體已經超越了單純的商業機器，真正佔領了世界。但這對我們來說代表著什麼意義呢？

在 *The Mythical Man-Month: Essays on Software Engineering [Bro96]* 中，Fred Brooks 說「程式設計師和詩人一樣，只是工作時會稍稍偏離純粹的思考。程式設計師在空中用空氣建造他的城堡，透過發揮想像力創造。」我們從一張白紙開始，我們可以創造幾乎任何我們能想像到的東西。我們創造的東西可以改變世界。

從幫助人際革命的 Twitter，到在您的車裡防止您打滑的汽車處理器，再到代表著我們不再需要記住煩人的日常細節的智慧手機，我們的程式無處不在，我們的想像力無處不在。

身為開發人員的我們擁有令人難以置信的特權，我們真正在建設未來，這是巨大的力量，而伴隨著這種力量而來的是一種非同尋常的責任。

我們多常會停下來思考這個問題？對我們自己之間和更廣泛的讀者來說，我們多常會討論到這個問題，而這又代表著什麼意義？

嵌入式設備的數量比筆記型電腦、桌上型電腦和資料中心電腦的數量多一個數量級。這些嵌入式電腦通常控制著生命攸關的系統，從發電廠到汽車再到醫療設備。即使是一個簡單的中央供暖控制系統或家用電器，如果設計或實施不當，也會致人死亡。當您為這些設備開發時，您就承擔了驚人的責任。

許多非嵌入式系統承擔著同樣好的一面，也承擔著同樣不好的一面。社交媒體可以促進和平的革命，也可以煽動醜陋的仇恨。大數據可以讓購物變得更容易，也可以摧毀您認為自己擁有的任何隱私。銀行系統做出的貸款決定改變了人們的生活。而且幾乎任何系統都可以用來窺探它的使用者。

我們已經看到了對於烏托邦未來的可能性，以及導致噩夢般的反烏托邦的意外後果的例子。這兩種結果之間的差異可能比您想像的更微妙，一切盡在您的手中。

道德羅盤

這種不可估計的力量的代價是警惕，我們的行為直接影響人們。不再只是車庫中 8 位元 CPU 上的業餘程式，不再是資料中心主機上獨立的整批業務程序，甚至不再是桌面 PC；我們的軟體編織著現代生活的基本結構。

對於我們交付的每一段程式碼，我們有責任問自己兩個問題：

1. 我是否保護了使用者？

2. 我願意成為這個軟體的使用者嗎？

首先，您應該問的是「我是否已經盡了最大努力來保護這段程式碼的使用者免受傷害？」，對於這個簡單的嬰兒監視器產品，我是否已經預做了一些準備，可將安全補丁套用上去？」我是否已經確保了不管自動中央加熱恆溫器出現怎樣的故障，客戶仍將保有手動控制的能力？我是否只儲存我需要的資料，並加密任何個人資訊？

人無完人；每個人都會有失手的時候。但如果您不能真誠地說您試圖列出所有的後果，並確保保護使用者不受其影響，那麼當事情變糟時，您要承擔一些責任。

提示 98	第一守則，不要做傷害別人的事情

其次，有一個與黃金法則相關的判斷：我願意成為這個軟體的使用者嗎？我希望我的資訊被別人知道嗎？我希望我的行動被商店知道嗎？我願意讓這輛自動駕駛汽車為我執行駕駛嗎？我願意嗎？

一些創意的想法會開始規避道德行為的界限，如果您參與了這樣的專案，您就和出資者一樣有責任。

不管您能為多少事找到藉口，有一條規則是正確的：

提示 99	不要讓卑鄙的人得逞

想像一下您想要的未來

您想要的未來取決於您，取決於您的想像力、您的希望、您所關注的事情在精神面上，將打造未來 20 年甚至更長的時間。

您們正在為自己和子孫後代建設未來，您們的責任是創造一個我們都想要的未來。當您做的事情違背了這個理想時，要有勇氣說「不！」想像一下我們能夠擁有的未來，並有勇氣去創造它，請每天去建立空中城堡。

我們都有精彩的人生。

| 提示 100 | 這是您的人生，請分享它、慶祝它、建造它，並保持著愉快！ |

Appendix A

參考書目

[ADSS18]   Vard Antinyan, Jesper Derehag, Anna Sandberg, and Miroslaw Staron. Mythical Unit Test Coverage. *IEEE Software*. 35:73-79, 2018.

[And10]   Jackie Andrade. What does doodling do? Applied *Cognitive Psychology*. 24(1):100-106, 2010, January.

[Arm07]   Joe Armstrong. *Programming Erlang: Software for a Concurrent World*. The Pragmatic Bookshelf, Raleigh, NC, 2007.

[BR89]   Albert J. Bernstein and Sydney Craft Rozen. *Dinosaur Brains: Dealing with All Those Impossible People at Work*. John Wiley & Sons, New York, NY, 1989.

[Bro96]   Frederick P. Brooks, Jr. *The Mythical Man-Month: Essays on Software Engineering*. Addison-Wesley, Reading, MA, Anniversary, 1996.

[CN91]   Brad J. Cox and Andrew J. Novobilski. *Object-Oriented Programming: An Evolutionary Approach*. Addison-Wesley, Reading, MA, Second, 1991.

[Con68]   Melvin E. Conway. How do Committees Invent? *Datamation*. 14(5):28-31, 1968, April.

[de 98]   Gavin de Becker. The *Gift of Fear: And Other Survival Signals That Protect Us from Violence*. Dell Publishing, New York City, 1998.

[DL13]   Tom DeMacro and Tim Lister. *Peopleware: Productive Projects and Teams*. Addison-Wesley, Boston, MA, Third, 2013.

[Fow00]   Martin Fowler. *UML Distilled: A Brief Guide to the Standard Object Modeling Language*. Addison-Wesley, Boston, MA, Second, 2000.

[Fow04]   Martin Fowler. *UML Distilled: A Brief Guide to the Standard Object Modeling Language*. Addison-Wesley, Boston, MA, Third, 2004.

[Fow19]   Martin Fowler. *Refactoring: Improving the Design of Existing Code*. Addison-Wesley, Boston, MA, Second, 2019.

[GHJV95]   Erich Gamma, Richard Helm, Ralph Johnson, and John Vlissides. *Design Patterns: Elements of Reusable Object-Oriented Software*. Addison-Wesley, Reading, MA, 1995.

[Hol92]   Michael Holt. *Math Puzzles & Games*. Dorset House, New York, NY, 1992.

[Hun08]   Andy Hunt. *Pragmatic Thinking and Learning: Refactor Your Wetware*. The Pragmatic Bookshelf, Raleigh, NC, 2008.

[Joi94]   T.E. Joiner. Contagious depression: Existence, specificity to depressed symptoms, and the role of reassurance seeking. *Journal of Personality and Social Psychology*. 67(2):287–296, 1994, August.

[Knu11]   Donald E. Knuth. *The Art of Computer Programming, Volume 4A: Combinatorial Algorithms, Part 1*. Addison-Wesley, Boston, MA, 2011.

[Knu98]   Donald E. Knuth. *The Art of Computer Programming, Volume 1: Fundamental Algorithms.* Addison-Wesley, Reading, MA, Third, 1998.

[Knu98a]   Donald E. Knuth. *The Art of Computer Programming, Volume 2: Seminumerical Algorithms.* Addison-Wesley, Reading, MA, Third, 1998.

[Knu98b]   Donald E. Knuth. *The Art of Computer Programming, Volume 3: Sorting and Searching.* Addison-Wesley, Reading, MA, Second, 1998.

[KP99]   Brian W. Kernighan and Rob Pike. *The Practice of Programming.* Addison-Wesley, Reading, MA, 1999.

[Mey97]   Bertrand Meyer. *Object-Oriented Software Construction.* Prentice Hall, Upper Saddle River, NJ, Second, 1997.

[Mul18]   Jerry Z. Muller. *The Tyranny of Metrics.* Princeton University Press, Princeton NJ, 2018.

[SF13]   Robert Sedgewick and Phillipe Flajolet. *An Introduction to the Analysis of Algorithms.* Addison-Wesley, Boston, MA, Second, 2013.

[Str35]   James Ridley Stroop. Studies of Interference in Serial Verbal Reactions. *Journal of Experimental Psychology.* 18:643–662, 1935.

[SW11]   Robert Sedgewick and Kevin Wayne. *Algorithms.* Addison-Wesley, Boston, MA, Fourth, 2011.

[Tal10]   Nassim Nicholas Taleb. *The Black Swan: Second Edition: The Impact of the Highly Improbable.* Random House, New York, NY, Second, 2010.

[WH82]   James Q. Wilson and George Helling. The police and neighborhood safety. *The Atlantic Monthly.* 249[3]:29–38, 1982, March.

[YC79]   Edward Yourdon and Larry L. Constantine. *Structured Design: Fundamentals of a Discipline of Computer Program and Systems Design.* Prentice Hall, Englewood Cliffs, NJ, 1979.

[You95]   Edward Yourdon. When good-enough software is best. *IEEE Software.* 1995, May.

Appendix B

練習題參考解答

我寧願有無法回答的問題，也不願有不能被質疑的答案。

> ➤ *Richard Feynman*

答案 1（第 53 頁的練習 1）

在我們看來，Split2 類別更具正交性，因為它專注於自己要去切分行的任務，而忽略諸如行從哪裡來之類的細節。這不僅使程式碼更容易開發，而且還使它更有彈性。Split2 可以用來分割從檔中讀取的行、由另一個函式生成的行或透過執行環境傳入的行。

答案 2（第 54 頁的練習 2）

讓我們從一句武斷的話開始：您可以用任何語言撰寫良好正交的程式碼。與此同時，每種語言都有一些誘惑：它們可能擁有會導致耦合性的增強和正交性的降低的功能。

在物件導向語言中，諸如多重繼承、例外、運算元多載和父方法覆寫（透過子類別化達成）等功能，用一種不明顯的方式提昇了增加耦合的機會。另外還有一種耦合，這種耦合是由於類別將程式碼與資料耦合在一起，這通常是一件好事（當耦合是好的時候，我們稱之為內聚）。但是如果您沒有做到讓您的類別足夠集中，則可能會導致一些不好的後果。

在函式語言中，您被鼓勵著撰寫大量小的、去耦合的函式，並以不同的方式組合它們來解決問題。理論上這聽起來不錯，實際上也經常如此。但是這裡也會發生某種形式的耦合。這些函式常常會轉換資料，這代表一個函式的結果可以成為另一個函式的輸入。如果不小心，修改函式生成的資料格式可能會導致轉換流中的某個地方出現故障。而具有良好型態系統的語言可以幫助緩解這種情況。

答案 3（第 69 頁的練習 3）

請用低階技術進行救援！直接在白板上用白板筆畫幾幅漫畫，例如一輛車、一部電話和一間房子，不需要畫的多好；簡單畫出輪廓即可。然後在可點擊區域貼上描述目標頁面內容的便利貼。隨著會議的進展，您可以修改畫出的東西以及便利貼的位置。

答案 4（第 75 頁的練習 4）

因為我們想擴展使用的語言，所以我們將採用解析表（parser table）驅動整個工作。表中的每個條目都包含命令字母、表示是否需要參數的標誌以及處理該特定命令所需呼叫的函式名稱。

```
lang/turtle.c
typedef struct {
  char  cmd;               /* 命令字母 */
  int hasArg;              /* 有沒有參數 */
  void (*func)(int, int);  /* 要呼叫的函式 */
} Command;

static Command cmds[] = {
  { 'P',  ARG,     doSelectPen },
  { 'U',  NO_ARG,  doPenUp },
  { 'D',  NO_ARG,  doPenDown },
  { 'N',  ARG,     doPenDir },
  { 'E',  ARG,     doPenDir },
  { 'S',  ARG,     doPenDir },
  { 'W',  ARG,     doPenDir }
};
```

主程式非常簡單：讀取一行，查找命令，依需要取得參數，然後呼叫處理函式。

```
lang/turtle.c
while (fgets(buff, sizeof(buff), stdin)) {

  Command *cmd = findCommand(*buff);

  if (cmd) {
    int   arg = 0;

    if (cmd->hasArg && !getArg(buff+1, &arg)) {
      fprintf(stderr, "'%c' needs an argument\n", *buff);
      continue;
    }

    cmd->func(*buff, arg);
  }
}
```

查找命令的函式對該解析表執行線性搜尋，回傳匹配的條目或 Null。

```
lang/turtle.c
Command *findCommand(int cmd) {
  int i;

  for (i = 0; i < ARRAY_SIZE(cmds); i++) {
    if (cmds[i].cmd == cmd)
      return cmds + i;
  }

  fprintf(stderr, "Unknown command '%c'\n", cmd);
  return 0;
}
```

最後，使用 sscanf 使得讀取數值參數非常簡單。

```
lang/turtle.c
int getArg(const char *buff, int *result) {
  return sscanf(buff, "%d", result) == 1;
}
```

答案 5（第 76 頁的練習 5）

實際上，您已經在前面的練習中解決了這個練習題，您為外部語言撰寫了一個解譯器，這個解譯器包含內部解譯器。在我們的範例程式碼中，就是 doXxx 函式。

答案 6（第 76 頁的練習 6）

在 BNF 語法中，時間規格可以是

time	::=	*hour ampm* | *hour* : *minute ampm* | *hour* : *minute*
ampm	::=	am | pm
hour	::=	*digit* | *digit digit*
minute	::=	*digit digit*
digit	::=	0 | 1 | 2 | 3 | 4 | 5 | 6 | 7 | 8 | 9

hour 和 *minute* 更好的定義應該考慮到小時只能是 00 到 23，而分鐘只能是 00 到 59：

hour	::=	*h-tens digit* | *digit*
minute	::=	*m-tens digit*
h-tens	::=	0 | 1
m-tens	::=	0 | 1 | 2 | 3 | 4 | 5
digit	::=	0 | 1 | 2 | 3 | 4 | 5 | 6 | 7 | 8 | 9

答案 7（第 76 頁的練習 7）

下面是使用 Pegjs JavaScript 函式庫所撰寫的解析器：

```
lang/peg_parser/time_parser.pegjs
time
  = h:hour offset:ampm              { return h + offset }
  / h:hour ":" m:minute offset:ampm { return h + m + offset }
  / h:hour ":" m:minute             { return h + m }

ampm
  = "am" { return 0 }
  / "pm" { return 12*60 }

hour
  = h:two_hour_digits { return h*60 }
  / h:digit           { return h*60 }

minute
  = d1:[0-5] d2:[0-9] { return parseInt(d1+d2, 10); }
```

```
digit
  = digit:[0-9] { return parseInt(digit, 10); }

two_hour_digits
  = d1:[01] d2:[0-9 ] { return parseInt(d1+d2, 10); }
  / d1:[2]  d2:[0-3] { return parseInt(d1+d2, 10); }
```

測試看看使用時情況：

lang/peg_parser/test_time_parser.js

```
let test = require('tape');
let time_parser = require('./time_parser.js');

// time    ::= hour ampm          |
//             hour : minute ampm |
//             hour : minute
//
// ampm    ::= am | pm
//
// hour    ::= digit | digit digit
//
// minute  ::= digit digit
//
// digit   ::= 0 |1 | 2 | 3 | 4 | 5 | 6 | 7 | 8 | 9

const h  = (val) => val*60;
const m  = (val) => val;
const am = (val) => val;
const pm = (val) => val + h(12);

let tests = {

  "1am": h(1),
  "1pm": pm(h(1)),
  "2:30": h(2) + m(30),
  "14:30": pm(h(2)) + m(30),
  "2:30pm": pm(h(2)) + m(30),

}

test('time parsing', function (t) {
    for (const string in tests) {
      let result = time_parser.parse(string)
      t.equal(result, tests[string], string);
    }
    t.end()
});
```

答案 8（第 76 頁的練習 8）

以下是一種可能的解決方案：

```
lang/re_parser/time_parser.rb
TIME_RE = %r{
(?<digit>[0-9]){0}
(?<h_ten>[0-1]){0}
(?<m_ten>[0-6]){0}
(?<ampm> am | pm){0}
(?<hour>   (\g<h_ten> \g<digit>) | \g<digit>){0}
(?<minute> \g<m_ten>  \g<digit>){0}

\A(
    ( \g<hour> \g<ampm> )
  | ( \g<hour> : \g<minute> \g<ampm> )
  | ( \g<hour> : \g<minute> )
)\Z

}x

def parse_time(string)
  result = TIME_RE.match(string)
  if result
    result[:hour].to_i * 60 +
    (result[:minute] || "0").to_i +
    (result[:ampm] == "pm" ? 12*60 : 0)
  end
end
```

（這段程式碼使用了在正規表達式開頭定義命名樣式的技巧，然後在實際匹配中將它們作為子樣式參照。）

答案 9（第 83 頁的練習 9）

我們的答案必須包含以下幾個假設：

- 存放裝置包含了我們需要傳送的資訊。

- 我們知道這個人走路的速度。

- 我們知道機器之間的距離。

- 我們不考慮機器與存放裝置之間傳輸資訊所花費的時間。

- 儲存資料的成本大致等於透過通訊線路發送資料的成本。

答案 10（第 83 頁的練習 10）

受到前一題的答案的限制：1TGB 的磁帶可儲存 8×2^{40}，或 2^{43} 個位元，所以 1Gbps 速率的傳輸線傳輸相同資料量約需 9,000 秒，約 2½ 小時。如果這個遞送者走速固定在每小時 3½ 英里，那麼我們的兩台機器間至少要有 9 英里遠的通訊線才能比我們的遞送者有效率。否則，這個遞送者就贏了。

答案 14（第 130 頁的練習 14）

我們將用 Java 顯示函式特徵，並在註解中顯示前置條件和後置條件。

首先看到的是，類別的不變數：

```
/**
 * @invariant getSpeed() > 0
 *       implies isFull()          // 空無一物時不運轉
 *
 * @invariant getSpeed() >= 0 &&
 *       getSpeed() < 10           // 轉速段位檢查
 */
```

接下來要看的是前置和後置條件：

```
/**
 * @pre Math.abs(getSpeed() - x) <= 1 // 一次只能切換一段
 * @pre x >= 0 && x < 10          // 轉速段位檢查
 * @post getSpeed() == x          // 施行要求的轉速段位
 */
public void setSpeed(final int x)

/**
 * @pre !isFull()                 // 不能填充兩次東西
 * @post isFull()                 // 確保有填充東西
 */
void fill()

/**
 * @pre isFull()                  // 不能清空兩次
 * @post !isFull()                // 確保已執行清空
 */
void empty()
```

答案 15（第 130 頁的練習 15）

這個級數有 21 項。如果您覺得答案是 20 項，您只是犯了植樹問題錯誤而已（不知道是要數樹還是去數它們之間的空位）。

答案 16（第 137 頁的練習 16）

- 1752 年的 9 月只有 19 天，原因是為了同步日曆，作為格裡高利教改革（Gregorian Reformation）的一部分。

- 該目錄可能已被另一個程序刪除，您可能沒有許可權讀取它，磁碟機可能沒有被掛載，…；您懂的。

- 我們神祕地不指定 a 和 b 的類型。而運算元多載可能為 +、= 或 != 定義了意料之外的行為。而且，a 和 b 也可能是同一個變數的別名，因此第二個賦值動作將覆蓋第一個變數中儲存的值。另外，如果程式是平行的，又撰寫得很糟糕的話，那麼 a 可能在做加法同時進行賦值更新。

- 在非歐幾裡得幾何（non-Euclidean geometry）中，三角形內角之和不會等於 180°。想像一個映射在球面上的三角形。

- 閏分則有 61 秒或 62 秒。

- 根據語言的不同，a+1 可能造成數字溢位變成負值的結果。

答案 17（第 145 頁的練習 17）

在大多數 C 和 C++ 實作中，都沒有辦法去檢查一個指標是否指向有效記憶體。一個常見的錯誤是釋放一塊記憶體後，又在程式的後面參照它。到那時，被指到的記憶體很可能已經被重新分配給其他目的。透過將指標設定為 NULL，程式設計師希望防止這些兇猛的參照使用情況，在大多數情況下，對 NULL 取值將產生執行階段錯誤。

答案 18（第 145 頁的練習 18）

透過將參照設定為 NULL，可以將指向參照物件的指標數量減少 1。一旦該計數為零，物件就可以進行垃圾收集。將參照設定為 NULL 對於長時間執行的程式非常重要，因為程式設計師需要確保記憶體利用率不會隨時間增加。

答案 19（第 170 頁的練習 19）

這是一個簡單的實作示範：

```ruby
event/strings_ex_1.rb
class FSM
  def initialize(transitions, initial_state)
    @transitions = transitions
    @state       = initial_state
  end
  def accept(event)
    @state, action = TRANSITIONS[@state][event] || TRANSITIONS[@state][:default]
  end
end
```

（請下載這個檔案以獲得可這麼被使用的 FSM 類別程式碼。）

答案 20（第 145 頁的練習 20）

■ …在 5 分鐘內發生了三次網路介面故障事件

　這個問題可使用狀態機實作，但是它會比一開始想像的還棘手些：如果在第 1、4、7、8 分鐘發生事件，您應該於第四事件發生時觸發警告，這代表著狀態機需要能夠重置自己。

　因此，應該優先選擇使用事件流技術。建立有一個名為 buffer 的回應函式，它的參數是 size 和 offset，允許您將三個傳入事件編成一組進行回傳。然後，您可以查看組中第一個和最後一個事件的時間戳記，以確定是否應該觸發警報。

- …日落之後，若先在樓梯底部檢測到運動，然後在樓梯頂部檢測到運動…

  可以使用推送訂閱（pubsub）和狀態機的組合來實作。您可以使用推送訂閱將事件傳播到任意數量的狀態機，然後讓狀態機決定要做什麼。

- …通知各個報告系統有一筆訂單已經完成

  這可能最好使用推送訂閱來處理。您可能會想要使用事件流，但是那將需要被通知的系統也能支援事件流。

- …等待三個後臺服務的回應

  這與我們使用事件流獲取使用者資料的範例類似。

答案 21（第 184 頁的練習 21）

1. 訂單中增加了運費和銷售稅：

   基本訂單 → 最終訂單

   在傳統的程式碼中，可能會有一個函式計算運費，另一個函式計算稅金。但是我們在這裡考慮的是轉換，所以我們把一個只有商品的訂單轉換成一種新的東西：一個可以發貨的訂單。

2. 您的應用程式從一個指定檔案載入設定資訊：

   檔案名稱 → 設定結構

3. 某人登錄到一個 web 應用程式：

   使用者驗證 → session

答案 22（第 184 頁的練習 22）

高階轉換：

```
field contents as string
    → [validate & convert]
        → {:ok, value} | {:error, reason}
```

可以被分解為：

```
field contents as string
    → [convert string to integer]
    → [check value >= 18]
    → [check value <= 150]
        → {:ok, value} | {:error, reason}
```

這個答案假設您有一個用於錯誤處理的管道。

答案 23（第 184 頁的練習 23）

讓我們先回答第二部分：我們更喜歡第一段程式碼。

在第二段程式碼中，每一步都回傳一個物件，該物件實作我們將要呼叫的下一個函式：例如 content_of 回傳的物件必須實作 find_matching_lines 等等。

這代表著 content_of 回傳的物件與我們的程式碼是耦合的。假設需求發生了變化，我們必須要用 # 字元註解掉數行程式碼。但在轉換樣式的寫法中，修改卻很簡單：

```
const content     = File.read(file_name);
const no_comments = remove_comments(content)
const lines       = find_matching_lines(no_comments, pattern)
const result      = truncate_lines(lines)
```

我們甚至可以調換 remove_comments 和 find_matching_lines 的順序，程式仍然可以工作。

但在鏈式的寫法中，就比較困難了。remove_comments 方法應該放在哪裡：是要放在 content_of 回傳的物件中，還是放在 find_matching_lines 回傳的物件中？如果我們改變這個物件，還會破壞哪些程式碼？這種耦合就是為什麼方法鏈結樣式有時被稱為火車殘骸。

答案 24（第 224 頁的練習 24）

影像處理

如果是要平行程序之間簡單地調度工作負載，那麼共用工作佇列可能就足夠了。如果有涉及到回饋，建議您考慮使用一個黑板系統，也就是說，有程式碼區塊的執行結果，會影響其他程式碼區塊的情況存在，例如在機器視覺應用程式，或複雜的三維影像轉換。

群組日曆

可能很適合使用黑板，您可以把安排好的會議和時間貼在黑板上。您有數個獨立運作的實體，來自決策者們的回饋很重要，參與者們可能來來去去。

建議您考慮根據在黑板上找東西的人來劃分這個黑板系統：初級員工可能只關心其直屬管理，人力資源可能只想要找全球講英語的辦公室，而 CEO 可能想要找出頭等大事。

在資料格式上也有一些靈活性：我們可以自由地忽略我們不理解的資料格式或語言。我們只必須瞭解那些彼此之間會開會的辦公室所使用資料格式間的不同，而且我們不需要讓所有出席者都接觸到所有可能的資料格式。這減少了必須使用耦合的地方，並且沒有人會限制我們。

網路監控工具

這與第 222 頁的抵押貸款申請程式非常相似。您得到使用者傳送來的問題報告和自動報告的統計資料，全部張貼到黑板上。人類或軟體代理可以分析黑板來診斷出網路故障：一條線路上出現兩個錯誤可能只是因為宇宙射線的影響，但如果有 20,000 個錯誤，那代表硬體出現問題。就像偵探解決謀殺之謎一樣，您可以讓多個實體進行分析和提供想法來解決網路問題。

答案 25（第 238 頁的練習 25）

一般都會假設鍵值對資料中的鍵是唯一的，而雜湊函式庫通常透過雜湊本身的行為或在產生重複按鍵時顯示錯誤訊息來實作這一點。然而，陣列通常不具有這些限制條件，除非您刻意撰寫程式碼使它不能儲存重複的鍵，否則它將很樂意儲存重複的鍵。因此，在這樣的前提下，第一個與 `DepositAccount` 匹配的鍵將被選中，其餘的匹配項將被忽略。由於資料項目的順序是不一定的，所以有時您可以找到想要的帳戶編號，有時不可以。

那麼開發機器和生產機器為什麼造成差別呢？這只是個巧合而已。

答案 26（第 239 頁的練習 26）

純數字號碼在美國、加拿大和加勒比海地區都能用是一個巧合。根據國際電信聯盟的規範，國際電話格式應以字元 + 開頭。某些地區也使用 * 字元，更常見的是，最前面的 0 也是號碼的一部分，所以請永遠不要將電話號碼儲存在數值欄位中。

答案 27（第 239 頁的練習 27）

這取決於您在哪裡。若是在美國，容積測量單位是加侖，加侖是高 6 英寸，直徑 7 英寸圓柱體的容積，四捨五入到最接近的立方英寸。

在加拿大，食譜中的「一杯」可能是以下任何一種：

- 1/5 英制夸脫，或 227 毫升
- 1/4 美國夸脫，或 236 毫升
- 16 匙公制湯匙，或 240 毫升
- 1/4 升，或 250 毫升

除非您特別指定是電鍋，在電鍋的情況下「一杯」是 180 毫升。這源自於石（*koku*），一石是一個人一年所吃的米量：通常大約 180 升。一杯電鍋杯是一合（*gō*），也等於 1/1000 石。所以，大致相當於一個人一頓飯所吃的米量[1]。

答案 28（第 246 頁的練習 28）

顯然，我們無法提供這個練習題的絕對答案。不過，我們可以給您一些建議。

如果您發現得到的結果不在一條平滑的曲線上，您可能想要檢查是否有其他活動正在分掉您的處理器的一些運算能力。如果背景程序週期性地佔用程式的執

---

[1]　感謝 Avi Bryant（@avibryant）提供的資訊。

行週期，您可能會無法得到良好的資料。建議您可檢查記憶體用量：如果應用
程式開始用切換空間（swap space），則效能會急劇下降。

以下是在我們的機器上執行程式碼的結果圖：

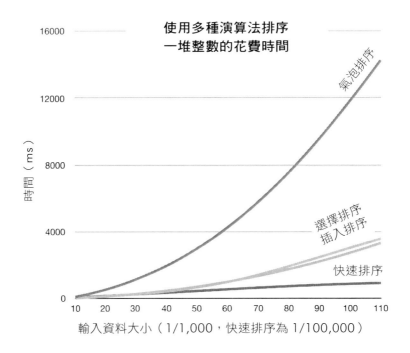

答案 29（第 246 頁的練習 29）

有幾種方法可以證明，其中一種解答的方法是：如果陣列中只有一個元素，我
們就不會進行迴圈迭代。每增加一次迭代都會使我們可以搜尋的陣列的大小
加倍。因此，陣列大小的通式為 $n = 2^m$，其中 m 為迭代次數。如果對兩邊取 2
為底的對數，就得到 $\lg n = \lg 2^m$，根據對數的定義得到 $\lg n = m$。

答案 30（第 246 頁的練習 30）

這可能讓人聯想到中學數學，把以 a 為底的對數轉換成以 b 為底的對數的公式是：

$$\log_b x = \frac{\log_a x}{\log_a b}$$

因為 $\log_a b$ 是常數，所以可以在 Big-O 結果中忽略它。

答案 31（第 272 頁的練習 31）

我們可以測試的一個屬性是，如果倉庫有足夠的庫存，則訂單成立。我們可以生成內含隨機數量商品的訂單，並檢驗如果倉庫有庫存，會回傳 "OK" tuple。

答案 32（第 272 頁的練習 32）

這是基於屬性的測試的一個很好的應用。單元測試的重點在每個單元的個別情況，而屬性測試可以專注於以下事情：

- 有沒有兩個疊在一起的木箱？

- 任何木箱的任何部分是否超過卡車的寬度或長度？

- 包裝密度（木箱使用的面積除以卡車底座的面積）是否小於或等於 1 ？

- 如果存在最小可接受密度的要求，檢查包裝密度是否超過最小可接受密度？

答案 33（第 297 頁的練習 33）

1. 這個敘述聽起來像是一個真實的需求：應用程式的執行環境可能有條件限制。

2. 這個敘述本身並不是一個必要條件。但若您要去找出什麼是真正的需求，您必須問一個神奇的問題「為什麼？」

比方說這可能是一個企業標準，在這種情況下，實際的需求應該類似於「所有 UI 元素必須符合 MegaCorp 公司使用者介面標準 V12.76」。

這也可能只是設計團隊碰巧喜歡的顏色。在這種情況下，您應該去思考，設計團隊也許喜歡改變想法，並重新將需求描述為「所有強制回應視窗的背景顏色必須是可設定的，在發布程式時，顏色設定為灰色。」甚至將敘述擴展成「應用程式的所有可視元素（顏色、字體和語言）都必須是可設定的」會更好。

或者它可能僅僅代表著使用者需要能夠區分強制回應視窗和非強制回應視窗。如果是這樣的情況，還需要更多的討論。

3. 這個敘述不是需求，而是架構。當面對這樣的事情時，您必須深入挖掘，找出使用者在想什麼。這是規模問題嗎？還是效能？成本？安全？得到的答案會影響您的設計。

4. 底層的需求可能更接近於「系統要能防止使用者在欄位中建立不正確項目，並在使用者建立這些項目時給予警告」。

5. 基於硬體限制，此敘述可能是硬性需求。

以下是四點問題的解決方案：

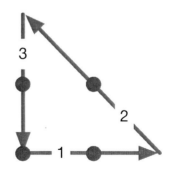

用三條線把四個點連起來，並回到起點，要一筆劃完。

Appendix C

提示卡

提示 1：重視您的手藝

若不管開發出來的軟體好不好，為何要花一輩子在軟體開發上？

提示 2：思考！您的工作

關掉自動駕使模式，並重新拿回控制權。要不斷的批評與評儍您的工作。

提示 3：您擁有改變的能量

這是您的人生，請抓好它，讓它成為您想要。

提示 4：請提供解決問題的選擇，停止製造爛藉口

不要找藉口，改為提供解決方案選項。請不要說一件事做不到，請說明什麼是做的到的。

提示 5：不要讓破窗存在

請在您看見壞的設計、錯誤的決策以及糟糕的程式碼時，馬上修正。

提示 6：成為改變的催化劑

您無法強迫別人改變，但您可以讓它們看到未來的可能性，並幫助他們參與創造未來。

提示 7：記得大方向

請不要過份注重細節，以致於您忘了查看您身邊發生的事。

提示 8：把品質看成一種需求

讓使用者參與決定專案的真實品質需求。

提示 9：請定期投資你的知識資產

請讓學習變成習慣。

提示 10：批判式的分析你讀到或聽到的東西

請不要受到廠商、媒體炒作或制式教條的影響。請站在您和您專案的角度分析資訊。

提示 11：將您的母語視為另外一種程式語言

將您的母語視為另一種程式語言，寫文件時把自己也當成讀者：請遵循 DRY 原則、ETC 原則、自動化與其它。

提示 12：您說了什麼話，與您如何說這些話一樣地重要

若您無法有效溝通的話，有再好的點子也無用。

提示 13：內建文件說明，不要硬綁上去

文件和程式碼若是分開生成的話，很難會是正確，也很難維護。

提示 14：一個好的設計比爛設計更容易改動

如果一個東西被使用它的人所接受，就稱這個東西有好的設計。對於程式碼而言，則代表它能適應變化。

提示 15：DRY 原則——不要重複

在系統中的每一個知識都應有一個單一、清楚、有代表性的表示。

提示 16：容易重複使用

如果容易被重用的話，人們就會去重用。請建立一個支援重用的環境。

提示 17：消除不相關的東西對彼此造成的影響

設計元件時，應把元件設計成自我包含、獨立且擁有唯一且清楚定義的功能。

提示 18：根本沒有所謂的最終決定

沒有所謂的最終決定，您要把決定看成寫在海灘上的字，並為改變作好準備。

提示 19：不去管未來流行什麼

Neal Ford 曾說過 "昨日的最佳實作，會變成明日的反例"，請不要依流行選擇架構，而是要依據根基選擇架構。

提示 20：利用曳光彈找到目標位置

曳光彈是藉由一直嘗試的事物，看看這些事物落在離目標多遠的位置，達到讓你能鎖定目標。

提示 21：原型的目的是學習

原型是一種學習體驗，它的價值不在於你為它寫的程式碼，而是您用它學到的東西。

提示 22：緊靠問題所在的領域

用該領域的語言設計及撰寫程式碼。

提示 23：評估可以免除驚嚇

在您動工前先做評估，你將會提前發現一些潛在的問題。

提示 24：使用程式碼迭代時程

用您在實作時獲得的經驗來提升專案的時間刻度。

提示 25：在純文字中保存知識

純文字不會消失，它有助於提升您的工作，且簡化除錯和測試。

提示 26：善用命令 Shell 的力量

在圖形化使用者介面不能滿足要求時，請使用 shell。

提示 27：熟練編輯器

編輯器是您最重要的工具，要懂得如何讓它又快又準確的做您想做的事。

提示 28：一定要使用版本控制

版本控制是一台您工作的時光機器；您可以回到過去。

提示 29：解決問題，而不是責備某人

Bug 是您或是其它人造成的真的不重要—它仍是您的問題，也仍然需要被修好。

提示 30：不要慌

不管對銀河系漫遊指南或程式設計師來說，這句話都適用。

提示 31：在修復程式之前先進行錯誤測試

在您修正特定 bug 前，請先建立一個能揭露該 bug 的針對性測試。

提示 32：請一定要讀那該死的錯誤訊息

大多數的例外都會含有什麼出錯了，以及何處失敗了的訊息。如果幸運的話，您甚至可能得到一些參數值。

提示 33：「select」 沒有壞掉

作業系統或編譯器甚至第三方產品或函式庫，出現 bug 的情況真的很少。您看到的 bug 大多數都是在應用程式本身中。

提示 34：不要假設，請去證明

請在真實的環境中證明您的假設—使用真實資與邊界條件。

提示 35：請學習一門文字操縱語言

你每天都會花很多時間處理文字，為何不讓電腦來幫忙做呢？

提示 36：你無法寫出完美的軟體

軟體不可能是完美的，請保護您的程式碼和使用者不受必然會發生的錯誤影響。

提示 37：用合約進行設計

使用合約設計的方法製作文件，以及驗證程式碼能不多不少地完成它所宣稱的功能。

提示 38：早期崩潰

一個死亡的程式造成的危害，比一個半死不活的少多了。

提示 39：請使用 assertion 避免不可能發生的事

如果是不會發生的事，請用 assertion 確保它真的不會發生。Assertion 用於確認您的假設，請使用它們保護您的程式碼不被這個充滿變數的世界攻擊。

提示 40：由取得的資源的人負責釋放資源

如果可能的話，取得資源的函式或物件，應該要負責釋放該資源。

提示 41：在小區域進行動作

控管可變變數和開放資源的可用範圍簡短，以及讓它們容易被看見。

提示 42：每次總是只走一小步

永遠都以小步前進；查看回饋；以及調整完再行動。

提示 43：避免猜測未來

只看你看得見的未來。

提示 44：去耦合化的程式碼比較好改

耦合代表把東西綁在一起，所以只想改變其中一項會比較困難。

提示 45：直接命令，不要詢問

不要從一個物件取得值、轉換那些值，然後再將值放回去。請讓該物件替您做這些事。

提示 46：不要串連呼叫方法

當您存取某個東西時，盡量不要使用超過一個「.」。

提示 47：避免全域資料

全域資料就像為每個方法都加一個額外的參數。

提示 48：如果非得當成全域資料使用，請確保將它用 API 包裝起來

…但只有在您真的、真的想要讓它變成全域時才這麼做。

提示 49：撰寫程式重點在程式碼，但程式本身的重點卻是資料

所有的程式都做著轉換資料的工作，將輸入轉換為輸出。請開始以轉換的想法進行程式設計。

提示 50：不屯積狀態，徑行傳遞出去

不要依賴函式或模組中的資料，請拆下資料，並改用四處傳遞它。

提示 51：不要付繼承稅

請考慮其它可行的方案，例如介面（interface）、委派（delegation）或 mixin。

提示 52：請選用介面來表達多形關係

介面（interface）能達成多型的功能，又不會像繼承一樣引入耦合。

提示 53：使用委派：擁有什麼不如身為什麼

請不要去繼承服務：請改為包含服務。

提示 54：請使用 mixin 共享功能

Mixin 可以將功能加入到類別中，又不用付繼承稅。和介面（interface）一起使用的話，還可以無痛多型。

提示 55：使用外部設定，以參數化您的應用程式

當程式碼用到種值，這種值會隨應用程式啟動而改變的話，請把這種值存放在應用程式的外部。

提示 56：分析工作流以提升並行

請開拓您客戶工作流程中可並行的部份。

提示 57：共用狀態是不行的

共享狀態這件事，就像打開了一大罐裝滿蟲的罐頭，這種情況通常慘到只能靠重開機解決。

提示 58：隨機發生的錯誤，通常是並行問題

隨時間或上下文環境變化可能會引出並行性的 bug，但它們呈現時會不一致，也無法重置。

提示 59：使用參與者模型可做到不共用狀態的並行工作

使用參與者去管理並行狀態，就不用手動做同步控制。

提示 60：使用黑板協調工作流程

使用黑版去協調不同的事實和人物，同時又能維護各參與單位的獨立性。

提示 61：聆聽內在的蜥蜴腦

當您感覺您程式碼的功能在倒退時，其實是您的潛意識在告訴您有東西出錯了。

提示 62：不要依賴巧合寫程式

只依靠可靠的東西。小心意外的複雜性，不要將一個愉快的巧和一個有目的的計劃搞混了。

提示 63：估計您演算法大約的 Big-O 等級

在你寫程式之前，先對執行時間有一個大概的感覺。

提示 64：測試您的估計

對演算法進行數學分析無法告訴你所有的事情，請試著在目標環境中測量執行時間。

提示 65：早期重構，更常重構

就像您會為花園除草或進行整理一樣，在您的程式碼需要時，要也常為您的程式碼進行重寫、重做以及重新編排架構。也請修正問題的根源。

提示 66：測試的目的不是為了要找出 bug

測試是您程式碼的透視圖，並能提供您關於它的設計、api 及耦合性的回饋。

提示 67：測試程式是您程式碼的第一個使用者

使用測試程式給您的回饋，以知道您該做些什麼事。

提示 68：請用點到點的方式建構，而不是自上而下或自下而上

請建立小的點到點功能，在過程中學習哪裡會產生問題。

提示 69：為測試而設計

在你寫下任何一行程式碼之前，請先想到如何測試它。

提示 70：請測試您的軟體，否則將由您的使用者進行測試

請無情地測試，不要讓您的使用者為您找 bug。

提示 71：使用以屬性為基礎的測試驗證您的假設

以屬性為基礎的測試將會試一些您從未想要試的東西，並且會以您的程式碼未預期的使用方式，去測試您的程式碼。

提示 72：保持簡單，並且最小化攻擊表面積

複雜的程式碼為漏洞和攻擊者創造攻擊的機會。

提示 73：儘早套用安全性更新

攻擊者會儘早利用漏洞，所以你必須比他們更快。

提示 74：請好好的命名；在有需要時重新命名

命名傳達您的企圖給閱讀程式碼的人，如果您的企圖有改變了，要儘快重新命名。

提示 75：沒有人確切地知道自己想要什麼

他們可能只知道一個大方向，但是他們不會知道裡面的細節。

提示 76：程式設計師幫助人們瞭解需求

軟體開發是一個使用者和程式設計師共同工作的活動。

提示 77：需求是從回饋的循環中瞭解的

瞭解需求需要探索和回饋，所以決策的結果可以用來使最初的想法更精錬。

提示 78：和使用者一起工作，讓您像使用者般思考

這是瞭解系統將會如何被使用的最重要的方法。

提示 79：政策就是描述性資料

不要將政策寫死在系統中；請將政策做成一個該系統可用的描述資料。

提示 80：請使用專案術語表

請為專案中所有特定的詞和語彙，建立和維護維一的專案術語表。

提示 81：不用跳出框框思考－而是找到框框

當面對一個無解的問題時，請先識別真正的限制是什麼。問問您自已："這個問題一定要這麼做嗎？這個問題一定要全部解完嗎？"

提示 82：不要隻身進入程式碼的世界

程式設計這件事可能很困難，要求也很高。請找個朋友和你一起走。

提示 83：敏捷不是一個名詞；敏捷是您做事的方式

敏捷是一個形容詞：它形容您做事的方式。

提示 84：請維護一個小型、穩定的團隊

團隊應該是小小的，而且穩定的，團隊中的每個人都相信其它人，並依靠著其它人。

提示 85：把工作排下去，讓它執行

如果您不把工作排下去，它就不會被執行。請把反省、實驗、學習與提升技能都排下去。

提示 86：請組織具有完整功能的團隊

請依功能而不要用工作去組織您的團隊，例如不要將 UI/UX 設計師與寫程式的人分開，也不要依前端和後端去分，也不要將測試者與資料建模的人分開，不要將設計和發布的人分開。請建立一個您可以建立點到點程式碼的團隊，再重複地逐漸增加團隊規模。

提示 87：用有效的開發方法，不要用流行的開發方法

不要只是因為其它公司使用一個開發方法或技巧，所以您就採用它。請採用適合您團隊的，適合您環境的。

提示 88：當使用者有需求時交付

不要只因為你的流程這麼要求，所以等好幾週或好幾個月才交付。

提示 89：請使用版本控制去驅動建構、測試和發佈

使用 commit 或 push 去觸發建構、測試、發佈。進行發佈到量產環境時請利用版本控制系統的 tag。

提示 90：早期測試、更常測試、自動地測試

隨每個建構執行的測試遠比放在書架上的測試計劃來的有效率。

提示 91：在所有的測試通過之後，程式碼才算完成

無可補充了。

提示 92：以刻意破壞來測試你的測試程式

請在另一份複製的原始碼上刻意的引發一些 bug，以驗證測試會抓到那些 bug。

提示 93：請測試狀態覆蓋率，而不是程式碼覆蓋率

請找出並測試一些明顯的程式狀態，只有幾行的測試是不夠的。

提示 94：不讓同樣的 bug 出現第二次

一旦測試人員找到一個 bug，這個 bug 就應該不會能被測試人員到。之後自動測試將要能找出這種 bug。

提示 95：請不要使用手動流程

電腦可依一樣的順序、時間重複地執行一樣的指令。

提示 96：請您取悅使用者，不要只是發佈程式碼

開發解決方案可為您的使用者產生商業價質，並且每天取悅他們。

提示 97：在您的產品上簽上自己的名字

早期的工匠們會很自豪的為自己的作品簽上名，你也應該如此。

提示 98：第一守則，不要做傷害別人的事情

失敗是無可避免的，請確保不會有人因此而受盡委屈。

提示 99：不要讓卑鄙的人得逞

因為您也有成為其中一員的風險。

提示 100：這是您的人生，請分享它，慶祝它，建造它，並保持著愉快！

請享受我們擁有的美好人生，做些偉大的事。

索引

※ 提醒您：由於翻譯書排版的關係，部分索引名詞的對應頁碼會和實際頁碼有一頁
之差。

M

The Pragmatic Programmer
20 週年紀念版

作　　　者：David Thomas, Andrew Hunt
譯　　　者：張靜雯
企劃編輯：蔡彤孟
文字編輯：詹祐甯
設計裝幀：張寶莉
發 行 人：廖文良

發 行 所：碁峰資訊股份有限公司
地　　　址：台北市南港區三重路 66 號 7 樓之 6
電　　　話：(02)2788-2408
傳　　　真：(02)8192-4433
網　　　站：www.gotop.com.tw
書　　　號：ACL057200
版　　　次：2020 年 04 月初版
　　　　　　2023 年 09 月初版十一刷
建議售價：NT$680

國家圖書館出版品預行編目資料

The Pragmatic Programmer / David Thomas, Andrew Hunt 原
著；張靜雯譯. -- 初版. -- 臺北市：碁峰資訊, 2020.04
　　面；　　公分
　　20 週年紀念版
　　譯自：The Pragmatic Programmer, 20th Anniversary Edition
　　ISBN 978-986-502-275-4(平裝)
　　1.電腦程式設計　2.軟體研發
312.2　　　　　　　　　　　　　　　　　109005180

讀者服務
● 感謝您購買碁峰圖書，如果您對本書的內容或表達上有不清楚的地方或其他建議，請至碁峰網站：「聯絡我們」\「圖書問題」留下您所購買之書籍及問題。(請註明購買書籍之書號及書名，以及問題頁數，以便能儘快為您處理)

http://www.gotop.com.tw

● 售後服務僅限書籍本身內容，若是軟、硬體問題，請您直接與軟體廠商聯絡。

● 若於購買書籍後發現有破損、缺頁、裝訂錯誤之問題，請直接將書寄回更換，並註明您的姓名、連絡電話及地址，將有專人與您連絡補寄商品。